視野 起於前瞻，成於繼往知來

Find directions with a broader VIEW

寶鼎出版

BIG VAPE
THE INCENDIARY RISE OF JUUL

電子菸揭祕

矽谷新創Juul的戒菸神話與成癮威脅

Jamie Ducharme

著 潔米．杜夏米

譯 林錦慧

謹以此書獻給我的父母

臺灣衛生福利部對新興菸品的分類有「加熱菸」和「電子煙」兩種，以有無菸草做區分，前者是加熱菸草（所以用「菸」），後者是使用尼古丁菸油，沒有草（所以用「煙」）。但是，本書並沒有將兩者區隔開來，所以譯文一律以「電子菸」稱之。Juul 的前身 ModelOne 和 Pax 使用的是菸草，就相當於臺灣所稱的「加熱菸」，後來改用尼古丁菸油（而且尼古丁含量很高）才定名為 Juul。

Contents

Contents

Part II 著火

Part III 煙消霧散

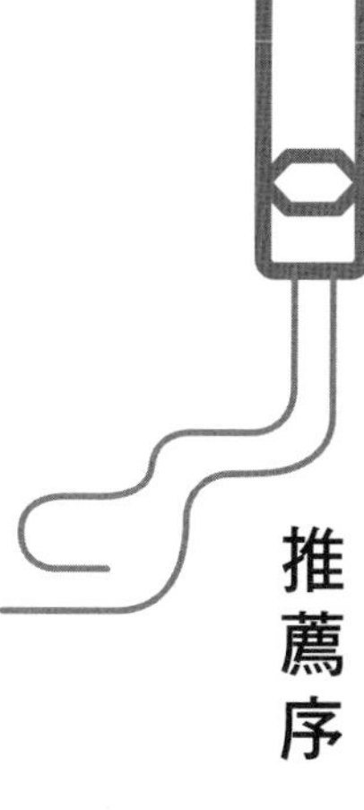

推薦序

跟著作者一起追真相：包著糖衣的毒藥——電子煙（菸）！

蘇一峰／胸腔重症醫師

在全世界幾十年的努力之下，好不容易已經把香菸的危害逐漸地降低，臺灣也在許多醫療單位與公衛人士的努力下，把男性的抽菸比例下降了一半！此時在香菸縮小市場的同時，不肖的商人又發明了電子煙（菸）製造出新的菸害！

目前電子煙被認定為新興菸品在全球逐漸氾濫，而不肖的電子煙商則使用「煙霧派對」、「蒸氣」、「果汁棒」等等偽裝名稱引誘青少年族群使用；更謊稱「電子煙可幫助戒菸」、「電子煙是菸害減害的選擇」，意圖瞞天過海，誤導主管機關達到販賣民眾的目的。

許多不實的謊話如「電子煙並不是菸品」、「電子煙不會上癮」、「電子煙無害」等等謊言，使青少年族群在不知情的情況下嘗試，目前在歐美與中國都造成了青少年嚴重的濫用問題，引起更嚴重的菸害與成癮症！

2019 年開始，美國各地開始傳出不明嚴重的肺炎，而受害者常常是青少年與未成年者；仔細追查之後才發現，不明肺炎的受害者都是電子煙使用者，更進一步發現電子煙造成的嚴重併發症：電子煙肺病（electronic cigarette or vaping product use-associated lung injury，EVALI）。隨後一年中，美國出現了 2800 個電子煙肺病案例，其中有 68 人死亡！除了電子煙肺病之外，更有許多證據指出，電子煙可以造成其他肺部疾病、增加不孕症的發生、男性產生陽痿、產生憂鬱症、增加新型冠狀病毒的感染風險，還會讓你的大腦愈來愈笨、傷害青少年的腦部發育，而且會對心臟產生傷害，造成心肌病變和心臟缺血，比傳統香菸還嚴重！另外，吸電子煙也會增加肺癌風險。

在校園中，電子煙用惡質手法偽裝無害賣給未成年者，而電子煙的使用者更自己做起老闆把菸轉賣給同學，吹捧使用電子煙才跟得上潮流，引起校園中的同儕模仿，使得許多不抽菸的孩子們也加入抽菸行列，許多未成年孩子被騙以為電子煙無害，而事實上是使用電子煙從未成年人開始培養肺病，如果繼續放任不管，呼吸道疾病將成為臺灣的新國病！

美國也有許多研究發現，使用電子煙不只會造成電子煙肺炎，根本不能減少香菸菸害，反而增加了青少年的抽菸人口！而世界衛生組織（WHO）也正式公告「電子煙無法減少菸害」、「電子煙業者不得宣稱電子煙比較健康」。

2020 年，小兒科呂克桓醫師通報第一例「未成年電子煙肺病患者」，胸腔內科醫師蘇一峰通報了臺灣第一例「成人電子煙肺損傷患者」。

法律規定傳統香菸的外觀一定要有致癌等等警示圖片阻止大家吸菸，而電子煙商的嘴臉大家都看得很清楚，喊著賣電子煙可以幫忙減少菸害，轉頭再使用花俏的包裝手法來推銷電子煙產品，把它賣給判斷能力尚未建構完全的孩子們，這樣的行銷手法不只殘害青少年，也明顯違法！

《電子菸揭祕》這本書的作者勇敢揭露了電子菸商的惡質販賣手法，非常值得大家一讀。蘇醫師身為胸腔重症醫師，希望主管機關能繼續堅持立場，反菸、反電子煙！為臺灣的下一代爭取更好的呼吸健康！

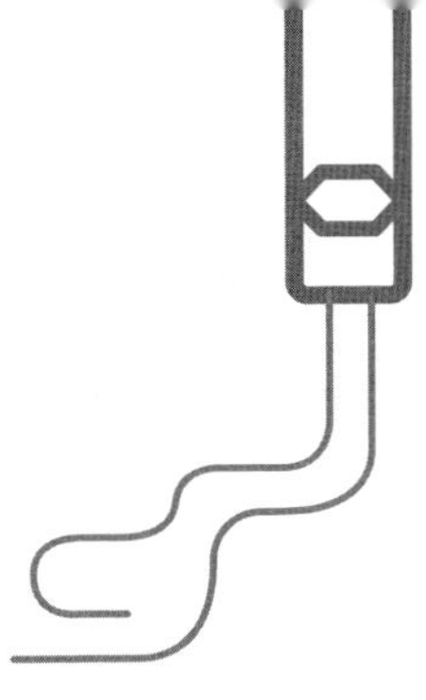

電子菸，救世的解藥還是混世的毒藥？

莊凱任／臺北醫學大學公共衛生院
公共衛生學系教授

據信最早電子菸的發明者，是一位名為赫伯特・吉爾伯特（Herbert A. Gilbert）的美國人。從事廢金屬經銷行業的他於 1963 年發明了「無煙、非菸草香菸」(smokeless non-tobacco cigarette）裝置，並取得了專利設計。雖然當年赫伯特未能成功說服任何一家公司生產製造這項裝置並將其帶入菸品市場，但這項劃時代的發明確實為菸品減害（harm reduction）帶來一線曙光。赫伯特在受訪時曾表示「My wish was to have an alternative to the scourge of tobacco cigarettes」，其言下之意乃期望透過他的發明能減少人類對菸品的使用，進而拯救百萬人的生命免於癌症和其他與菸品相關的疾病。

本書的兩位要角亞當與詹姆斯，抱持著「改善成年吸菸者生命」的理想，以及「把吸菸的傷害降到最低」的目標，在 2004 年底的某個夜晚決心創造一個能幫助自己與戒菸者戒菸的裝置，也是日後造就市值高達 380 億美元的 Juul 公司的電子菸原創設計，撼動了整個電子菸的產業與市場。這項設計更被本書作者譽為是史上最棒的、結構美麗、使用性強的電子菸。然而，一項本著良善初衷為成年吸菸者發明的創新設計，為何導致青少年朋友的濫用成癮，最終落得社會大眾的質疑、專家學者的撻伐、新聞媒體的批評，以及政府機關的制裁？也致使他們聲名狼藉，最後只能黯然離開最初親手創立的公司？

本書的作者透過訪問的方式，從眾多知情人士包含創辦人、公司員工、投資顧問、同業人士、專家學者、政府官員等人口中獲得的談話內容，加上所有可獲取的內部及外部文件審慎確認與求證，最終完成了這本述說 Juul 興起與衰退的著作。本書不僅是一份訪談記錄，更是一本老少咸宜、適合社會大眾瞭解電子菸的綜合教材，加上作者精心設計的章節編排，以及生動寫實的文字敘述，讀後猶如欣賞一部真人真事、劇情豐富且發人省思的電影作品，令人難以忘懷。

「如果從人口觀點來看，Juul 和其他電子菸可能可以救命」，書中一位教授如是說。「電子菸所產生的已知致癌物質或許比傳統香菸少，但是並不代表電子菸就沒有健康風險」，書中一位研究人員如是說。「我覺得你們（亞當與詹姆斯）真正該擔心的事有兩個，一是會吸引年輕人，一是香菸與電子菸雙重使用」，書中另一位教授如是說。

究竟電子菸是戒菸者的解藥，還是青少年的毒藥？期盼本書的出版有助於增進社會大眾對電子菸的瞭解，理性看待電子菸對於菸品減害的利與弊，並藉由書中利害關係人的經歷分享，以及作者就科學事證與數據所做出的理性評析，從而思考臺灣立法納管電子菸、加熱菸等新興菸品的重要性與必要性。

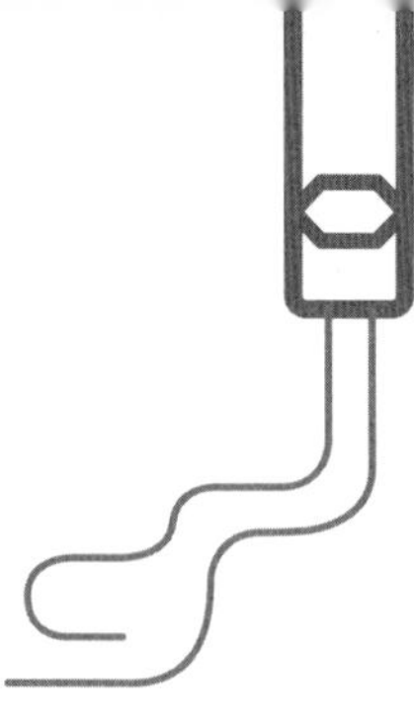

Do You JUUL?（你吸電子菸了嗎？）

廖泊喬／成癮專科醫師、
《文豪酒癮診斷書》作者

本書主角「Juul」是一電子菸商品，卻能借代成一整個「吸電子菸」的動詞，便可知道其深遠影響力。作者潔米．杜夏米（Jamie Ducharme）為《時代》（*TIME*）雜誌醫藥記者，仔細爬梳了 Juul 公司的前世今生。《電子菸揭祕》深入勇追 Juul 各面真相細節，從公司的創立緣起，到「投藥裝置」（ModelOne、Pax、ModelTwo，再到鼎鼎大名的 Juul）的演進，一章接一章、一環扣一環，相當精采，看著書稿便難以停下。

《電子菸揭祕》書中，反覆叩問

一問題：Juul 的商品定位。究竟是戒菸替代品——幫助人們從「紙菸」轉為「電子菸」，抑或是向下扎根——增加青少年「新興使用者」的藍海市場？作者帶著讀著們一步步前進當事現場。

「吸食尼古丁將影響青少年腦部發育，未來也更容易依賴成癮。」這幾乎是全世界的科學公衛共識，Juul 公司不敢明目張膽與之較量，商品宣傳的主軸轉為「給抽菸者一個更安全的替代品」以減少爭議。然而，WHO 也明確表示「電子菸不是吸菸者正當的戒菸方法」，主要是因為沒有明確證據顯示它能有效戒菸，不一定能達到「減害」效果。

《電子菸揭祕》點出了 Juul 公司的兩難現場。Juul 宣稱其為「紙菸替代品」而不對青少年行銷；然而，一旦不對青少年當作客群，又要面臨成長下滑、收入銳減。書中訪問了許多情境，舉一例，Juul 一面以「酷孩」(cool kids）為名，作為內部行銷之目標客群，一面又對外宣稱酷孩為 25～34 歲成年人；再舉一例，Juul 一面口口聲聲說是「抽菸」替代品，一面則四處在超市與商業活動出現，更讓沒抽過菸者免費試抽一口。

為了生存，Juul 公司加緊與政府打通關，同時，Juul 也力求形象改頭換面。作者發現，它們跨足教育性宣傳，試圖撰寫青少年菸癮危害教材，用以面對外界疑慮；不僅如此，Juul 藉此更有理由前進校園做「現身宣傳」，其中內容包裝與宣傳立場，便會是外人不易關照到的細節。

或許在商業模式下，健康安全的考量便被 Juul 放在較後順位。《電子煙揭祕》提到，員工在沒有安全防護下做公司內部的「頭暈測試」，而使用者則是在不知後果下讓菸油流到嘴裡；同時，公司團隊中較無招攬醫療成癮相關概念之人才。從而衍生，使用者的生理健康與成癮傾向，及其所隱含的成本，可能都不是開發 Juul 這產品團隊的思量範疇。

提到健康考量，雖說電子菸品號稱少了焦油等致癌物質，但各種口味與香料的加味煙油配方卻是未知領域！使用電子菸後，是否有長期的安全測試？各配方對於人體又有什麼影響？這些，並不是一開始 Juul 公司所能考量到的；就算有，也僅是為了要符合審查當局所需而提供的「待檢驗數據」。畢竟，以新興公司而言，似乎無意、也沒有大到能成立臨床醫學研究的科學部門。

《電子菸揭祕》細數了十幾年來 Juul 公司的轉變，也同時呈現美國對於電子菸立法規範的脈絡。美國面對電子菸的細緻難題，與過晚規範帶來的不可逆影響（如青少年使用），或許都可以從《電子菸揭祕》中作為臺灣立法的借鑑。臺灣 2022 年新版《菸害防制法》為「禁電子菸、開放加熱菸」，理由是依照「產品原料」原則，由於加熱菸與紙菸皆以菸草為原料，因此列為菸品納管，而類菸品（電子菸）則不是以菸草為原料，考量評估其可能影響後，目前全面禁止。「以加熱菸之名、內含電子菸之實」之新型菸品，則將會是下一個攻防戰場！

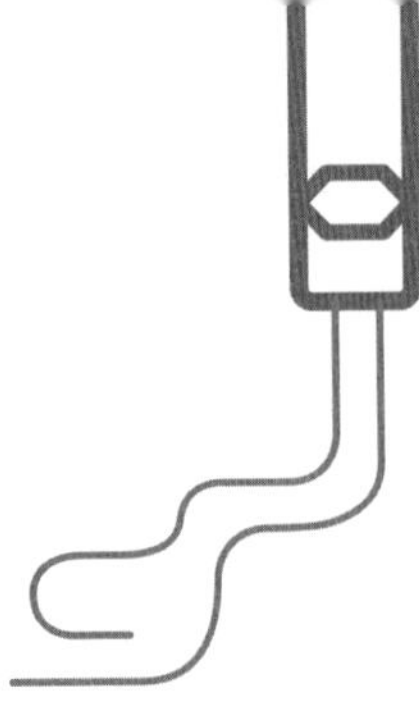

瞭解不誤解，電子菸真的可以減害嗎？

何佳安／臺灣大學生化科技系
特聘教授、化學系合聘教授、
生物科技管理碩士在職學位學程副主任

吸菸除了對呼吸系統、心血管系統有影響外，更與癌症（如：肺癌、氣管癌、支氣管癌）高度相關。「癌症」連40年奪冠，是國人主要死亡原因之一，而其中有很大的比例被認為與吸菸行為有關。

香菸有害成分包括尼古丁、焦油、一氧化碳、亞硝胺類化合物（tobacco-specific N-nitrosamines）等，其中焦油被視為菸害元凶。沉積在肺泡組織中的焦油容易破壞肺泡，影響肺部功能，而焦油也是刺激氣管及肺部引起咳嗽，並導致慢性肺部疾病的原因。

近幾年來，外型時尚、新潮的

電子菸悄悄地取代癮君子們人手一根的傳統紙菸。電子菸透過電力裝置加熱煙（菸）油，並將煙油轉化成煙霧，這種非燃燒菸草的方式並不會像傳統紙菸一般，透過燃燒而產生上百種有毒物質及致癌的焦油成分，但卻仍可保有騰雲駕霧般的視覺與嗅覺的刺激。因此，電子菸被宣稱比抽紙菸健康，甚至被認為可以幫助癮君子戒菸。電子菸顛覆了抽菸族群的形象與樣貌，因此有人戒紙菸而轉抽電子菸，也有人同時使用紙菸與電子菸，享受不同的感官刺激。

然而非常值得注意與觀察的是，電子菸的問世讓許多青少年更早一步踏入煙霧的世界。甚至有人認為，電子菸是一場瞄準年輕人的騙局——最早推廣電子菸的訴求是以「戒菸」為目的，然而，原本不吸菸但卻染上電子菸癮的青少年／年輕人，人數卻比因改抽電子菸而成功戒菸的人數多得多。

矽谷電子菸獨角獸 Juul 曾被視為是電子菸界的 iPhone，是流行與前衛的 icon。當年 Juul 憑藉耳目一新的商品設計和便利性，並組合具吸引力的各式口味，加上網紅的社群影響力與名流的吹捧帶動，讓青少年躍躍欲試，因此一時爆紅、蔚為風潮，Juul Labs 公司的市值曾高達 380 億美元。

詹姆斯．蒙西斯和亞當．波文在 2007 年創立 Juul Labs（Ploom Inc. and PAX Labs Inc. 為其前身），新創之初確實是以改善成年抽菸者的生命、幫助抽菸者達成脫離紙菸為主要目標。然而創業過程的篳路藍縷，金錢（業績）的壓力重重，讓經營者一步步地妥協。最後，在新創文化的氛圍下，過度唯美的行銷策略終究為 Juul Labs 帶來風險。

投身新創的人，其內心深處都有一種「期許自己可以打造更美好未來」的使命感。希望自己可以創造出效果更好、更方便使用的產品，可以研發出顛覆傳統產業的革命性新科技，或是更好、更新穎的服務模式。一個新創產品或許可以為鎖定的目標群眾帶來好的改變，但是經營者仍然需要莫忘初衷、步步為營、恪守社會責任。透過《電子菸揭祕》一書揭露的真相與教訓，希望有志以「改善人們生活品質與環境」為目標的新創生技科學家，以及對於新創生技產品躍躍欲試的讀者們能因閱讀此書而有所啟發。

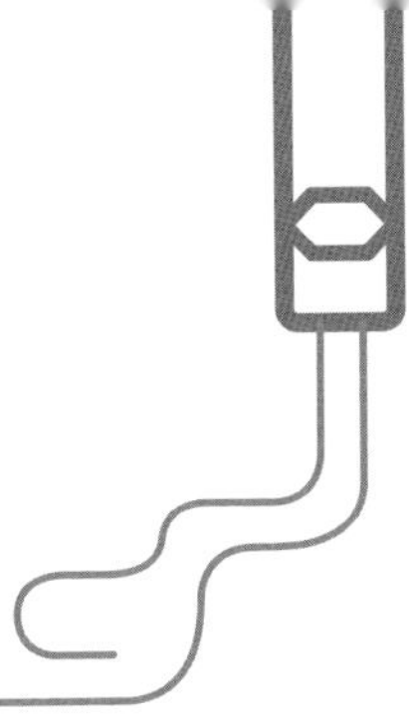

破壞式創新，破壞的是什麼？

楊貴智／法律白話文運動網站
創辦人、內容長、律師

談電子菸之前，我想先談臺灣的《菸害防制法》。1987 年，臺灣開放洋菸進口後，洋菸廣告和促銷活動也變得愈來愈多，隨之而來的，則是節節高昇的吸菸率，其中青少年吸菸問題，則特別引人矚目。1988 年，董氏基金會與消費者文教基金會、主婦聯盟等 21 個民間團體組成拒菸聯盟，呼籲政府公開立法，並推動民間菸害意識。1992 年，衛福部首部「菸害防制法」草案進入立法院，直到 1996 年，《菸害防制法》才正式三讀，並於隔年施行。

這部法案曾被揶揄為全世界最嚴苛的菸害防制法草案，在當時民間團體的壓力下，為了解決青少年吸菸問題，原則上禁絕了一切形式的菸品廣告，但仍打開例外，允許菸商在以未滿 18 歲之青少年為主要讀者外之雜誌刊登廣告。2007 年，雜誌跟網路廣告也被列入禁止範圍，採訪菸品的報導也被禁止，媒體對於菸品也開始採取嚴格的自我審查態度，香菸逐漸退出大眾媒體，不再成為流行文化的元素。

而綜觀電子菸的發展史，毫無意外地看到一樣的歷史重複上演。帶大筆資本的電子菸公司利用「減害」包裝起來商業模式，意外席捲全美青少年。電子菸的發明者為電子菸設定的使命是將成年吸菸者從致命的加熱式菸品中過渡到高科技、可能更安全的替代品，結果成為青少年尼古丁成癮的元凶，會有如此結果，回顧其發展軌跡，其實不難預測。

因為電子菸廠商很快就發現，要讓自己賺錢，就要讓自己成為流行文化。透過網紅行銷的推波渲染，使用電子菸變成一件很酷的事情，各種新奇的加味菸油以及周邊商品，讓青少年沉迷追捧，在社交媒體上拍攝環狀煙霧或鼻孔吹氣等新奇影片，成為小朋友讓自己在網路爆紅的最佳素材。2018 年時，統計發現全美至少有兩成高中生嘗試過電子菸。

破壞式創新指的是商品或服務應用方面的創新，對於產業現有的運作方式，產生劇烈影響，甚至「破壞」了遊戲規則，進而取代存在已久的競爭對手。電子菸雖然表面上跟傳統煙草打對臺，但沒有破壞既有的菸草產業，反而嚴重衝擊了公衛體系的菸害防制架構。

電子菸究竟是利大於弊的替代菸品，還是填補尼古丁市場空虛的洪水猛獸？它究竟安全與否，還是會帶來新型態的健康危機？這些都還需要更多的科學辯論跟醫學證據來為我們解答。然而從本書揭露的電子菸發展軌跡，我們已經能看到，打著創新旗幟規避監督的商業模式，背後所衍生的社會成本及道德風險，才是真正的危機所在。

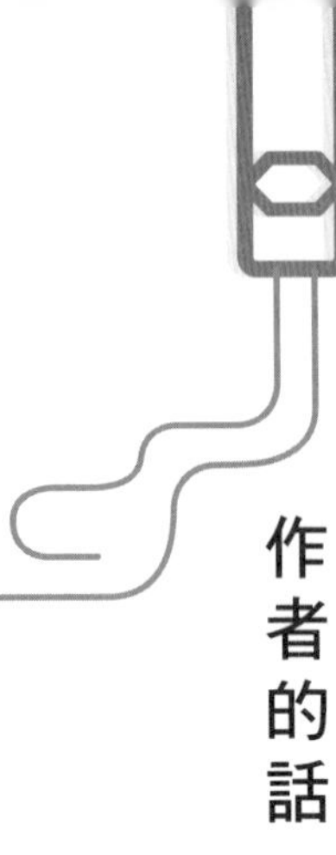

作者的話

這本書是根據 60 多場訪談所寫成，訪談對象包括 Juul 前員工、投資人、顧問、知情人士等等，這些人都是有份參與 Juul 一路演變的人，另外我還訪談了幾十位醫生、研究學者、公衛官員、電子菸業界人士與立法者。其中許多人要求匿名，因為擔心招來報復、法律訴訟、工作上的負面影響。

大多數訪談完成於 2020 這一年，但這本書也是我替《時代》雜誌（*Time*）報導 Juul 和電子菸產業多年的心血結晶。替《時代》雜誌跑新聞的工作，把我帶進 Juul 的舊金山總部，也讓我難得有機會採訪那家公司幾位最高層，包括創辦人詹姆斯．蒙西斯和亞當．波文、前執行長凱文．伯恩斯，部分訪談內容已經收進書裡，不過後續為了這本書想再度採訪時，並沒有獲得蒙西斯、波文、伯恩斯的首肯。

除了極少數例外，書中指名道姓的訪談者都事先取得首肯才以真名示人，但也有幾個人並沒有答應，包括前行銷長理查．孟比、前執行長泰勒．高德曼、前行政長艾希莉．古爾德。書中每項重大指控，我都有給 Juul 代表人員表達意見的機會，只是他們並不是每次都善加利用。

書中直接引述的對話和通信，大多取自我自己看過的電郵或是訴訟、新聞報導、政府文件所引述的字句，有少部分是直接聽到的人所回憶，也就是說並不是逐字稿，不過我有求證是否有脫離說話者的本意。

另外，我還參考了許許多多研究、期刊文章、政府資料與科學報告、書籍、影片、社交媒體貼文、新聞報導，這些都一一列在書末附錄。我還得謝謝這些年報導這個主題的記者們，他們的報導讓這本記實更完備生動。

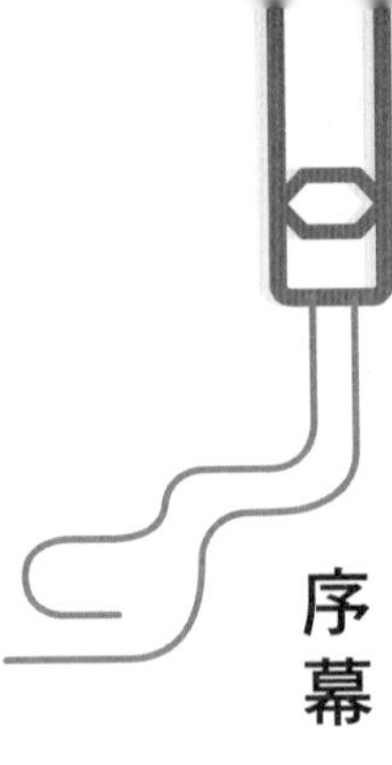

序幕

「我的名字是詹姆斯·蒙西斯（James Monsees），」他開始說，目光掃過筆記，直視伊利諾州眾議員拉加·克里許納摩堤（Raja Krishnamoorthi）的眼睛，「Juul Labs 是我和亞當·波文（Adam Bowen）創立的公司，現在我擔任產品長。今天有機會在這裡向各位說明，我真的滿心感謝。從我和亞當邁開腳步往 Juul 這項產品前進的那一刻開始，我們就很清楚，我們的目標是改善成年吸菸者的生命。」

7 月的華府酷熱逼人，詹姆斯仍然一身深色西裝加領帶，落腮鬍邋遢不齊，黑眼圈沉澱於眼眶下的凹陷，聲音沙啞，神情和嗓音都像前一晚沒睡好，大概真的沒有睡好。他坐在一張長長的桌子，獨自面對美國 11 位最有權勢的議員，話語迴盪在國會議事廳，為他和亞當．波文 15 年前發想的電子菸公司的聲譽而戰，當年兩人還只是兩個想戒菸的研究生。

到了 2019 年炎夏這天，情況已經不可同日而語。原本為了幫助兩人戒菸而打造的 Juul 裝置，已經成功幫助很多人戒菸——根據公司內部估計，有超過 100 萬人拋棄等同慢性自殺的紙菸，擁抱 Juul 這款時尚、據說安全的蒸發器*（它會將含有香味的尼古丁液態菸油*加熱，但不燃燒）。上市短短四年，這款裝置就成為近年來記憶中最成功的消費性產品之一，以 200 萬美元預算創造出 Juul 蒸發器的 20 位員工，也激增到 3000 人以上，公司估值一舉突破百億美元，速度之快為史上之最。詹姆斯入座國會議事廳的當下，Juul 已經是一個 380 億美元的帝國，比 Airbnb、SpaceX 這些新創公司還值錢，他和老朋友兼創業夥伴亞當．波文也從窮研究生搖身變成億萬富豪。

---

* vaporizer，又稱霧化器。
* e-liquid，俗稱電子果汁（e-juice），基本成分有植物甘油（VG）、丙二醇（PG）、調味劑及尼古丁。

不過，也如同矽谷許許多多成功故事一樣，這條致富之路並不順遂。公衛界已經群起反對 Juul，質疑 Juul 的產品是否真的比紙菸安全，也懷疑它給想戒菸成人帶來的潛在好處是否真的大於年輕吸菸人口激增的負面效應。到 2019 年底，根據聯邦統計數據，全美有 27.5% 的高中生、10.5% 的國中生過去 30 天抽過電子菸，而他們最常提到的品牌就是 Juul。幾乎每天都有新聞報導 Juul 師法大型菸草公司的教戰守則，為了賺錢不惜蓄意引誘青少年，這種說法在詹姆斯和亞當接受奧馳亞（Altria）的 128 億美元投資之後更是甚囂塵上［奧馳亞是萬寶路（Marlboro）和維珍妮香菸（Virginia Slims）的母公司］，如今質疑聲浪已經大到驚動國會，開始調查 Juul 是如何開發行銷其商品，詹姆斯也不得不出面挽救自己僅存的聲譽。

「不抽菸的人從來就不是我們鎖定的目標，未成年當然也不是，」他繼續說，「可是數據清楚顯示有大量未成年美國人在使用 Juul 產品，這是很嚴重的問題，對付這個問題是我們公司的首要之務。」

不該是這樣的，高傲、充滿領袖氣質的詹姆斯不該坐在這裡面對不苟言笑的國會小組低聲下氣，而且眼前幾位議員至少有一半看來已經認定他有罪。他和亞當成立這家公司的初衷是為了做好事，想給跟他們一樣的成年吸菸者一個更好的選擇，結果卻淪落到這裡，至少詹姆斯是——亞當很明顯缺席了，不僅缺席這場國會聽證會，也缺席他有份創建的公司（情況開始走下坡的時候，他已經一隻腳踏到門外，獨留詹姆斯一個人對外解釋兩人的過錯）。

要是他們換個產品設計，不至於讓人拿來跟隨身碟相比呢？要是他們一開始就吞下自尊，聘幾個菸草大廠前高管（這些人才真正知道如何處理這種受到嚴格監管的商品），而不是假裝他們只是「努力工作也努力玩」的矽谷新創呢？要是他們那個老被媒體拿來跟老香菸廣告相提並論的上市廣告換個設計呢？要是他們沒有在 Instagram 貼任何照片呢？要是詹姆斯在採訪中不那麼自鳴得意，要是亞當有從他的保護殼走出來說明為何把 Juul 的尼古丁配方做得那麼強呢？要是專家警告他們以教育為名走進教室並不妥的時候，他們有聽進去呢？要是他們對業績成長的重視不是那麼強烈呢？要是他們在奧馳亞來敲門的時候說不呢？要是他們沒有惹毛食品藥物管理局（Food and Drug Administration，FDA）局長史考特．高里布（Scott Gottlieb）呢？情況會如何發展？現在問這些問題已經沒有意義了，只剩下寫在這裡作為反問修辭。

詹姆斯繼續說：「我們的動機是幫助（抽菸者）達成脫離紙菸的目標，這是非常龐大的商機，這點無庸置疑，但是對民眾健康來說也是一個具有歷史意義的機會。」他特別強調「歷史意義」四個字。

「未成年者使用我們的產品，對我們目標的推動毫無幫助，」他接著說，目光直視國會小組成員，「反而有害。」

Part 1
火苗

Chapter 1

抽菸不必點火（2004年—2005年）

詹姆斯．蒙西斯不知道自己在幹嘛。2004 年底某個夜晚，他站在史丹佛大學設計閣樓（Design Loft）*外頭，手指夾著一根點著的香菸，24 歲的他，突然覺得跟手中煙霧繚繞的紙菸格格不入。他是即將拿到美國名校產品設計碩士的人，卻明知有害健康仍在這裡燒著這根菸草化學物，這感覺很原始，不僅如此，還很愚蠢。他看了看一旁也在吞雲吐霧的菸伴同學亞當．波文，只有更加困惑：為什麼他們倆還在做這種事？

亞當也想不出有什麼好理由。他不知道戒過多少次了，卻還是站在這裡往自己肺裡注入焦油和煙霧。「我們兩個也算聰明人，卻在這裡燒紙菸。」兩人不解地說。應該要有更好的選擇才對，為什麼不是由他們來創造呢？

那個突破性夜晚發生的時候，亞當已經在史丹佛產品設計研究所唸了兩年，這個課程每年指導十幾個學生，獨家整合工程、商業、藝術、心理學、社會學來傳授產品設計這門工藝。2002 年他進入史丹佛的時候，已經從波莫納學院（Pomona College）物理系畢業四年，波莫納這所小型文理學院是加州克萊蒙特學院聯盟（Claremont College）旗下七所學院之一，慕名而來的學生是整個聯盟「最聰明」的，安靜寡言、腦筋靈活、出身亞利桑那州土桑市（Tucson）的亞當也不負學校美名，從小就認識他的人只要聽說他課業優秀而且繼續攻讀產品設計，沒有人會意外。他

---

* 為工程學院附屬的 d. school 所有，提供基本設備工具和工作空間給學生創作及展示。

從小就喜歡畫汽車飛機的細部透視圖，只要是有引擎的東西都畫，這是他永遠無法擺脫的迷戀。就讀波莫納期間，他特別喜歡研究美國國家航空暨太空總署（NASA）所謂的「嘔吐彗星」（Vomit Comet，一種無重力飛機，因為會造成機組員不舒服而得名），同時也是 Sigma Xi 科學研究學會*的成員。

亞當在兩個學位之間休息了幾年，不過，課堂的吸引力終究還是把他召喚到史丹佛，在那裡，同學馬上就察覺他是真正的高手。「亞當從一開始就明顯很突出，」同班同學雷斯說，「別人做起來很困難的事，他三兩下就輕鬆解決。」認識他的人都知道，他安靜但隨和，神祕但有趣溫暖，肩上似乎從來沒有壓力——讀史丹佛可是有很多壓力的。

詹姆斯．蒙西斯晚亞當一年來到史丹佛，但是沒多久兩人就結為搭檔。「當時有一群一起抽菸的人，他們算是那群人之一。」雷斯表示。就這樣，吞雲吐霧之間的閒扯和突發奇想已經足以串起兩人。

詹姆斯並不像會抽菸的人。成長於密蘇里州聖路易斯（St. Louis）的他，被醫生媽媽養成一個厭惡香菸的人。外公是老菸槍，媽媽很小就看著肺癌奪走父親，這股傷痛一直跟著詹姆斯；然而，青春期畢竟是青春期，詹姆斯畢竟是詹姆斯，偷嚐幾口的誘惑終究還是大到抗拒不了。他本來就是好奇寶寶，喜歡把東西拆開再裝回去那種，十幾歲的時候，意識到爸媽無意買車給他作為 16 歲生日禮物，就乾脆自己造一輛，爸媽的車庫被他塞滿零件，直到零件能運轉才甘願。他在步入青春期的時候決定試試香菸，到了 1998 年從聖路易斯貴族學校惠特菲爾德（Whitfield）畢業、進入俄亥俄州甘比爾小鎮（Gambier）的凱尼恩學院（Kenyon College），他已經養成了抽菸習慣。「我討厭香菸，每次一拿起菸，我內心就很糾結。」他後來這麼說，但是內心的糾結總是被菸癮淹沒。

2002 年從凱尼恩拿到物理與工作室藝術（studio art）雙學位之後，詹姆斯回到聖路易斯的家，嘗試產品設計的工作。他進入一家名為中期設計集團（Metaphase Design Group）的公司，專門生產人體工學產品，儘管年輕又沒有經驗，他的才華和領袖魅力

---

* Sigma Xi: The Scientific Research Honor Society 是由科學家與工程師組成的非營利性榮譽學會，知名成員包括理論物理學家愛因斯坦、物理學家費米（Enrico Fermi）等。

馬上就展露無遺。「詹姆斯是很叫人振奮的設計師，他的興趣、能力、技巧都超越同齡層。」一名同事在詹姆斯的領英（LinkedIn）網頁上讚美，還說「他具備創業天賦，能夠激發創新與發現」。工作大約一年後，詹姆斯決定探索那股天賦，行李收一收，往西直奔史丹佛加州校園修剪整齊的草坪和土紅色屋頂，就讀產品設計。

亞當和詹姆斯的友誼並不是想當然爾那種。亞當好學、低調，容易陷入沉思，詹姆斯好動、擅長交際，開口就是說笑，大聲狂笑是他的招牌；亞當聽的比說的多，詹姆斯則是樂於打破冷場。兩人的外表仍然像當年的大學生，一頭亂髮（亞當是金褐色，詹姆斯是棕色），但是亞當有黑眼珠、低沉嗓音、有稜有角的長臉，站在留鬍子、娃娃臉的詹姆斯身旁多了幾分嚴肅，不過也有可能無關長相，而是行為舉止使然。亞當一向被形容為「堅忍」，這兩個字常見於重視動力與努力的矽谷圈；詹姆斯則比較難歸類，他的笑聲有感染力，眼神閃閃發光，但兩者都會在瞬間就消失無蹤。

不過，兩人也有足以建立友誼的共同點。他們都聰明有才華，都明顯有產品設計的天分，一路以來也都被產品設計牽引著；他們都喜歡解決複雜問題，喜歡搞懂事物背後的原理；他們都性喜深夜工作和馬拉松腦力激盪；還有，雖然以前都戒過菸，但他們也常在設計閣樓外頭鬼混討菸，吹吹風、點根菸。就是在這種哈菸小憩時刻，在 2004 年那個冬夜，他倆突然意識到不想再燒紙菸，多年來對抽菸的愛恨全化為瞬間的頓悟：夠了，要是找不到戒菸的方法，那就自己創造一個。

以存在危機來說，他們這個存在危機來得正是時候。當時正逢史丹佛的畢業論文季，香菸替代品看來是個好主題（原本兩人選定的主題都跟家具有關，亞當在設計可折疊又不至於弄得亂七八糟的桌子，詹姆斯則是研究可隨使用者調整的椅子），設計中心外頭那次煙霧繚繞的頓悟之後，兩人開始腦力激盪、往返電子郵件，討論如何設計產品給他們的同類：想丟掉香菸但市面上那些老套、基本上無效的戒菸產品（例如尼古丁口香糖和貼片）又對他們沒用的人，不能或不想馬上就戒掉的人，不想承受抽菸的汙名和風險但也不想失去抽菸的感官、社交及儀式的人。「我們發現，『不是戒菸就是死』是一種非黑即白的二分法，忽略了其他選項，」亞當 2019 年接受採訪說，「其實我並不是真的想戒菸，只是想把抽菸的傷害降到最低。」

論文提交期限只剩半年的時候，兩人開始合力投入新主題。他們開始在校園做民意調查，瞭解大家對抽菸的愛恨各是哪些，結果發現，學校同學也跟眾多癮君子一樣，內心糾結。同學在訪談中告訴兩人，他們喜歡抽菸的儀式、抽菸的樣子，甚至喜歡煙霧從菸頭冉冉飄散的優雅以及深深吸一口菸的聲音，但是他們討厭香菸的味道和惡名，也討厭自己很清楚有一天可能會死於這個習慣。然後，亞當和詹姆斯開始把能找到的菸草產品一一拆解重組，試圖找出方法去掉抽菸不好的部分，保留大家喜歡的部分。

沒多久，他們就開始在週二晚上的產品設計課大談兩人的點子（在這堂課上，學生會跟教授同學互相交流自己的計畫想法），同學雷斯回憶說：他們在那個時候已經確定要創造一種比香菸更安全的尼古丁吸食產品，他們知道必須方便攜帶、容易使用，而且外型要比香菸有吸引力。某一次同學的腦力激盪午餐會上，大家各自拋出點子，詹姆斯把好點子寫在便利貼再貼到牆上，最後有個名字出爐：Ploom。這個名字好聽，可以呼應抽菸的概念又不致過於呆笨。

雷斯說，當時他感興趣的是 Ploom 可能給抽菸者帶來的健康好處，對於可能的壞處（譬如會暴露於新種類的化學物質、小孩會受到引誘等等），沒有人多想，不過倒是有幾位教授警覺亞當和詹姆斯跑太快。「站在學術的角度，大概會覺得『哇，這個好酷，不過還是要多方研究其他選項，』」雷斯說，「而詹姆斯和亞當腦袋想的大概是：『向前衝吧！』。」

教授所提的要求——放慢腳步，做更多研究——他們至少讓步了一項。兩人深入爬梳菸草產業內部文件檔案，這批檔案之所以能公諸於世，有一部分功勞要歸給史丹頓．葛蘭茲（Stanton Glantz），他是菸害防制專家，也是附近的加州大學舊金山分校（UCSF）醫學教授。話說 1994 年，有個箱子送到葛蘭茲教授的辦公桌上，裡面裝了數千份的菸草產業機密文件，寄件人只署名「菸蒂先生」（Mr. Butts）。葛蘭茲早就聽說全國各地都有學者收到這批匿名文件，他也一直巴望自己也會收到；根據他聽來的傳聞，菸草公司布朗與威廉森（Brown and Williamson，以下簡稱「布威」）有個法務看了公司的檔案愈來愈不安，晚上偷偷把文件帶回家影印，隔天再歸還，等到彙整的檔案夠多了，他就署名「菸蒂先生」分寄出去，寄送給記者和研究學者，包括葛蘭茲教授。

這些文件詳細記載布威菸草多年來的不法。布威內部的備忘錄、信件、會議記錄在在清楚顯示，公司高層多年來一直對外淡化抽菸的成癮性與危險性，甚至不惜撒謊，而且到處散播誤導性的研究，好讓外界對「香菸會導致癌症等健康問題」的論點產生懷疑。葛蘭茲把這些文件交給 UCSF 圖書館審查出版，希望將檔案納入館藏能避免遭法庭裁定追回。另一方面，他和 UCSF 幾位同事也將這批文件寫成一本書，名為《香菸文件》（*The Cigarette Paper*）。

1998 年，美國 46 個州、五個領地、哥倫比亞特區（District of Columbia）的檢察長跟各大菸商——包括布威、菲利普莫里斯（Philip Morris）、雷諾（R.J. Reynolds）、羅瑞拉德（Lorillard）——達成歷史性和解，也就是「菸草大和解協議」（Tobacco Master Settlement Agreement），至今仍是美國法院史上最大宗的民事和解。檢察長們成功辯證，抽菸引起的疾病是公衛照護系統一大壓力來源，也是各大菸商多年來極力淡化的事，所以菸商應該做出補償，彌補各州在公衛補助方面的資金投入。各大菸商同意，和解後的頭五年每年上繳幾十億美元，另外每年還要支付一筆永久性的年繳金，金額以通膨和香菸銷售量來計算；菸商還答應會約束自家的行銷作為，最主要是答應不直接向兒童與青少年做推銷。這場和解也催生出美國最重要的反菸團體「美國傳統基金會」〔The American Legacy Foundation，現在改名為「真相倡議」（Truth Initiative）〕，而對亞當和詹姆斯的意義是，訴訟過程所挖出的文件公開刊出，普羅大眾得以一窺菸商多年來玩的把戲。

這批檔案什麼都有，從香菸的設計製造到廣告高管的行銷方式等等，白紙黑字都是出自菸商高管親口。亞當和詹姆斯只要讀讀菸品化學的細節，就能瞭解香菸之所以令人無法抗拒的原因；他們連一場焦點小組訪談（focus group）都不必辦，就能針對消費者偏好和口味做市場研究分析；內部備忘錄翻一翻，就能學到菸廠是如何針對每個不同族群做行銷，包括青少年族群（這是菸商自己承認的）。對這兩個正想把一個聰明點子變成暢銷產品的研究生來說，這批檔案簡直就是金礦；沒錯，裡面充斥著禁忌、道德兩難、對大眾信任的公然濫用，但看看這些資料，實在寶貴到叫人無法抗拒！「我們手上有這麼豐富的資料，這在其他產業一般來說是不可能拿到的，」詹姆斯後來說，「這讓我們能夠在短時間內趕上一個超大規模產業的腳步，然後開始打造產品雛型。」

他們要追趕的部分可多了，在這場競逐「比較安全」香菸的比賽中，菸草界早就起跑了。菸草業高層說一套做一套已經好幾十年，表面上宣稱香菸無害，私下卻暗中尋找更安全的替代品。1960 年代初，菸草界高層已經知道香菸會導致癌症等疾病，卻仍選擇對忠實消費者掩蓋真相，但科學界可沒打算保留，抽菸可能導致癌症、呼吸道疾病、心臟病的研究愈來愈多，也愈來愈常登上新聞版面，抽菸民眾開始感到不安（這股不安在 1964 年沸騰起來，因為衛生首長公布一份報告，明確警告國人抽菸的危險，包括致癌）。為了安撫大眾，菸草公司推出有濾嘴的香菸，說是比較「清淡」的抽菸方式，儘管他們內部測試顯示對致癌毒素的吸入並沒有什麼遏阻作用。

1960年代初，在查爾斯．艾利斯爵士（Sir Charles Ellis）的帶領下，英國的英美菸草公司（British American Tobacco，BAT）想到一種更進一步的方法。艾利斯的想法只有一個：如何避免所謂的「燃燒」（combustion）。香菸一點燃，菸草就會跟空氣中的氧結合，產生煙霧、菸灰以及大約7000種化學副產物（其中有些會致癌），這個過程就是所謂「燃燒」。艾利斯心想，如果能開發出可輸送尼古丁但沒有那些致病化學副產物的產品，抽菸者就毋須戒菸。他的理由是，尼古丁本身相對無害*，沒錯，它是溫和的興奮劑，也的確會上癮，但是它也有一些好處，譬如舒緩神經的同時還能提高專注力和集中力。與其讓抽菸者吸傳統香菸，不如讓他們只吸尼古丁？他的計畫在公司內部取名為「愛麗兒」（Ariel）*。

---

* 根據國民健康署的資料，尼古丁是促使吸菸成癮的主要物質。長期吸入尼古丁會對人體造成損害，包括失憶、血壓上升、心跳加速、心肌梗塞等，甚至中風。

* Ariel是莎士比亞戲劇《暴風雨》（*The Tempest*）中的空氣精靈，其性別模棱兩可，被描繪成女性、無性別或雌雄同體。

艾利斯的團隊在 1962 年首次取得突破，採取菸中菸的設計：管狀的香菸裡面用薄薄的鋁箔隔成內外層，內管是尼古丁萃取物和水，外管是抽菸者會點燃的菸草；外層的菸草燃燒的同時，內層也會變熱，內層的尼古丁萃取物一變熱就會產生可吸入的霧氣，每吸一口都是滿滿的尼古丁，沒有焦油和其他討厭的副產品。艾利斯的基本設計是可行的，但是花了幾年才把尼古丁萃取物調對。他們用的是所謂的「游離尼古丁」（freebase nicotine），吸起來很嗆，經過大量的試誤過程後，他們才發現游離尼古丁加了酸會變溫和，更容易吸入。

儘管有重大發現，愛麗兒卻始終無緣上架，無從推銷起。BAT 如果推出這個有創意的新產品，誇口說有多麼安全，不就等於默認他們的其他香菸「不」安全嗎？「他們沒有生產愛麗兒的理由。」專精菸草歷史的史丹佛教授羅伯特．普羅克特（Robert Proctor）說，這麼做只是搬磚頭砸自己的腳。

不是只有菸草大廠看出「較安全」的香菸大有可為。衛生首長 1964 年那篇《抽菸與健康》的報告公布之後，公衛官員很快就開始宣揚所謂「減害」

（harm reduction）觀念：與其一味叫人完全斷絕某個有害行為，不如減少那個有害行為的不良後果。提供乾淨針頭給吸毒者就是減害的常見例子，但這個概念在菸草界也已經行之有年。在 1960 年代，公衛官員就建議菸斗、雪茄、嚼煙草是比香菸更安全的選擇，公衛領袖也樂見並提倡濾嘴香菸和低焦油香菸，雖然當時還不知道這些菸品並不比傳統香菸好多少。這些建議讓民眾心想：香菸的風險或許真的程度有別，有些產品為害較小。

到了 1980 年代，減害概念和低風險菸品已經獲得一定的重視。英國精神病學家麥克．羅素（Michael Russell）在 1976 年說得好：「人們抽菸是為了尼古丁，結果卻死於焦油。」這話的意思是，尼古丁並不是那個會導致癌症或心臟病的東西，只是把抽菸者交到會導致癌症或心臟病的毒素手中。有愈來愈多研究開始指出，無煙霧的香菸替代品可以減少致病風險。1970 年代，瑞典有一種稱為口含菸（snus）的菸草產品開始取代香菸，接下來幾年，口含菸愈來愈普及，瑞典的癌症死亡率也隨之下降；也就是說，將可燃菸換成不燃菸對大眾健康有顯著影響。

美國人看起來也會接受這類菸品。美國成年吸菸人口從 1964 年的四成二跌到 1985 年的三成（其中很多人戒菸是出於健康疑慮），美國公共衛生局（U.S. Public Health Service）1980 年把降低吸菸人口列為「打造健康人口」的 15 大目標之首。菸商高層被科學家和議員（他們這時已經毫不懷疑菸品會致命、上癮）步步進逼到角落，為了保全生意，他們需要一個聖杯：一種不會殺死一半顧客，甚至能誘使重視健康的人重拾或繼續抽菸習慣的商品。

1988 年，雷諾——駱駝（Camel）和新港（Newport）等品牌的母公司——推出耗資 3 億美元研發的心血結晶：Premier。其概念是以加熱菸草取代燃燒菸草，避免化學燃燒，同時也希望避掉疾病。Premier 的外型像香菸，但是裡面的填充物不是散葉菸草，而是塗了尼古丁和甘油的氧化鋁顆粒。菸頭的木炭一點燃就會加熱氧化鋁顆粒，釋放富含尼古丁的煙霧，供抽菸者吸入，因此，理論上來說，它能提供「吸菸」的體驗，但沒有傳統香菸的諸多健康風險。

這個想法是有道理的，因為任何東西只要跟傳統燃燒式香菸一比都不是那麼危險，但是這項產品很爛。1988 年《紐約時報》（*New York Times*）有篇文章報導，測試小組「抱怨這款香菸很難聞、沒有香味、不像一般香菸會燒完、燙到拿不住等等」，網路上還有不少資料是引述當時雷諾自家執行長的話：「像在吃大便」，諸如此類的惡評不斷，無怪乎雷諾只短暫測試就下架了。樂觀以對的雷諾並沒有就此收手，1994 年開始測試類似的商品 Eclipse，只在美國限量販售。

另一家菸草大廠菲利普莫里斯——萬寶路等品牌的母公司——也在 1990 年代實驗一款「加熱不燃燒」產品：Accord。使用者必須把一根香菸放進形狀大小近似錄音筆的裝置，這個裝置會從外面將裡面的菸草加熱來產生煙霧，香菸的尾端則是突出在裝置外頭，好讓吸菸者可以吸到，只是吸到的尼古丁很難達到吸菸者平常習慣的量，味道也仍然不好，「它的味道不好，沒有人喜歡。」參與這項計畫的前員工總結。跟雷諾前輩一樣，Accord 也以失敗收場。

然後到了 2003 年，中國一位名叫韓力（Hon Lik）的藥劑師改變了一切。跟中國很多小孩一樣，韓力也是從小看著父親一天抽一包菸長大，最後也跟父親一樣成了菸癮很大的人，但他是藥劑師，很清楚這個習慣對健康有害，於是借助尼古丁貼片戒了菸。只是他也跟亞當．波文一樣，發現自己對抽菸的儀式念念不忘，他說：貼片跟香菸不一樣，「貼片的尼古丁不會一股湧上，而是持續性緩慢釋出」，而且「抽菸的人都習慣了用手拿菸放進嘴裡」，這是貼片比不上的。

為了填補這個空缺，韓力開發出全世界第一個現代電子菸，使用鋰電池給一個加熱元件供電，加熱元件就會將一顆裝滿尼古丁的液體膠囊霧化（atomize），產生煙霧。從科學上來說，香菸產生的煙霧是氣溶膠（aerosol），跟蒸氣（vapor）不相同，氣溶膠是懸浮於氣體中的微粒所組成，蒸氣純粹是液體蒸發而成的氣體。但是不意外，大部分人並不在乎兩者的區別，最後開始把電子菸冒出的「煙霧」稱為vapor，就此誕生一個新詞彙和新潮流：vaping（吸電子菸）。

韓力的電子菸是白色細長一根，口含部分是黑色，很容易被誤認為油性麥克筆，只是頂端有個LED燈，吸食的時候會發出紅光。2004年父親確診肺癌，沒多久韓力就開始在中國販賣這項產品，取名為「如烟」。如烟這樣的產品問世之前，除了 Accord 那幾個乏人問津的產品之外，抽菸基本上是個幾千年都沒變過的過程——將菸草乾燥，捲起來，點火，吸入——如烟感覺像是一個新鮮有趣的更新版，把抽菸帶進愈來愈熟稔科技的 21 世紀初。一個要價 208 美元的如烟，據說光是 2005 一年就讓韓力的公司賺進 1300 萬美元。「很多消費者又驚又喜，」韓力說，「他們不敢相信有這種能放進口袋、像香菸一樣能隨時隨地拿出來吸的東西。」

早期的電子菸並不完美，但至少是一種新的抽菸方式，這點很吸引亞當和詹姆斯。他們很早就領悟到兩件事，一是人們不見得想要 Eclipse 或 Premier 這種「比較安全」的香菸，這種香菸最後往往只會變成人們真正想要的香菸的「不太滿意版」、「不太可口版」；二是香菸有很大的包袱，往往讓人聯想到骯髒、凌亂、臭味、有毒。比較好的方法似乎是把那些不好的印象留在過去，提供改良版的香菸，而不是彆腳的相似版，做出一種能讓人忘了自己曾經那麼哈菸的產品。「需要有一個全新品牌、一家全新公司，一個符合大眾健康需求的可信任品牌，」詹姆斯後來向

《信使新聞》（*Mercury News*）描述這番領悟的時候表示，「我們並不是要創造安全的香菸，而是要創造優化的產品，保留人們喜歡香菸的部分，去掉不喜歡的部分。」這個「優化」的產品就是亞當和詹姆斯的碩士論文主題：Ploom。

2005 年 6 月站在昏暗的階梯教室，PowerPoint 簡報投影於兩人身後，詹姆斯往前跨一步，向同學推銷他們的想法：「我和亞當對於能促成社會改變的設計很感興趣，我們馬上就確認抽菸應該是個容易達成的目標。很多抽菸者其實內心很衝突，他們很享受抽菸的過程，但每抽一根菸都是在自我毀滅。」這場 18 分鐘的論文報告中，詹姆斯和亞當清楚描繪他們發想的筆式電子菸：利用液態燃料源給小小的加味菸彈（pod）加熱，產生可供使用者吸入的尼古丁氣溶膠，對健康無害，也沒有菸味。其設計靈感融合了當時風行歐洲的雀巢（Nespresso）咖啡膠囊以及風行大學校園的水菸壺，水菸*是利用燒紅的木炭將菸草加熱，Ploom 也是將菸彈加熱，不燃燒。

「結果證明，燃燒菸草才是真正的問題所在。尼古丁會上癮，這點毋庸置疑，但是真正傷害你的，並不是尼古丁，燃燒才是最主要的問題。」詹姆斯在報告中說道。為了證明這番論調不假，他搬出菸草界對安全香菸的追尋，從愛麗兒一路講到 Accord（他和亞當只是兩個研究產品設計的學生，沒有時間、資源和專業去做臨床研究，他們之所以認定 Ploom 比香菸安全，純粹是基於 Ploom 是不燃產品，不過他們說有打算以後做研究），但是，詹姆斯斷言，「抽菸這件事並沒有任何設計上的創新，因為菸草大廠真正在乎的是不要搬磚頭砸自己的腳」；換句話說，傳統菸商並不想做出會蠶食香菸銷售的東西，而詹姆斯和亞當非常樂意填補這塊空缺。

寇特．雷斯還記得，看著那場論文報告的當下，他意識到亞當和詹姆斯沒有成功做出來是不會罷手的。他說：「對其他人來說，（畢業論文）是一個結束，對他們兩個來說卻只是一個過程中的里程碑。不管結果是好是壞，他們已經踏上征途。」

---

* 根據國民健康署的資料，水菸跟香菸一樣對人體有害。使用水菸會產生多種有害物質（焦油、一氧化碳、甲醛、乙醛、多環芳香烴等等），也有呼吸道感染、癌症、肺病與其他疾病的風險。

看著他倆的報告，你很容易以為他們設計的是戒菸產品，但他們真正的意思可不是那麼簡單。報告接近一半的時候，詹姆斯問了一個大問題，一個可透露 Ploom 的價值觀的問題：「如果抽菸是安全的呢？或者甚至更好，抽菸不會討人厭呢？」健康是這兩個人的重點，這點很清楚（先不管他們其實並沒有研究 Ploom 是不是「真的」比香菸安全），但是對他們來說，比健康「更好」的部分是，抽菸不一定非得是危險又骯髒的小祕密，只要抽菸變得比較安全、比較乾淨、比較不讓旁人討厭，抽菸就會再次酷起來。整場報告會讓你不斷想起亞當之前的領悟：大部分抽菸者並不是真的想戒菸，他們只是不想死。「我們的目標，」亞當對著同學說，「基本上是創造一種全新的體驗，保留抽菸正面的部分和儀式等等，但是盡可能把那些變得健康、被社會接受。」

那句話說明了一切。如果仔細聽，你會聽出 Ploom 的目的並不是戒絕香菸，而是讓香菸重生。

Chapter 2

一個產業的誕生（2007年—2011年）

2007年夏天某日，庫特・桑德雷格（Kurt Sonderegger）的領英網頁收到一則神祕訊息。有兩個人找上他，說要在舊金山成立一家令人興奮的新創公司，細節沒有多寫，只問他想不想進一步瞭解。

當時桑德雷格正想換跑道。他一直住在洛杉磯，在紅牛能量飲料（Red Bull）做了將近十年「陽光暖男」的工作，負責公司的文化行銷，玩得很開心，但是，他有多熱愛這份工作，就有多渴望嘗試新創公司（start-up）的創業生活。他已經跟幾個招聘人員談過，一方面試試水溫，一方面也搞清楚自己是不是真的準備好做新嘗試。領英這則訊息很可能是一場空，不過反正他剛好要北上舊金山一趟，出於好玩，他答應到舊金山市的時候順道約在一家飯店見面。

抵達約好的飯店大廳，向亞當．波文和詹姆斯．蒙西斯做完自我介紹，桑德雷格坐下，隨手伸進口袋，把他那包雪樂門（Nat Sherman）香菸往前面桌上一扔。這是反射動作，他不喜歡坐著的時候口袋塞一大包，把菸拿出來的舉動純粹是肌肉記憶，不經大腦；但是等到他一回神意識到自己剛剛的舉動，馬上尷尬起來，竟然在面試你的陌生人面前繳械招認自己有抽菸。「我通常不想讓人知道我有抽菸，」他說，「但是我看到亞當和詹姆斯眼睛一亮。」

如果桑德雷格本來就是他們看好的人選，他有抽菸就更加分了。他們還沒做出可行的 Ploom 雛形，員工和辦公室也還沒有影子，但是有一個願景：打造一個保留且提升抽菸儀式的產品，同時希望能除去種種危害。這番話聽在桑德雷格耳裡尤其悅耳，畢竟他這個注重健康、喜歡衝浪的加州人長年因為菸不離身而活在輕度羞恥之中。「我是個內心矛盾的抽菸者，」桑德雷格說，「聽到他們說想保留抽菸儀式、除去有害部分，我心裡就想『哇，如果成真，那可是價值數十億美元的點子。』」

接下這份工作有風險。桑德雷格看得出這兩個人很聰明，也都有史丹佛學位的背書，但是稍嫌年輕且「乳臭未乾」，大學校園似乎比董事會更適合他們。另外，兩人的個性也明顯南轅北轍，這點連第一次見面的桑德雷格都看得出來。詹姆斯滿臉笑嘻嘻，動不動就開玩笑，亞當則是一臉讓人摸不透的表情，「他們是一對古怪的組合。」桑德雷格這麼形容。但是他們的產品聽起來又是桑德雷格自己會用的東西，也是許許多多人會用的東西，如果這兩個人真的做到他們說要做的事，他知道會很不得了。於是，桑德雷格答應薪水減半（另外用股票彌補），辭掉陽光暖男工作，收拾好行李，前往矽谷展開創業生活。

他第一天來到 Ploom 總部就嚐到創業的滋味。當時的「總部」其實只是一小塊辦公空間，由幾個在稍具規模新創工作的朋友捐給亞當和詹姆斯，唯一的要求是兩人每週為他們的新創貢獻腦汁兩小時，就這樣，亞當和詹姆斯換到一個可以打造自己公司的空間——真的是動手打造。「我一到那裡，」桑德雷格說，「他們就說：『外頭有一輛卡車，我們得去買門，還得做幾張桌子。』」他一面說一面笑：「我當然有好幾次心裡想『天啊，我到底惹上了什麼？』」

桑德雷格加入的時候，距離亞當和詹姆斯的論文發表已經兩年過去，他們的腳步有點慢，史丹佛同學和教授的好評化為實際公司的進度緩慢，啟動 Ploom 必須花費的工夫超乎想像。

「我們本來以為會很簡單好玩，」亞當後來告訴《企業》（*Inc.*）雜誌，「我們太天真了。」畢業後，生活的現實感立刻襲來。詹姆斯沒有全職做 Ploom，而是接受邀請去創辦史丹佛新成立的哈索．普拉特納設計學院（Hasso Plattner Institute of Design），亞當則是跟朋友住進帕羅奧圖（Palo Alto）邊緣一座老蘋果園裡的房子，兩人雖然都在忙別的，但沒有忘記 Ploom，隨時在動腦思考，討論如何化為實際，他們在亞當住處的一個小房間弄了個臨時工場，熬夜做模型、擬計畫。詹姆斯後來回憶：「我第一次告訴我媽：『我們要做菸草這一行』，她的第一個反應是：

『為什麼要做那個？天啊，你想做什麼都可以，就是別碰菸草。』」他媽媽的反應並不罕見。

亞當在 2007 年 2 月發了一封電郵給史丹佛校友名錄上的人，宣布有個令人興奮的投資機會。「我們即將推出產品，投入成長性很高的香菸替代品產業，」他在信上寫道，還說他預期美國的香菸銷售每年會下滑一個百分點，而香菸替代品的成長會有五成之多，「這是一個好機會，不但能大幅改善公眾健康，還能創造非常有賺頭的生意。」歡迎各界投資，金額從 2 萬 5000 美元起跳。

對兩個還看不出能耐、想跨入菸草業的年輕人來說，這種眾籌募資是他們所能想到的好方法。很多創投公司設有「防惡條款」，明文禁止投資菸草、大麻這類有爭議性的生意，這個殘酷現實在兩人到處籌措 Ploom 起步資金的時候更顯真實。他們到矽谷知名的沙丘路（美國最著名創投都聚集於此）到處找資金，就算搬出名校學歷以及產品設計界鼎鼎大名的史丹佛教授人脈，還是吃了 50 家創投的閉門羹。最後他們體悟到，爭取個別投資人比較容易，這種投資人可隨自己意願投資任何中意的案子，他們第一筆成功募資來自「山丘天使」(Sand Hill Angels)的雷夫・艾森巴赫(Ralph Eschenbach),位於加州山景城(Mountain View)的山丘天使,就是由一群自營投資人所組成。

剛步出史丹佛校門、初踏入創投圈的亞詹兩人,推銷話術並不是艾森巴赫聽過最洗練的,「但他們有純熟技藝,是聰明人,該傳達的訊息還是有傳達到。」他說。他們說每一年有 50 萬美國人死於抽菸相關疾病,說他們設計了一項產品,相信能給抽菸者提供比尼古丁口香糖和貼片更好的選擇,根據研究靠貼片和口香糖成功戒菸半年以上的人只有 7%(就先別計較他們的論點還沒有任何研究可以佐證了)。他們向艾森巴赫提到自己戒菸的辛苦掙扎,也提到他們如何給跟他們一樣的人設計解方。艾森巴赫本身並不抽菸,但是被他們的說詞打動,直覺這兩人有辦法做到。

「我看的是,首先,他們要解決的問題是不是夠大?」他說,「他們的技術可行嗎?是不是帶點神奇,所以很難(複製)?最後一點,這個團隊有沒有辦法執行這個計畫?」這幾個條件亞詹兩人都符合。在兩個能耐未經證實的年輕小伙子身上賭一把是一種冒險,但是艾森巴赫知道,如果他們能做到承諾,哪怕只是一小部分，就很不得了。艾森巴赫說得對：「這就是初期天使投資人該做的事：擔起高風險的商業機會。」就這樣，山丘天使拿出 15 萬美元左右，挹注亞當和詹姆斯起步所需的 50 萬美元。

有一個投資人上車，要說服下一個就容易多了：里亞斯．瓦拉尼（Riaz Valani），全球資產資本（Global Asset Capital）股東，口袋比艾森巴赫還深。瓦拉尼和艾森巴赫不只是投資人，也是顧問，不僅參與重大商業決策，也協助亞詹兩人帶領公司向前走；他們每個月跟亞詹兩人大概見一次面，瞭解進展，同時在兩人遇到阻礙的時候提供指導。

沒多久，亞當和詹姆斯又多了個投資人：出身權貴家族的尼可拉斯．普立茲克（Nicholas Pritzker），凱悅飯店集團（Hyatt Hotels）就是他們家族旗下資產，康伍德口嚼菸草公司（Conwood）也曾經是他們家族所有，後來在 2006 年以 35 億美元賣給雷諾菸草的母公司。就這樣，緩慢但穩當地，亞當和詹姆斯需要的資金和商業經驗一步步到位。

還沒到位的，是一個具備公衛或菸草防制專業的人，一個可就他們企圖顛覆的世界提供意見的人，甚至可以幫忙確定他們的產品是不是真的比香菸安全。這類產品很新，背後的理論還沒有科學文獻可佐證，核心問題（Ploom 是否真的比香菸安全？）尚未有答案的情況下，找個公衛權威合作顯然比較有利。

舊金山灣區是菸草防制和尼古丁研究的溫床，史丹佛和加州大學舊金山分校匯集了全國頂尖科學家和研究學者。資金開始進來的同時，亞當和詹姆斯也開始一一拜訪專家，想找一個在公衛圈有分量的人合作。

史丹頓．葛蘭茲也在名單上——那位在 1990 年代收到那批布威文件的教授。亞當來向葛蘭茲請教「無火傳輸尼古丁」的想法，還說 Ploom 是比較安全的香菸替代品，葛蘭茲很感興趣但沒有被說服，他希望看到更多數據證明電子菸確實比抽菸安全，才願意賭上自己的聲譽。「我說：『嗯，這個想法很有意思，以不燃燒的方法傳輸尼古丁氣溶膠或許比較好，我們不知道，』」葛蘭茲說，不過他馬上就看出幾個可能的癥結。「我告訴他們：『我覺得你們真正該擔心的事有兩個，一是會吸引到年輕人，一是（香菸和電子菸）雙重使用。』」葛蘭茲說，他認為抽菸者很可能兩種產品同時使用，而不是完全改抽電子菸，反而加重了健康風險；另外他也認為，電子化的菸草產品很明顯對年輕人有很大的吸引力。

「這東西很酷，」葛蘭茲說得直接，他毫不懷疑愈來愈精通科技的年輕世代一定會想用，但是他說他的擔憂被當成耳邊風，「Ploom 團隊回我：『噢，我們不認為年輕人會對這個有興趣』，當時他們可能有點傲慢吧。」（亞當後來說他不記得那場會面有談到年輕人使用的問題。）那次見面，亞當空手而回。

就算沒有高知名度的公衛夥伴，亞當和詹姆斯依舊努力推進他們鬥志旺盛的小新創，夜以繼日。「我記得去找他們吃飯喝酒的時候，他們就是一直埋頭苦幹，投入非常非常多的時間，」兩人的史丹佛同窗寇特．雷斯回憶。不過他們主要是投入產品的開發，行銷和品牌顯然需要找人來負責。

這個問題是里亞斯．瓦拉尼從一開始投錢就一再提醒他們的；他看得很清楚，把產品設計好只是成功了一半，真正的挑戰是如何讓這個看不起抽菸的世界接受一款會上癮的尼古丁產品，而他不覺得亞當和詹姆斯光憑兩人之力做得到，原因不難看見，因為這兩個人創業第一年的網路足跡就像一顆時間膠囊，記錄了 2000 年代初社交媒體的樣貌：人人都會上網，但是沒有人知道也不在乎自己的數位足跡永遠不會消失。他們開始找投資人那個月，2007 年 2 月，兩人昭告天下的方式竟然是在領英「互相推薦」對方。「亞當是能成事的人」是詹姆斯對這位堅忍朋友的美言（根據各方說法，亞當確實是使命必達的人），「詹姆斯愛喝咖啡」則是亞當給詹姆斯的大力支持（亞當大約同一時間在推特寫下：「正在吃馬芬蛋糕」）。庫特．桑德雷格的行銷能力是他們迫切需要的，尤其 2007 年他受僱時，Ploom 已經有對手出現。

專利律師馬克．魏斯（Mark Weiss）出身一個創業家庭，父親（也是專利律師）教他們兄弟一看到好點子就要鎖定，因為你永遠不知道會發生什麼。長大後的魏斯，隨時在留意令人興奮的新產品，韓力的「如烟」電子菸一上市，他就透過生意上認識的人有了掌握。「我馬上就知道那個東西在美國市場會大賣，」魏斯說，「那很明顯是危害較小的產品，而我認識的抽菸者大部分都想戒菸，這就好像喝健怡可樂取代傳統可樂，是一件再清楚不過的事。」

魏斯的朋友剛好認識韓力公司的人，於是跟魏斯一起找上門，商談把如烟引進美國銷售。雙方對於合約條件和批發價格談不攏，所以就一直談一直談，直到魏斯發現中國有另外兩家公司生產幾乎一模一樣的產品，而且價格比較低，於是魏斯成立一家名為 Sottera 的公司，2007 年開始以 NJOY 的品牌在美國銷售電子菸。這個產品就是所謂「仿真菸」的電子菸，模仿真菸的外觀和感覺所做成，其背後的想法是，熟悉的東西會讓抽菸者比較有感。第一款 NJOY 基本上跟如烟一模一樣，長寬跟傳統香菸差不多，菸身白色，菸嘴黑色，菸頭有個發光的紅色 LED，只需把一個子彈狀的電子菸液塞進去就能開始吸。2008 年經過一波媒體報導之後，NJOY 那年就有 300 萬美元的銷售額，不知不覺就在美國的一種全新產品中處於領先地位。

不過，魏斯很快就發現，走在前面也有缺點。2009 年 4 月，FDA 開始在海關扣押 NJOY 的產品，不准他們從中國進口，理由是：電子菸是投藥裝置，屬於 FDA 監管範圍。「我早就認為最後勢必要跟 FDA 打一場官司。」魏斯說，因為有這樣的先見之明，所以他超前部署，先找到認同 NJOY 蒸發器是菸草產品而不是投藥裝置的律師，等到 FDA 真的插手，他已經準備好了。NJOY 跟「無處不吸菸」（Smoking Everywhere Inc.，以下簡稱 SEI）——一家電子菸公司，在商場設置售貨亭銷售電子菸——合力控告 FDA，SEI 跟 NJOY 一樣主張電子菸是菸草產品，如果這項主張最後證明成立，FDA 就管不到他們的產品。

2009 年初 NJOY 對 FDA 的訴訟戰開打時，FDA 對菸草產品並沒有任何監管權。FDA 高層至少從 1990 年代中期就開始爭取把菸草產品納入監管，但是遲遲無法說服國會、法院和菸草界；一直到 2009 年 6 月，也就是 FDA 與 NJOY 的官司進行之中，「家庭吸菸預防與菸害防制法案」（Family Smoking Prevention and Tobacco Control Act）在歐巴馬總統簽署之下正式立法，才終於結束 FDA 多年的奮鬥，賦予 FDA 監督菸草產品的權力。也因為這項法案，FDA 得以對菸草公司實施一套新的行銷限制，包括禁止薄荷以外的口味，以免吸引青少年，並且禁止廣告商以未經證實的健康訴求為號召（例如保證危害很小或已經減輕），同時也禁止在行銷文案使用「低焦油」、「清淡」等字眼。

重點是，這項立法雖然授權 FDA 監管任何菸草產品，但是法案明文定義的菸草產品只限於傳統香菸、無煙菸草、散葉菸草，FDA 如果決定把其他某個產品「認定」為應受其監管的菸草產品，就必須專門為那個產品另立新規定，這就是所謂的「認定條例」（deeming rule）。也就是說，雪茄和電子菸這些產品就落入不上不下的詭異狀態，FDA 日後是可以把它們納入監管的，但又還沒有獲得完整授權。「電子菸是這麼新穎、這麼奇特的東西，沒有人搞得清楚。」艾瑞克．林德布洛姆（Eric Lindblom）說，他當時是「未成年無菸運動」（Campaign for Tobacco-Free Kids，CTFK）的成員，後來任職 FDA 的菸草產品中心（Center for Tobacco Products）。光是要把香菸納入監管就這麼困難了，「法案好不容易走到最後階段，沒有人想為了電子菸而徒生枝節。」林德布洛姆說。

雖然華府還沒有人搞得清楚，但是到了 2009 年這時候，電子菸在美國基層人氣漸增已經愈來愈清楚。美國國內能買到電子菸的地方還不多，品牌也不多，但是上網從其他國家找到和訂購倒是很容易，這些電子菸通常不太優（不是設計不良就是味道不好），所以早期使用者必須手巧，自己摸索 DIY 方法來改良產品，修補電池或將不同的電子菸油混在一起（根據電子菸界的傳言，這股 DIY 風潮始自英國一對父子，他們把手電筒改裝成電子菸裝置）。電子菸用戶自成一個小小但充滿熱情的社群，分享撇步和技巧，一開始先是在電子菸論壇之類的聊天室，後來開始透過有組織的團體，例如「無煙替代品消費者倡導協會」（Consumer Advocates for Smoke-free Alternatives Association，CASAA），以及電子菸節（Vapefest）之類的商展。另外，他們也互相傳播正面的研究報告，比方說 2008 年如烟贊助的一篇論文，發現電子菸的致癌物質遠低於香菸。「大家的熱情很快就燃起，因為重度菸癮的人非常非常多，」CASAA 創始會員茱莉・沃斯娜（Julie Woessner）說，「我抽菸抽了幾十年，所有戒菸方法都試過了，突然有了這個東西，在口耳相傳之下很快就流行起來。」

全球公衛界可沒有他們的熱情。世界衛生組織 2008 年發表聲明，明確表示它不認為電子菸「是吸菸者正當的戒菸方法」，理由是缺乏證據證明電子菸真的能有效戒菸；FDA 在 2009 年警告消費者，電子菸有些成分可能有毒（譬如防凍劑所使用的一種化學物質），而且可能造成青少年對尼古丁成癮；包括紐澤西在內的州，包括以色列、巴拿馬、巴西、沙烏地阿拉伯在內的國家，都在考慮程度不一的電子菸禁令和限制。不過，這些聽在沃斯娜這種前老菸槍耳裡只是小雜音，她好不容易才找到能幫助她扔掉香菸的東西，不打算放手；FDA 要把他們這些人的親身經驗斥為傳聞軼事，隨它，不管怎麼樣，他們可是確確實實戒了香菸。

對這些改信奉電子菸的人來說，NJOY 控告 FDA 扣押其產品的訴訟，不只是一場法庭攻防戰，更是不折不扣的生死戰，決定他們的未來是繼續沒有香菸還是重拾香菸。

2010 年秋天，面對聯邦上訴法院*合議庭*——合議庭法官之一是後來的最高法院大法官布雷特．卡瓦諾（Brett Kavanaugh）——NJOY 的律師團主張電子菸含有菸草衍生的尼古丁，所以應該視為菸草產品，不是投藥裝置。很多人不認同 NJOY 的主張，包括

CTFK、美國肺臟協會（American Lung Association）、美國心臟協會（American Heart Association）、美國兒科學會（American Academy of Pediatrics）在內的頂尖公衛團體，提供法庭一份聯合專業意見書，主張電子菸應該以投藥裝置接受 FDA 監管，不該歸類為菸草產品。但是法院在 2010 年 12 月做出有利 NJOY 的判決，FDA 如果想把電子菸納入監管，就必須著手制定認定條例。

「要是我們（沒有）打這場官司，FDA 在 2010 年就能直接把每一家關掉。要不是我們，（這個產業）不會存在。」魏斯現在這麼說。確實，魏斯的訴訟不只給自己，也給競爭對手爭取到好多好多年的寶貴時間。「原本以為 FDA 取得監管菸草產品的授權就能開始採取行動，結果大錯特錯。」林德布洛姆說。FDA 這種大衙門要起草、通過、實施「認定條例」這種東西要花時間，很多很多時間，而這麼一拖延下來，就

---

* U.S. Courts of Appeals，又稱巡迴上訴法院，主要裁定來自其聯邦司法管轄區對於地方法院判決的上訴。

* panel，美國的合議庭是隨機抽取任意三名法官組成，由其中最資深的法官擔任審判長。

有好幾年的時間存在巨大的監管漏洞，不必向 FDA 申請也不必符合任何製造標準，只要有點子和信用卡就能做起電子菸生意，除非產品讓人生病，除非對產品的安全性或戒菸效果做出未經證實的健康訴求，不然 FDA 是不會介入的；也就是說，只要不要太超過，基本上是可以不受限制地發展，甚至沒有任何一條聯邦法律禁止販售電子菸給未成年（多半在州級政府執行），FDA 的權力基本上形同凍結。

不過，魏斯這場勝利也帶有苦澀。訴訟花費再加上產品遭到 FDA 扣押，NJOY 資金大失血。要不是這場官司，「我們已經稱霸市場，有錢可以做很多其他的事，」魏斯說，「FDA 是輸了，但是也不必承擔什麼後果。」反觀，魏斯拯救自己公司的同時卻也倒在自己的劍下。沒錯，他打贏了官司；沒錯，他可以繼續販賣電子菸；但是他的金錢與時間也虛耗了，還平白替競爭對手清出一條道路。

NJOY 被綁在法院的同時，有一家 Blu 公司推出一個電子菸系列，外觀基本上就像燃燒式香菸，裝在一個盒子裡，以營造一包香菸的感覺，只要從五種口味的尼古丁菸彈挑選一個扣進去，就可以開始吸，首批產品上市不到幾個禮拜就銷售一空。Blu 是澳洲創業家傑森·希利（Jason Healy）所創，他原本也是吸菸一族，他說當時電子菸常被當成新奇物品擺在商場的販售亭販賣，他看到一個商機，何不以瀟灑、有品味的品牌包裝，直接鎖定吸菸者為行銷對象。

「當時都用廉價、低俗的方式行銷，」希利說，「我覺得如果我們跨進來，鎖定抽菸者，可能會流行起來。」他是對的，Blu 很快就成為 NJOY 的競爭對手，還有一家叫做 Logic 的仿真菸廠商也冒出頭來，當時沒什麼人聽過 Ploom 這家小公司，但是這種情況不會持續太久。

到 2010 年，Ploom 成立將近三年，終於開始有公司的雛形，亞當和詹姆斯也愈來愈有創辦人的樣子。他們聘了幾個工程師和設計師，人數雖少但不斷成長的團隊有個辦公空間，位於舊金山多帕奇（Dogpatch）工業區一座老罐頭工廠，跟一家出身史丹佛的精密性玩具公司共享。辦公空間跟豪華完全沾不上邊，只有幾個會議室，還有幾張桌子和文件櫃擺放在一個開放空間，但是比起蹲在朋友的辦公室一角，無疑已經前進一大步。亞當和詹姆斯把這個空間當成自己的，檸檬綠牆壁和玻璃會議室門上有 Ploom 草寫商標，由好幾個圈串成。公司運作一上軌道，他們甚至邀請 CBS 現在已收攤的線上雜誌《智慧星球》（*SmartPlanet*）新聞團隊來參觀拍攝。影片中的詹姆斯教記者抽 Ploom 教得很高興，大談他的小型新創所開創的「新典範」，亞當則是有點僵硬，直指他和詹姆斯想解決的「痛點」（傳統抽菸）時，棕色眼睛眨也不眨。對一個員工人數少到五根手指就數得完的團隊、對一個規模小到好像只是幾個朋友一起出來改變抽菸的團隊，CBS 這段影片是令人振奮的一步。「我們偶爾會在公司開趴，把所有桌子移開，放點音樂，邀請朋友和家人過來，」桑德雷格說，「很酷。」

那個時候，亞當是 Ploom 的執行長，詹姆斯是營運長，但是這些頭銜主要是給外人看的，他們各有任務分工（亞當主要負責募資和口味開發，凡是跟 Ploom 菸彈有關的事物都歸他管；詹姆斯則是專注於產品設計、材料和生產），但基本上是兩人共同經營這家公司，這樣的安排時好時壞。桑德雷格還記得，亞當和詹姆斯會關起門消失好幾個鐘頭，在裡面化解兩人對公司經營的歧見，不論分歧有多小。他們似乎常常槓上，就算亞當是名義上的執行長也不管，詹姆斯永遠想置喙，所以常常陷入僵局。「好像做了決定，又好像沒有，」桑德雷格說，「是雙頭馬車。」

創業生活還有其他挑戰。金錢永遠是問題，尤其因為產品開發所需時間遠超過大家的預期。桑德雷格還記得，亞當和詹姆斯向投資人承諾最晚 2008 年底會做出可行的產品，但是過程中一再碰到麻煩，說好的 2008 年底過了一年多，他們仍舊兩手空空。「如果你問設計師：『這要花多久時間？』不管他們說多久，你都要乘上 2 倍或 2.5 倍。」桑德雷格說。亞當和詹姆斯不斷把錢丟進 Ploom 卻毫無回收，顯然需要募更多錢才行——大約 100 萬美元之譜。

兩人找到一個喜歡 Ploom 概念的投資人，但是這個人並不打算從自己的荷包掏出 100 萬美元，而是籌組一個「承諾基金」(pledge fund)——這是一種募資方式，透過多人小額集資來達成大額目標——問題是，這個人說服不了他認識的人投錢參與。

「他們基本上都說：『我們不投資香菸這種東西，就這樣，沒什麼好說的。』」Ploom 一個員工回憶，「一下子就落空了，他們沒錢了。」只剩兩條路可走，一是倒閉關門，一是去求原有股東再拿點錢出來，他們選擇去求，一直求到股東里亞斯．瓦拉尼拿出自己的錢。在這筆資金的挹注之下，亞當和詹姆斯終於完成 Ploom 第一個產品：ModelOne。

ModelOne 外型像是光滑的黑色鋼筆，小小的菸草彈匣有「黑咖啡」、「薄荷」等口味，在新興的電子菸社群受到高度期待。2010 年，桑德雷格在電子菸留言板貼出可說是這家公司第一則廣告，內容很簡單，光滑黑色的 ModelOne 圖片上方只有「小、黑、帥」三個字，但是很有效。「留言多到爆，大家都想試試看。」桑德雷格回憶。當時市面上的電子菸大多是很淡的仿真菸，口味有限，CASAA 的茱莉．沃斯娜這種虔誠的電子菸信徒早就厭倦自己改裝國外買來的裝置，ModelOne 這個替代選擇似乎來得正是時候，可以解決所有麻煩。「ModelOne 會大賣，要是它好用的話。」桑德雷格說。

但是消費者很快就發現，ModelOne 問題多多。首先，亞當和詹姆斯選擇以丁烷作為電力來源，那是一種常用於香菸打火機和野炊爐具的氣體；換句話說，使用者必須隨身帶幾罐丁烷趴趴走，還得自己動手填充。亞當和詹姆斯喜歡 ModelOne 的外型、感覺和功能都跟市面上的電子菸不同，在他們看來，市面上的產品很平庸，但是桑德雷格看到的是，以丁烷作為燃料是錯誤的，尤其市面上已經有很多使用電池且更方便的選擇，誰會想費事拿一罐純丁烷自己裝填。更糟糕的是，有時打開 ModelOne 的瞬間會電到手指，就像被故障的打火機冒出的火花燙到手一樣。ModelOne 頓時像個技術層次很低的產品，這給人的觀感可不好，因為 ModelOne 要價 40 美元，幾乎是當時市面上電子菸價格的四倍。最後也是最重要的一點是，ModelOne 的菸彈所提供的尼古丁含量不足以滿足抽香菸的人。「我會用膠帶把兩支黏在一起抽，」這樣才夠強，桑德雷格說，「詹姆斯會在辦公室對我大翻白眼，因為這代表 ModelOne 對我來說不夠好用。」ModelOne 最後只賣了幾千支，亞當和詹姆斯勉為其難承認他們等於得從頭來過。

眼看接下來重新設計的一年半當中不會有產品可賣，桑德雷格在 2011 年初和平離開 Ploom 團隊。他說耗時的重新設計是他離開的原因，但是他 2019 年底接受 Vice 網站採訪卻暗示原因可能不是那麼單純：

「其實，我記得他們招聘我的時候我有說，只要他們答應不拿菸草大廠的錢，我就接受這份工作」。沒多久就發現這是一廂情願的想法。

Chapter 3

救兵
（2011年—2013年）

詹姆斯愈來愈受不了，創業之路顛簸難免，但是 Ploom 的道路也未免太崎嶇。經過多年研發，產品卻賣不起來，資金看似就要到手卻又每每落空，最糟糕的是，他愈來愈認為亞當不適合執行長這個職位。

拘謹寡言的亞當，不管向金主募資或對記者講話都很不自在，而這正是新創執行長最重要的工作，實驗室似乎比鏡頭前更適合他。詹姆斯一直是兩個創辦人當中比較有領袖魅力的那個，至少在公開場合是如此，他決定自己總得做點什麼。

2011 年初，為了理出一條前進的道路，詹姆斯開始找股東會面。看來每個股東都同意亞當不適合擔任執行長；他是出色的產品設計師，但天生就不是籌錢的料，而且他根本就不想做財務工作，無法符合股東的期待去找到夠多新的投資人。他的財務報告做得雜亂無章，董事會對他帶到會議上那些幾乎沒有用的資料愈來愈洩氣不耐。2011 年春天，詹姆斯和股東共同決定：亞當去處理技術層面的部分，這是他的強項，也負責一些行政工作，改由詹姆斯走到聚光燈下，擔任執行長。雙頭馬車正式合而為一。

亞當沒有太多反應就接受這項調動（甚至還有點解脫吧），股東艾森巴赫打包票說絕對沒有任何怨懟不滿，但是亞當表面的平靜暗藏多少情緒就很難說了，至少辦公室的氣氛已經不一樣；就算亞當自己不承認，辦公室永遠有一頭大象在那裡，只是大家假裝沒看到。「其實很艱難，因為那是你的小孩，不是別人的，你會往心裡去，」桑德雷格說，他離開公司後仍然跟亞當保持友好，「關係當然有點緊張。」

詹姆斯一披上新戰袍就開始找救兵。里亞斯．瓦拉尼和其他股東不可能永無止盡投錢，尤其在產品幾乎不可行的情況下。詹姆斯和亞當很清楚，他們需要的投資人不只要能挹注資金，還必須能幫助產品開發，問題是，懂這些專業知識的人就只有那麼多，電子菸不只是一種新產品，更是一種新技術。藥廠是一個可能的選項，但他們就像亞當和詹姆斯幾年前接觸的獨立投資人，對尼古丁產品向來不感興趣。

解決方法很清楚也很有爭議：知道答案的人都在菸草大廠，也就是 Ploom 意圖顛覆的產業，沒有人比他們更瞭解尼古丁化學和菸草產品設計，也沒有人比他們更清楚如何讓產品熱銷（這是亞當和詹姆斯在碩士班研究那批「菸草大和解協議」之後的發現）。於是兩人開始向菸草大廠伸出觸角，包括雷諾、帝國菸草（Imperial）、菲利普莫里斯等等，尋找最佳合作夥伴。

結果，他們的主動出擊是多餘的。2011 年，傑太日煙國際（Japan Tobacco International）——全球第四大菸草公司「日本菸草產業株式會社」（Japan Tobacco Inc.，以下簡稱日菸）的國際部門——向 Ploom 提出

1000 萬美元的投資意願。一家 2011 年賣出 5000 多億美元香菸的上市公司，竟然願意投資上千萬給一家旗艦產品只賣出幾千個的搖搖欲墜的新創，傑太高層在打什麼算盤？也許他們只是被亞當和詹姆斯的願景打動，也許就像業界許多人士所說的，他們意識到自己在這場下世代產品競逐賽已經落後其他菸廠。

也有可能，ModelOne 在美國市場慘敗的原因正是吸引傑太目光的所在。電子菸在日本是合法的，但是不允許使用菸液，而 Ploom 使用的是菸草，不是菸液，所以可能是日菸公司最佳的機會之一，可一舉打入日本母國日漸成長的香菸替代品市場；更何況，對亞當和詹姆斯來說是救命錢的 1000 萬，對傑太這樣的公司只是零頭。

不過，如果說亞當和詹姆斯接受這筆注資只是為了錢或是別無選擇，大概也過於簡化。他們的推銷詞總是強調 Ploom 是可以顛覆菸草大廠的產品，但並不是因為他們討厭菸草大廠；事實上這兩個人都喜歡抽菸，非常喜歡，詹姆斯曾經接受訪談說香菸是「史上最成功的消費性產品」，還把「菸草產品的魔力和享受」說得詩意滿滿。Ploom 的誕生並不是出於對香菸或菸草大廠的憎恨，而是出於不想死的欲望，出於想創造一種很酷的新產品來幫助別人繼續吸尼古丁也不會死的欲望。亞當和詹姆斯的意思一直都是提供一種更安心的替代品，而不是要人完全戒掉菸草和尼古丁，要是有一家菸草大廠願意幫助他們完成，那又如何？一位接近 Ploom 的人士說：「他們相信，（傑太）認可他們的使命而且意識到，未來終將是這些替代品的天下。」

更何況，傑太還給出種種誘人承諾。詹姆斯和亞當忙於日常營運和推動業務的同時，傑太承諾會協助將 Ploom 產品經銷到全球。「他們承諾會做類似蘋果直營店的東西，有公開的展售賣場。」一名熟知這筆交易的人士說。從雙方的討論聽起來，傑太打算把 Ploom 打造成家喻戶曉的品牌。瞭解兩位創辦人想法的人士表示，他們之所以接受傑太的注資，原因之一是「傑太跟其他菸草公司不一樣，願意做股權不過半的投資」，而不是堅持把 Ploom 整個買下。但是也有些 Ploom 前員工很好奇傑太以後會不會把 Ploom 整個吃下，把他們的技術推向全球，讓這兩個史丹佛畢業生不到 40 歲就成為矽谷成功故事。

有了傑太這劑強心針，Ploom 在 2012 年推出第二款產品，取名為 Pax，使用散葉菸草（至少理論上是）。這款要價 250 美元的裝置比 ModelOne 雅緻許多，外型被《企業》雜誌形容為「短版 iPhone」，菸身以金屬打造，菸嘴可伸縮，還有一個細緻的「叉號」圖案，既像一朵花也像 X 字樣。此外，Pax 也比 ModelOne 容易操作許多，只要將散葉菸草裝填到小小的儲存槽，靜候 30 秒，等待內部電池加熱並且蒸發菸草，就可以開始吸，不需要丁烷。

Pax 在行銷上說得很清楚是搭配菸草使用，但是公司高層心知肚明也能用於大麻，很多消費者就是這麼用。多年來一直有不少潛在投資人詢問 Ploom 的蒸發器是否可以用於大麻，所以高層知道這股好奇心和興趣一直都在。Ploom 並沒有明言鼓勵這種仿單標示外的用法（off-label use）*，但也沒有阻止——這令

* 藥品包裝通常會附上藥品仿單（package insert），即使用說明書。「藥品仿單標示外使用」是指醫師基於各種原因，在使用該藥品時未完全遵照仿單的指示。此處引申為消費者自行把不在使用說明書上的物質添加於 Pax 使用。

投資人傑太很失望，公司消息人士回憶，因為傑太無意跨入大麻市場，也不想招惹大麻可能引來的放大檢視。但是傑太的意見是少數，沒錯，大部分消費者買 Pax 是為了蒸發大麻，不是菸草，但至少有掏錢購買 Pax，這在愈來愈擁擠的電子菸市場已經算成功了。

NJOY 2010 年打贏 FDA，清出一條道路，讓其他廠商得以幾乎毫不受限推出電子菸產品。就這樣，一波新的電子菸裝置以及幾千種加味菸油湧入市場，其中很多是出自創業型態的小商家之手，他們做的裝置主要是「開放系統」，也就是可重複裝填各種不同菸油的電子菸筆（vape pen）。「有很長一段時間，市場是由這種開放系統、家庭式小商家完全主宰。」羅伯．克羅斯里（Rob Crossley）說，他是「宇宙迷霧」（Cosmic Fog Vapors）電子菸油公司執行長。販賣這種開放系統電子菸的專賣店，開始在全美各個城市林立，同時也銷售各種口味的電子菸油，從「餅乾奶油」到「獨角獸便便」（又稱彩虹雪糕）都有。

隨著開放系統裝置人氣漸高，最死忠愛好者的改造技巧也愈來愈爐火純青，依照自己的需求進行改造。最早期的改造是出於不得不，後來卻漸漸變成一種嗜好，大家開始熱中於打造自己的加熱線圈和電子菸裝置；不是從頭全部自己來，就是把不同廠商的零件組裝起來，製作出自己專屬的裝置。此外，他們也開始調整電池功率和瓦特數，改成可以一次蒸發更多菸油或是可以吐出更多霧氣。

「不在乎這些的傳統抽菸者，很多是使用比較老的款式」，譬如比較簡單的仿真菸，Ploom 首位行銷總監桑德雷格說。而新興的改革派則是透過手動改造建立起一種活潑的次文化，舉辦煙霧比賽*和電子菸節，網站留言板到處充斥如何達到最大滿足或打造最佳裝置的訣竅，「那些只會吐大霧的討厭鬼」成了美國社會對電子菸圈的印象，桑德雷格說。

Pax 並不屬於那個世界。它不需要調整或改造，而且外型優雅迷人，消費者、部落客、記者馬上就注意到這個差異。Pax 除了被比做 iPhone，還被（科技新聞網站 The Verge）封為「電子菸界藍寶堅尼」，被（Social Underground 網站）評為「優雅到搭配三件式

* 一種吞雲吐霧的競技。參賽者吸了電子菸並噴出各種花樣的煙霧，誰的煙霧最大、花樣最炫，誰就是贏家。

西裝也毫無違和感」。Ploom 向奢華靠攏。在這之前，抽電子菸並不「酷」，至少在主流社會不是，而在電子菸改造圈子之外，電子菸頂多被視為科技迷的新奇玩意，最慘的是被當成笑柄（「抽菸的人取笑我，」一位電子菸使用者在電子菸線上論壇感嘆，「不抽菸的人也取笑我。」）但是，現代又纖細的 Pax 完全符合 20、30 歲千禧世代的口味，年輕人一手拿 iPhone 一手拿 Pax 的畫面不難想像；更何況，把一個原本為了抽陳腐老菸草而設計的產品變成最時尚最新的吸大麻方式，本身就有動人與叛逆之處。

Pax 在 2012 年上市，剛好趕上大麻漸成主流的新浪潮。那年有過半美國選民支持大麻合法化，贊同比照菸草或酒精來監管。科羅拉多州和華盛頓州在 2012 年將娛樂用大麻合法化，加入十幾個已經批准藥用大麻的州。而在 Ploom 的所在地加州，這個藥用大麻早就合法十年以上的地方，消費者對 Pax 這種裝置也早已敞開雙臂；想嗑藥但不見得認同傳統呼麻文化的人，或是有合法藥用大麻處方但想用旁人看不出的方式用藥的人，馬上就跟 Pax 這種裝置一拍即合。

趁著這股風潮，亞當和詹姆斯聘了一個行銷團隊，希望 Pax 帶起潮流。2012 年莎拉・理查森（Sarah Richardson）加入 Ploom，擔任行銷總監，有將近十年酒類行銷經驗的她，在預算仍然相當有限的情況下使出渾身解數。通常，她只要搬出改變世界或拯救人命的漂亮話，就能說動平面媒體便宜刊登廣告，但是比便宜更好的是免費，這時社群媒體就浮上腦海。由於電子菸公司尚未納入政府監管，也不受菸草大和解協議的行銷限制，所以幾乎可以在網路上為所欲為，只要不做任何會惹毛 FDA 的健康訴求就好。

理查森和團隊開了 @paxvapor 帳號，2012 年開始在 Instagram 貼文，狂發員工照、模糊的音樂會照片、舊金山都市景觀照、風格化的產品照，有放在冒水珠啤酒杯和大盤玉米片旁邊的 Pax、有在紐約時報廣場高高舉起的 Pax、有握在黑色美甲手裡的 Pax、還有斜倚在播放《銀幕大角頭 2》（*Anchorman 2*）預告片的筆電上的 Pax，他們還利用 #PaxOnTheTown（Pax 進城去）和 #LadiesWhoPax（淑女也 Pax）等標籤（hashtag）來提高 Pax 的能見度。此外，他們也贊助音樂節和演唱會，找上有影響力的人物和有名氣的 Pax 粉絲來帶動熱潮，像是演員唐納・葛洛佛

（Donald Glover）和饒舌歌手博爺（Big Boi）。這家公司不只在打造一個品牌，更是在創造一種生活風格，Pax 不是又髒又臭的傳統香菸，也不是笨拙蠢呆的電子菸，在 Pax 的世界，吸菸草是可以再次令人心生嚮往的行為，Pax 夠優雅、夠安全、能被社會接受，是用起來可以產生愉悅感的裝置。

詹姆斯和亞當還試圖讓尼古丁在偏左派的舊金山生活中沒有違和感。他們在訪談中以誇張為樂，故意在記者面前抽起電子菸，把語不驚人死不休當成公關策略。「不同於大多數矽谷同儕，（詹姆斯．蒙西斯）喜歡說自己是哈菸高管。」《彭博新聞》（*Bloomberg*）2013 年有篇報導寫道；文章接著講到一場晚宴上，詹姆斯先說自己從事菸業引來噓聲之後再解釋他做的是香菸替代品，「最後，他們給我掌聲。」詹姆斯告訴記者。

這兩個人還試圖剝除尼古丁的汙名。「大家應該好好想一想自己對菸草的偏見是不是有道理。」亞當在《彭博》那篇文章提到，失望感幾乎躍於紙上。他的論點是：吸食尼古丁並沒有錯，只要能用比較安全的方法，用不燃燒的方法來吸食（那篇文章並沒有探討電子菸是否真的比香菸安全）。這兩個創辦人竭盡所能要將尼古丁正常化，他們勸美國人應該把尼古丁看成其他良性的易成癮物質，像是咖啡因、酒精，以及愈來愈被接受的大麻。「我吸很多尼古丁也喝很多咖啡，所以才能少睡一點，多一點時間工作。」詹姆斯被問到提高生產力的祕訣時，一派輕鬆地告訴專門報導創業故事的 IdeaMensch 網站。同樣在那篇文章，他說 Ploom 的產品是「給想享受菸草但不認同香菸（或未必想跟香菸扯上邊）的人」，這話並不等於說 Ploom 的產品是娛樂用，但也相去不遠。

現在執行長換成詹姆斯了，他在媒體面前有點忘形。他有自作聰明的傾向，容易偏離核心主張（燃燒式香菸是不好的，所以我們才要做更好的替代品），反而說些很難用三言兩語講清楚的東西。他接受千禧世代新聞影音頻道「20to30」訪問時，明白指出 Ploom「不是搞社會運動的公司」，還強調如果有人「不覺得我們做的東西比香菸好，那就去抽香菸，沒問題」，這話出自一個以淘汰香菸為品牌理念的人之口，有點違和，但是透露出他和亞當一直以來的真正想法。他們並不是鼓吹戒菸的傳教士，他們只是想提供更新、更時髦、更健康（他們希望）的「抽菸」方式，而且他們用的是菸草大廠的錢。詹姆斯在 20to30 那場訪問也對傑太的投資做了解釋：「我們當時擔心的是，對（菸草）大廠來說，不管用什麼方法，反正把我們除掉對他們有利，買下我們也好、把我們搞到破產也好、把我們告上法院也好，誰知道呢？最起碼，我們找到一家非常清楚創新需要什麼的菸廠（傑太）。」

到了 2013 年，拜傑太的投資之賜，Pax 真的開始大爆發。熟知銷售情況的前員工說，要說服菸草店進貨一點也不難，而且一到貨就幾乎賣光。當時要打入大麻店很不容易，因為大麻商家大多只進大麻花*與大麻製成的食品；但是沒關係，舊金山似乎開始人手一支 Pax。在演唱會的黑暗中，以前是一整片的打火機火海，現在是一整片微微發光的 Pax 圖案海，Ploom 那名前員工回憶。

這時候，Ploom 已經大到足以搬到舊金山教會區（Mission District）的辦公空間，自己獨立一間，不跟別人共用。他們辦公室樓上就是火人音樂祭（Burning Man）團隊，所以公司高層喜歡開玩笑說，Ploom 跟火人一比就變保守了，這可不容易。Ploom 當時的員工津津樂道公司氣氛可比科技新創和兄弟會聯誼會所。這支日益茁壯的團隊（將近 40 人），大多是 20、30 歲的千禧世代，被「給抽菸者一個更安全替代品」的使命吸引而來，但是公司氛圍跟矽谷其他科技新創沒什麼兩樣，大夥溜著滑板穿梭於辦公室水泥地板，拿 Nerf 橡膠子彈互相射來射去，公司還會舉辦團體出遊，去雞尾酒吧或 Lagunitas 精釀啤酒店。有個前員工回憶他有一次過生日「ice」一個同事［把同事騙倒，罰他一口氣灌下一整瓶思美洛 Ice（Smirnoff Ice）調酒］:「那裡有很棒、很強大的公司文化，我（在舊金山）的朋友都是在那裡認識的。」其他同事也記得辦公室充滿活力的人際互動，彼此關係緊密到會互邀同事參加婚禮，不管做什麼事，總潛藏著一股期待，總感覺即將有不得了的大事要發生。

---

* 大麻花所含的四氫大麻酚（THC）比一般大麻草含量高出許多，更容易產生呼吸道損傷、記憶力減退、罹患心血管疾病等後遺症，在臺灣被列為第二級毒品。

每次聚會一定有亞當和詹姆斯。公司這麼小，兩位創辦人比較像夥伴，不像高高在上、西裝畢挺的高管。他們在教會區辦公室中央放了一張撞球檯，下班後常常留下來喝啤酒打撞球，還會跟同事趁小酒館特價時段一起去小酌，也樂意在許許多多個熬夜的深夜清晨跟大夥聊天。Ploom 員工記得亞當和詹姆斯是平易近人、親切友善的人，公司每件事幾乎都親自參與，也跟每個同事熟到會辦餞別派對。「到現在，他們仍然是我碰過參與度最高的執行長和領導。」一個前員工回憶。

但是明眼人都看得出來，那份相親相愛並不存在於兩位創辦人之間。「他們絕對算不上哥兒們。」一個前員工回憶。另一位早期員工也記得，聽說兩個創辦人在街上遇到連一句招呼都沒有。他們在工作上的相處沒問題，在公司的撞球檯上跟眾人打球也不會尷尬，但是史丹佛時期的友誼鐵定淡了，就像你會在老夫老妻身上看到的，對彼此的古怪瞭如指掌卻又爭吵不斷。「在這種常常高壓的環境長時間相處下來，什麼情緒都會有。」兩位創辦人的史丹佛朋友寇特・雷斯說。更何況，亞當雖然不是那種會公開說出來的人，但是被換掉領導職肯定很傷自尊，對兩人的關係也是。「兩個人共同創立事業，其中一個人當了執行長，」前員工表示，「這樣的關係幾乎一定是脆弱的。」

Pax 起飛的同時，Ploom 也將第一個產品重新設計再推出，取名為 ModelTwo。ModelTwo 獲得部落客和業界媒體不少好評，明顯比第一個版本好上許多，以電池為動力，整體來說缺點較少，這是往正確方向邁進了一大步，只是仍然不合消費者的口味。

ModelTwo 並沒有完全切中市場。電子菸市場有一派是重口味菸民，自己動手打造和修改裝置，然後到網路論壇大談改造經驗；還有一派是愈來愈龐大的一群，他們不想費事自己做線圈或研究功率，只想要便宜又簡單的，像以前買香菸一樣在便利商店就能買到的。漸漸地，後者這群人的需求開始被滿足，而滿足他們的，正是過去賣他們香菸的公司。

美國吸紙菸的人口持續下滑，2013 年掉到 17.8% 的新低，香菸銷售也跟著下滑（這在邏輯上很合理）。美國香菸銷售的跌勢早在 1980 年代就開始，而電子菸的興起是在 2012 年左右，看來電子菸只有更助長這股跌勢。

小型獨立電子菸商已經證明電子菸大有可為，菸草大廠於是也想跨入。2012年，菸草大廠羅瑞拉德收購電子菸公司Blu。「他們在找已經建立起品牌的公司，」Blu創辦人傑森．希利說，「他們想快點進入。」

事實證明羅瑞拉德這一步是明智的，因為美國前兩大菸廠——雷諾和奧馳亞（萬寶路香菸製造商「菲利普莫里斯」的母公司）——沒多久就跳上這班列車。2013年，雷諾推出自己的充電式電子菸系列，取名為Vuse，外型很像銀色的筆，菸彈裡面裝的是一種新型態的菸油：用尼古丁鹽製成的菸油（尼古丁和酸的混合物，不像游離尼古丁吸起來那麼嗆）。同年，奧馳亞也試賣自己的電子菸品牌MarkTen，外型很類似Vuse。靠著好幾百萬美元的廣告預算以及原有的經銷通路，這些有菸草大廠資助的品牌，很快就開始在成長快速的便利商店市場生根。

Ploom的ModelTwo試圖通吃兩個市場，卻兩頭落空。便利商店如果想賣簡單、大眾市場的電子菸，大可去找大菸廠，反正已經向他們進貨幾十年了；而電子菸專賣店賣的，主要是重口味菸民自己動手打造所需要的開放系統裝置、菸油和材料。結果 ModelTwo 什麼都不是，對老派菸草店來說太高技術，對重口味電子菸民來說太乏善可陳，對加油站和便利店來說又太複雜。「你打電話推銷的對象是站在加油站櫃檯的人，解釋的是蒸發原理和這種全新技術。」瞭解 Ploom 銷售過程的前員工回憶，這種對話通常挑戰性很高。

亞當和詹姆斯很清楚，Ploom 如果要生存就必須調整。詹姆斯負責跟外部設計公司研發新的裝置雛型，希望能跟便利商店眾多大預算商品一搏，亞當則是回頭重新研究尼古丁的部分。Ploom 的菸草彈再怎麼樣就是無法釋放夠多尼古丁，這點沒有人比亞當更清楚，因為他仍然偷偷在抽傳統香菸；Ploom 就算抽了一整天，還是沒辦法滿足尼古丁癮。

雷諾的 Vuse 所使用的尼古丁鹽，似乎是可行的解決方法。當時的電子菸油大多使用游離尼古丁，這種尼古丁吸起來非常嗆，為了怕強烈到沒辦法吸，菸油公司的配方只用少量的游離尼古丁，所以菸油的味道大多不錯但無法滿足重口味菸民。亞當不僅是發明家也是老菸槍，他知道打敗香菸最好的方法就是模仿香菸，而尼古丁鹽似乎就是解方。

亞當顯然又往那批菸草產業陳年檔案去尋找靈感，就像研究所時期一樣。某一次搜尋中，他發現了湯瑪斯．皮爾費提（Thomas Perfetti，雷諾菸廠的資深科學家）的研究。

皮爾費提最著名的研究完成於 1920 年代，他才 20 幾歲的時候，當時他很好奇尼古丁為何能成為菸葉的天然殺蟲劑。尼古丁是一種揮發性物質，容易揮發，但是菸葉就是有辦法把尼古丁牢牢地保留在葉面上，皮爾費提很想知道菸葉是怎麼做到的，結果答案藏在菸葉裡面的酸，這種酸可以中和並穩定菸葉的尼古丁，避免尼古丁揮發。於是他開始實驗各種可能跟菸葉所含的天然酸有相同功能的酸，一個一個跟游離尼古丁混合，製成尼古丁鹽，最後寫出一份 17 頁的備忘錄，詳細說明如何用十幾種不同的酸做出尼古丁鹽，這份研究在幾十年後對亞當．波文非常有用。

從雷諾菸草退休後，皮爾費提在北卡羅萊納州開了一家菸草顧問公司，接受客戶諮詢，從菸草煙霧化學原理到口味製作都有。有一天，他突然接到亞當來電諮詢。亞當在 Ploom 裝置的點火方面碰到問題，對尼古丁氣溶膠和加味尼古丁也有些疑問——基本上就是想知道如何讓 Ploom 下一代產品更讓人滿足。皮爾費提跟這位年輕發明家談得很高興，甚至回絕擔任幾年有給顧問的邀請，因為他不介意免費提供諮詢。沒多久就變成，亞當只要需要產品上的指點就會來電，尤其是如何控制尼古丁鹽，讓產品釋出跟燃燒式香菸等量的尼古丁。

ModelTwo 依舊賣不好，亞當只好花更多更多時間和精力於 ModelTwo 的研究，2013 年夏天，他請天才化學家邢晨悅來幫忙。邢晨悅在製藥產業有多年經驗，剛開始是從事吸入性藥物的開發，她的經驗和個人價值觀跟這家公司似乎是天作之合，雖然本身沒抽過菸，但是她很認同「幫助菸民改用較不危險產品」的概念，「我確實想為人們提供一種替代產品，（讓他們）不必……一定得吸入高含量尼古丁。」她說。在邢晨悅的協助之下，亞當不斷致力於找出一種尼古丁鹽配方，一種尼古丁含量和傳輸（有足夠的燒灼感，微微衝擊喉嚨深處）都不輸傳統香菸的配方。

他們只要一混合出幾種配方，亞當就找來蓋爾．柯恩（Gal Cohen，科學部門主管）、阿里．阿特金斯（Ari Atkins，研發工程師），開始做「頭暈測試」

（buzz-testing）。顧名思義，測試過程是這樣的：在Ploom 辦公室，亞當、柯恩、阿特金斯分別吸入各種混合配方的尼古丁鹽，測試每一種造成的頭暈感覺有多強（邢晨悅選擇不參加，因為她不吸菸），他們會吸各種不同的配方，再根據強度和刺激感來打分數。從這些測試可明顯看出，亞當的尼古丁鹽混合物比Ploom 之前的產品都還要強，而且強很多，根據路透社（Reuters）後來的報導，有時甚至強到必須把噁心顫抖的受試者帶到廁所。

頭暈測試絕對不是嚴謹科學的高標，儘管產品設計者以身測試並非前所未聞，尤其在資金緊俏的情況下，但是即便如此，公司內部仍有人對此有意見。

測試這種容易上癮的商品，「把頭暈作為低標是不對的」，一個消息來源說。以電子菸來說，為了避免濫用，尼古丁濃度應該以滿足吸菸者為上限，不應該多到會頭暈的程度，「不應該把會讓人頭暈的程度設為最低限度。」那個消息人士說。而且，創辦人自己跳下來測試是一回事，但是把其他員工拉進來在道德上就不好說了。

不過在那個時候，Ploom 還只是一家小公司，沒有章法，某種程度算是無法可管，沒有太多規則可依循——其實整個電子菸產業都是。當時電子菸並不在 FDA 管轄範圍，聯邦官員不會仔細稽查實驗室流程，就連做了一輩子科學家的人也不知道該如何看待電子菸，不確定 Ploom 這種產品是不是真的比香菸安全。

會認為電子菸比較安全是基於邏輯，因為任何東西跟燃燒式香菸一比都相對安全，但是亞當和詹姆斯並沒有一個權威性的、長期的人體實驗可以證明 Ploom 的裝置比香菸安全。他們確實可以搬出新出現的研究，說電子菸整體來說比傳統香菸的危害小，但那些文獻並不是定論，更何況也不是直接拿 Ploom 的裝置做研究。他們公司的基礎只來自一個合理的猜測，一個亞當和詹姆斯深信不疑的猜測，深信到覺得可以把生產線擴大了，就靠一個他們寄望能顛覆大眾印象的電子菸裝置。

Chapter 4

樂暈
（2014 年）

2014 年某天，詹姆斯帶著重大消息走進辦公室。「這個，」他說，手裡拿著一個很像隨身碟的東西，「將會是我們新的產品 Juul。」

他拿在手裡的，正是他和亞當指望一舉消滅香菸的產品雛型，他們已經開發好幾個月，希望能達成 Ploom 前所未有的成就。這個裝置很小，小到可以放在手掌，長條形的菸身（將會採用石灰色、黑色等低調顏色）真的就像隨身碟，甚至也能插進電腦的 USB

槽充電。它的頂端有個開口，是把裝滿尼古丁鹽液體的菸彈扣進去的地方——這家公司會將尼古丁鹽取名為 JuulSalts，打算推出「薄荷」、「水果」等口味。菸身和菸嘴中間有個菱形的透明視窗，可以看到菸油剩多少；整個裝置沒有任何按鈕和開關，要啟動的話，只要張嘴吸就可以；正面有個小燈，發綠光代表滿電，發紅光代表電池快耗盡，還有一個好玩但沒什麼意義的花樣，只要把裝置拿起來揮舞就會發出七彩顏色。整個裝置唯一的品牌識別是 Juul 四個字母，用小寫字母刻在底部。

「有些同事當場嫌惡地發出『噁』，」保羅．莫賴斯（Paul Moraes）回憶，他在 2014 年加入團隊，負責供應鏈。這個大約一公分寬、九公分長的小東西，會是公司甚至整個菸草業的未來？「跟我們期待的不一樣，」莫賴斯補充說，「看起來只是個小盒子，在某些人看來完全引不起興趣。」

莫賴斯的擔憂既是美學方面也是功能方面。他覺得設計太單調，但更重要的是，他不覺得他的團隊有辦法讓這個東西做到詹姆斯和亞當想要的。當時市面上的電子菸產品大多比這個 Juul 原型機大很多，莫賴斯想不出哪裡有小到可以塞進這個原型機的電池和材料，更別說要用讓公司賺到錢的價格買進。另外，為了避免菸彈裡的尼古丁菸油過熱（這是必要的預防措施，因為溫度過高會產生過量有害副產品，譬如甲醛），公司工程師也忙著做一個控溫系統，這個系統有沒有弄好是關鍵，而要在這麼小的裝置裡弄好似乎很困難。

公司還有人質疑，電子菸迷大多追求大煙霧的高功率大裝置，這時候推出小裝置是明智的嗎？這種產生一縷輕煙的優雅小裝置或許根本沒人想要，就算刺激感不輸香菸也一樣，外型俗氣、可吐出大煙霧的裝置或許才是市場想要的。

儘管有種種顧慮，「詹姆斯還是堅持不改尺寸、不改菸彈。」莫賴斯回憶。詹姆斯對這個產品有他自己的想像，他希望小巧細微到塞進口袋或包包也不會被發現，可以隨時偷溜到外頭享受尼古丁衝擊的快感。亞當和詹姆斯這兩位創辦人意見不合的地方不少，但是亞當在這件事情上倒是力挺詹姆斯；也就是說，莫賴斯有兩個選擇，一是想辦法搞定，一是走人。

做那個發出理性聲音的人，對莫賴斯並不陌生。2014 年一進入 Ploom，莫賴斯馬上就知道自己的角色是什麼。沒錯，他是去打理供應鏈的，但他也是去「扮演監督的大人……帶進一點條理。」莫賴斯說。這家公司感覺還很年輕，製造這種責任義務很多的產品所該有的流程和步驟，幾乎都沒有。

Ploom 當時的一位顧問記得，他告訴詹姆斯和亞當必須做個整頓，他費了好大工夫才讓兩人把這話聽進去。他力勸兩人建立一套正式的系統，讓使用者可在裝置故障或對產品有不良反應時通報健康問題，他還建議兩人思考聘請護理師的可能性，由護理師負責將使用者的投訴分類，並在必要時引導就醫。「這些事情他們沒有一件做到」，一直到後來才開始做，那位顧問回憶，「亞當和詹姆斯自信滿滿，相信自己是在創造驚天動地的產品，只要跟他們的世界觀不一樣，他們一律不採信。」

詹姆斯心意已決，就是這個小小、優雅的 Juul 原型機了——這個原型機被暱稱為史林特（Splinter），取自《忍者龜：變種世代》（*Teenage Mutant Ninja Turtles*）裡面教武術的老鼠師父——甚至堅決到給人理智漸失的感覺。莫賴斯的團隊花了幾萬個小時才讓詹姆斯的設計真的能用，但即使好不容易找到方法把所有元件塞進裝置，還是有問題，最頭痛的是：菸彈會滲漏。如果太用力拉扯菸嘴，「果汁」（e-juice，菸油的暱稱）有時會溢出沾到舌頭，也就是公司內部所稱的 JIM（juice in mouth，果汁流到嘴裡），員工們見怪不怪。公司的內部測試並沒有止步於頭暈測試，工程師和科學家拍拍同事肩膀請他們試試正在研究的東西並不罕見；換句話說，有很多同事親身嚐過 JIM 的滋味。

「（果汁）沾到嘴巴和舌頭很不舒服。」一個常被召募為非正式測試員的前員工表示。而且很掃興，讓人驚覺這家公司百無禁忌的氛圍或許並不適合講究安全。「我還在那裡工作的時候就隱隱約約覺得：『我是不是在當白老鼠？』」那位員工若有所思地說，「從旁人的角度來看，我這樣過日子是明智的嗎？」

撇開滲漏不談，亞當團隊的 JuulSalts 確實有進展。到了 2014 年年中，他們已經準備從頭暈測試進展到實際研究，測試尼古丁鹽配方的強度——他們的配方包含尼古丁、酸、調味、丙二醇（propylene glycol，常添加於食品中的一種化學物質，用於增進口感和延長陳列壽命）。

亞當的團隊選擇到紐西蘭做測試，在菸草公司常配合的一家研究中心進行。他們召募到 24 個願意測試各種尼古丁鹽的抽菸者，對照組是寶馬香菸（Pall Mall）。但是在正式研究開始之前，亞當、科學主管蓋爾．柯恩、研發工程師阿里．阿特金斯再次自願先試抽，也就是「零期」（Phase Zero）研究。

抽了各種尼古丁鹽、深吸了幾口寶馬之後，他們測量自己體內產生的尼古丁含量。結果顯示，每隔 30 秒抽一口，抽了幾分鐘後，有幾種尼古丁鹽產生的尼古丁濃度最大值接近寶馬香菸。樣本這麼小的研究很難斷言什麼，更何況尼古丁的濃度和反應會因人而異，不過從中還是可以看出，尼古丁鹽的感覺和效果確實不輸一般香菸。甚至，對某些人來說，用某些電子菸裝置抽一種含有苯甲酸（benzoic acid）的尼古丁鹽（其中尼古丁占總重量的 4%），所產生的尼古丁濃度最大值還高於寶馬。

這正是亞當想要的結果。他一直以來的目標就是創造一種近似香菸的電子菸，如果從這款新的、號稱比較安全的裝置就能取得想要的尼古丁分量，當然就不會有人回頭去抽傳統香菸。可是，等到這家公司開始做焦點小組訪談，測試消費者對這個裝置與尼古丁鹽的反應，卻得到意外的結果。

2014 年 9 月底，Ploom 市場研究小組的一個成員寫電郵給品牌經理雀兒喜．卡妮雅（Chelsea Kania），那個成員從焦點小組訪談取得幾個好消息和壞消息。「比較年輕的小組比較樂於嘗試新事物，很喜歡（Juul），因為瀟灑、新穎、有科技感等等。」她在電郵寫道，這封電郵後來出現於跨區集體訴訟的訴狀中，控告 Juul 用欺騙手法行銷產品，導致民眾對尼古丁成癮，危害公眾健康（Juul 基本上否認這些指控，主張對電子菸的行銷和銷售有司法管轄權的是 FDA，法院系統無權審判。聯邦法官不認同 Juul 的主張，但也駁回集體訴訟所提的詐騙指控。到 2021 年 1 月為止，訴訟仍在進行）。根據訴狀內容，焦點小組訪談有個受試者說 Juul「應該能讓抽菸再次變成很酷的事」，這話聽在公關團隊耳裡鐵定很悅耳。

但是那封電郵也給了亞當一記重拳。根據訴狀內容，那位市場研究人員在電郵寫道：「質化研究發現，這個產品不是很適合想減少香菸攝取量的人。」隔天她又寄了一封電郵說明原因：「對某些抽菸者來說，尼古丁太多了，尤其是已經習慣一般電子菸的人，他們把它當成 Blu 或其他平價電子菸來抽，結果馬上就被襲來的尼古丁嚇到，不知道如何控制。」雖然確實有部分受試者表示喜歡這個配方，但是也有好幾位說「對我來說太多」或「太強」，至少一開始那幾口是如此。也許吸久了就能掌握訣竅，但第一口是頭暈腦脹的。

這樣的評論令邢晨悅（亞當的化學家搭檔）感到不安，她後來這麼告訴路透社。亞當之所以想製作強烈的尼古丁鹽，是為了提供跟紙菸相當的體驗，習慣紙菸強度的人才戒得了菸，這樣的思考是有道理的，但是從焦點小組的反應看來，用沒那麼強的配方也行，這看來是好事。

高含量尼古丁不僅從成癮的角度來看令人擔憂，還會讓人生病（至少會發抖）。傳統香菸自帶一個關閉鍵，那就是會燒完，你得有意識地決定掏出另一根並點燃才能繼續抽，這小小的動作已經足以逼人好好想一想是不是真的還要抽，而電子菸把這個「退出便道」縮短了。Juul的菸彈能持續抽200口，傳輸的尼古丁相當於一整包香菸的量，只要一顆小小的菸彈就可以，很方便。沒錯，電池會沒電、菸油會抽完，但是邢晨悅不難想像，一定會有人不小心就一口氣把一整顆菸彈抽完，完全沒意識到已經給自己灌進一整包香菸的尼古丁分量（更糟的是對這種分量的尼古丁產生依賴性），尤其她和亞當還把配方做得很順口，不會刺激喉嚨或造成不舒服。當你什麼都不必做只要張嘴吸就好，這樣的裝置已經不只是「好用」足以形容了。

「我們希望他們獲得想要的分量就停止，」她告訴路透社，「我們並不想做一個更容易讓人上癮的新產品。」Ploom有想過多加一個分量控制功能，但是從未落實。

雖然焦點小組的反應有好有壞，但是2014年10月提出的JuulSalts專利申請卻只吹噓這個配方的強效：「在這過程中意外發現，某些尼古丁液體配方所提供的滿足感優於游離尼古丁，更接近傳統香菸帶來的滿足感。」申請書還寫說，Ploom團隊偶然獲得「意外驚喜的」發現：他們有些尼古丁配方會導致使用者心率飆升，比抽完傳統香菸後的心跳更高、更快，申請書援引紐西蘭的研究數據來佐證：經過五分鐘斷斷續續地抽，某些尼古丁鹽所產生的尼古丁濃度會高於傳統香菸。

從智慧財產的觀點來看，的確應該大肆證明 Juul 的配方高於香菸尼古丁濃度的最大值，因為這是其他菸油製造商難以企及的結果。當時的電子菸油大多很弱，尤其是使用游離尼古丁者，能夠做出尼古丁傳輸不輸香菸甚至超過的菸油，對一心想從一個不斷成長的產業中脫穎而出的創辦人來說，無疑是出乎意料的成功。但是這種成功顯然也容易落人口實，傳統香菸都已經被公認是地表最容易上癮的物質之一，結果你還推出一個可傳輸「更多」尼古丁的產品，當然會惹來質疑。

Juul 最終上市的版本並不是專利申請書裡面的版本，只是近似，公司代表也說他們的尼古丁傳輸並沒有超過香菸，但是接下來的新聞報導和官司訴訟中，Juul 已經無法完全擺脫外界的印象：Juul 在自己舉辦的上癮比賽中技壓香菸。

蓋爾．柯恩（Ploom 的科學主管）想給老朋友大衛．艾布朗斯（David Abrams）看個東西，艾布朗斯是紐約大學社會與行為科學教授，過去是國家衛生研究院（National Institute of Health）要角，在菸害防制圈是響叮噹的人物，也是電子菸這種尼古丁替代品的頭號支持者。蓋爾終於拿到 Juul 和 JuulSalts 的原型版本，迫不急待想向艾布朗斯和他的同事炫耀公司剛出爐的新玩意。一看到數據，艾布朗斯馬上就說這很明顯是足以改變市場遊戲規則的產品。尼古丁鹽並不是什麼新東西，相關研究已經存在幾十年，雷諾的 Vuse 電子菸也已經在用，但是艾布朗斯從柯恩的數據清楚看出，Juul 的苯甲酸鹽是更好的混合配方，味道、尼古丁傳輸、強度取得非常穩定的平衡。艾布朗斯回憶：在紐約大學那間房裡，每個人「都看著我說：『哇，就是這個！』每個人心裡想的都是：『他們做出來了。』」

公衛界的反應不見得跟艾布朗斯一樣。在民間學者為主的公衛界，唯獨菸草減害是個不斷在變動的主題。有很長一段時間，菸害防制團體都統一在同一面大旗之下：讓抽菸者戒掉香菸；即使方法各有不同，但是大家都能團結在這個共同目標之下，「目標是一致的，但是在表面的一致之下，出發點各有不同。」克里夫・貝茲（Clive Bates）說，他原本是英國反菸團體「吸菸與健康行動組織」（Action on Smoking and Health）負責人，現在是電子菸的支持者。貝茲說，有些人的重點是減少抽菸相關的慢性病，有些人關心的是把香菸驅離公共場所以減少無辜者暴露於二手菸，還有人是出於對菸草大廠的厭惡；甚至有人是從道德的觀點出發，凡是會上癮的物質一律殺無赦。有一段時間，這些不同的次團體多多少少都還能和諧共存，因為大家的終點是一樣的：不再有香菸；但是，隨著電子菸這種不燃燒替代品愈來愈受歡迎，這池春水就被吹皺了。

到了 2014 年，研究學者多半已經認同電子菸可讓人減少暴露於傳統香菸的毒物和有害物質之中，理論上來說，只要完全改抽電子菸，罹患癌症和其他相關疾病的風險就會降低。但是除了這點之外，電子菸產品的其他部分都還是有待商榷。

「這些產品是以生活消費品推出上市，不是受FDA 監管的裝置或藥品，按照慣例需要檢視的功效和安全方面的證據，一個都沒有。」南希．里戈蒂醫師（Dr. Nancy Rigotti）說，她是麻州綜合醫院菸草研究治療中心（Tobacco Research and Treatment Center at Massachusetts Gengeral Hospital）主任。這些產品太新了，還沒有長期研究；換句話說，電子菸油抽個幾年下來對人體有什麼影響，沒有人知道。

「我不知道長期的影響是什麼，譬如加熱的丙二醇吸進去會怎麼樣。」湯瑪斯．葛林（Thomas Glynn）說，他是史丹佛大學講師，曾經負責國家癌症研究所（National Cancer Institute）的吸菸、菸草以及癌症計畫，後來在美國癌症學會（American Cancer Society）擔任高階職位。葛林說：到最後發現電子菸比抽菸還危險倒還不至於，「但是這有點像『為什麼要冒這個險？』」而且，電子菸是不是真能幫助戒菸也還沒有科學共識——有些研究發現可以，但也有些論文發現，許多抽菸者並不覺得電子菸是可滿足他們的替代品；還有些研究發現許多抽菸者並沒有完全戒掉香菸，而是電子菸和香菸交替著抽，這樣的話，電子菸一開始那些好處就可能打折扣或完全消失。

隨著科學演進，漸漸形成兩派，一派支持菸草減害，一派主張對尼古丁和菸草採取完全禁絕的立場。減害陣營也承認電子菸並非零風險，原本就不抽菸的人不該使用（最好只作為戒菸的短暫過渡），但仍然認為電子菸是兩害相權取其輕，他們認為電子菸的致癌程度低於傳統香菸，可減少抽菸相關疾病的死亡，他們還援引毒素和致癌物質的研究（以及許許多多成功戒菸者的故事）為佐證。

從減害派的觀點來看，把香菸換成模擬香菸的不燃燒菸品再合理不過，這也是亞當當初想把尼古丁鹽做那麼強的目的。亞當和詹姆斯讀研究所的時候就發現，很多抽菸者之所以沒辦法或不願意用尼古丁口香糖這類產品來戒菸，是因為尼古丁依賴性只是這場戰役的一半，另一半是抽菸者已經習慣抽菸的動作、儀式、深吸一口菸的快感、尼古丁帶來的嗡嗡感和喉嚨深處的小刺激。把這些感官體驗轉換到比較安全的傳輸工具上是有道理的，如果能用一種不會害死自己的方法取得這些體驗，抽菸者轉換的動機就很充分了。

Juul 這種強效菸油甚至在公衛上於理有據。首先，抽菸者會獲得滿足（只要他們習慣吸進去的是蒸氣而不是煙霧）。其次，根據加州大學舊金山分校醫學教授、美國頂尖尼古丁藥理專家尼爾．貝諾維茲（Neal Benowitz）的說法，由於任何菸油都含有化學物質，加熱過程也會產生副產品，所以你會想盡量減少用量，把接觸到潛在毒素的機會降到最低。而如果只要抽幾口就能獲得渴望的尼古丁分量，不必抽到一整天，你暴露於化學物質和副產品的機會就會降低。Juul 的高強效尼古丁鹽就能做到這點。雖然下半輩子都靠這種東西還是不好，但是當作短期的依靠是好用的。

不過，這種強效配方對於想用電子菸來過渡的老菸槍雖然是好東西，對於本來不抽菸但想試試電子菸的人卻等於是暴露於高量尼古丁之中，而這正是反對電子菸的科學家最主要的擔憂。這些科學家大多同意，以致癌物質和毒物的暴露程度來說，電子菸的風險確實小於傳統香菸，但他們還是覺得電子菸並不是好的解決方法；在他們看來，比較好的方法是讓抽菸者完全脫離尼古丁，不是讓他們沉迷於一種或許比較安全但並非百分之百安全的產品。「在健康風險方面，電子菸的其他成分也必須考慮進去：調味料、可能產生的其他毒物等等。」羅斯威爾帕克綜合癌症中心（Roswell Park Comprehensive Cancer Center）的電子菸研究人員馬切伊·戈涅維奇（Maciej Goniewicz）說。電子菸所產生的已知致癌物質或許比傳統香菸少，但是並不代表電子菸就沒有健康風險，風險可能要好幾年或好幾十年才會發現，更何況在那個時候已經至少有個大問題被發現了。

就像 UCSF 的史丹頓·葛蘭茲教授在 Ploom 推出之前與亞當會面所預言，青少年很快就被那些比 Juul 早問世的電子菸給吸引，尤其是那些口味誘人的菸油（現在口味已經多達幾千種，「粉紅檸檬水」、「棉花糖」、「香蕉奶油派」等等，什麼都有）。根據聯邦政府所做的「全國青少年菸草調查」（Nationel Youth Tobacco Survey），2014 年有超過 13% 的高中生說他們過去 30 天抽過電子菸，而前一年才只有 4.5%。更值得注意的也許是，同一年說有抽菸的青少年只有 9.2%；換句話說，電子菸在高中生之間受歡迎的程度已經勝過傳統香菸。這下老師不只得注意容易洩底的香菸煙霧，還得留意水果味的蒸氣煙霧。

有些研究學者認為，抽電子菸的青少年激增有其正面意義，因為這代表青少年抽的是電子菸而不是香菸，或是為了戒掉傳統香菸而改抽電子菸，但是也有很多公衛專家並不這麼看。專家擔心，最糟糕的情況是，電子菸熱潮會使青少年對尼古丁上癮，造成他們更容易開始抽一般香菸，就此抵銷幾十年來的公衛進展。

「對某種物質上癮的年輕人，去嘗試其他物質的可能性也比較高，」UCSF 尼古丁研究學者貝諾維茲說，「哪個先上癮很難說，但是吸尼古丁和吸四氫大麻酚（THC）、吸菸和抽大麻，都有高度相似性。」研究顯示，吸食尼古丁會影響青少年的大腦發育，大腦裡面掌控注意力與決策能力的系統的成熟，可能會遭到破壞。還有研究認為，還在發育中的兒童大腦比成人大腦更容易對尼古丁養成依賴性。

基於上述理由，眼看青少年流行抽電子菸，公衛界不少人憂心忡忡。CDC（疾病管制與預防中心）針對 2014 年全國青少年菸草調查提出報告：「全面性的青少年菸害防制與預防策略，必須把所有菸草產品都納入，不能只談香菸。」CTFK 之類的反菸團體就不像 CDC 那麼客氣了，他們常常在媒體砲轟電子菸產業，指控電子菸產業用好味道引誘兒童，CTFK 發言人 2014 年告訴《今日美國報》（*USA Today*）：電子菸「是個蠻荒市集，有不負責任的行銷手法，產品毫無管控可言。」

國會議員也對電子菸和其行銷方式感到憂慮。比 Ploom 更早進入市場的那幾家公司，例如 NJOY 和 Blu，也是出了名沒在行銷上克制的。NJOY 買下曼哈頓時報廣場一塊顯眼的超大廣告看板，在小巧精緻的珍妮旅店（Jane Hotel）舉辦旗下一個產品的發表派對；更惹惱公衛圈的是，這家公司竟然無視長年以來不准在電視打香菸廣告的禁令，在 2014 年超級盃（Super Bowl）美式足球賽轉播大打廣告：一個男子把朋友的香菸換成 NJOY 電子菸。Blu 也打了好多廣告，常常請吸睛的名人代言，吹噓自己的產品能幫助菸民規避禁菸令，這家公司甚至專門為電子菸民創了一個社交網路平臺。

這兩家公司的廣告激起大反彈，驚動參議院一個委員會在 2014 年 6 月辦了一場公聽會，把兩家公司的執行長找來訊問。參議員砲轟他們在行銷上投年輕人所好、在推特吹噓有名人使用他們的產品、在產品增添年輕人喜歡的口味（像是「巧克力」和「櫻桃汁」)。「我不知道你們晚上怎麼睡得著，」西維吉尼亞州參議員傑伊·洛克斐勒（Jay Rockefeller）大罵，「我不知道你們早上起床去上班是在追求什麼，除了白花花的鈔票。」

FDA 的電子菸規範政策遲遲沒有定案，更加深議員的擔憂。到 2014 年這時候，FDA 取得電子菸監管權已經過了好幾年，卻還沒擬妥「認定條例」，無法正式成為法規。據當時在 FDA 菸草產品中心服務的艾瑞克·林德布洛姆說，這其中的延宕跟電子菸完全無關。

FDA 在 2009 年取得監管菸草品的權力，沒多久就決定它所頒布的認定條例要一併涵蓋雪茄、水煙、電子菸，打算一次統統解決，結果卻發現窒礙難行，因為雪茄產業大力遊說歐巴馬政府，主張高價的雪茄應該免受 FDA 監管，那些對話往返以及隨之而來的種種政治考量，造成進度一延再延。FDA 是可以單獨為電子菸擬定認定條例，但是領導階層選擇等待，希望畢其功於一役，這個決定讓林德布洛姆很緊張。

「這有點可怕，」他說，他還記得他當時心想，「要是歐巴馬選輸，我們就不用玩了。」

當然，歐巴馬並沒有輸掉 2012 年大選，FDA 也終於在 2014 年 4 月公布電子菸等菸草產品的法規草案。雖然只是草案，仍舊激起雪茄公司展開新一輪遊說，只是這回電子菸公司也參戰了。電子菸產業和消費者看到 FDA 打算全面禁止加味的尼古丁菸油，一整個炸鍋；FDA 則是搬出研究說調味劑吸進人體可能有害，並且舉出調查數據證明，未成年之所以抽電子菸就是因為菸油調味誘人，為了扭轉這股已經成形於年輕人之間堪慮的新趨勢，最萬無一失的方法是全面掃除市場上的調味菸油，所以 FDA 提議只准許販售薄荷和菸草口味的菸油，也就是燃燒式香菸現有的口味。

按照規定，草案公布後有 120 天廣納各方意見期，FDA 收到 13 萬 5000 則回應。有些是公衛界拍手叫好，但更多的是電子菸擁護者的訕笑。電子菸商店和菸油製造商認為，如果市場上幾千種加味產品都不准販賣生產，他們會倒閉關門。電子菸擁護者也強調，對很多成年菸民來說，美味的調味產品會大大決定他們是繼續抽紙菸還是轉向傷害較小的電子菸。擁護者舉出調查數據證明，不只是青少年，成人也偏好加味菸油，而且常常以自身經驗為例；一個靠電子菸戒掉幾十年抽菸習慣的 42 歲民眾就說：「不開玩笑，我現在一聞到香菸味道就覺得噁心反胃，菸草口味的菸油更糟。但是你知道我喜歡什麼嗎？鳳梨起司蛋糕菸油。」

這些反對聲浪讓 FDA 進退兩難，林德布洛姆說。菸草產品中心必須一條一條討論各界提出的意見，評估草案的利弊。更麻煩的是，歐巴馬政府很怕惹毛財大勢大的菸草業以及支持菸草業的議員，尤其如果禁止加味真的會造成電子菸商店倒閉的話。「不要傷害到經濟是很重要的考量，因為歐巴馬第一任剛就任就接下陷入大衰退的經濟。」林德布洛姆說。這些顧慮造成 FDA 很難推動這項法規。菸草產品中心主任米契．澤勒（Mitch Zeller）說：「有個審批的流程要跑。我們制定法規的時候，首先必須出得了 FDA，再來必須出得了部會（衛生與公共服務部，Department of Health and Human Services），最後必須經過跨部會審查之後由白宮批准。」這些過程都需要時間和政治折衝。

有些民選官員對那些挑戰並不同情，伊利諾州的迪克．德賓（Dick Durbin）就是。十幾歲就看到父親死於肺癌的德賓，以對抗菸草大廠闖出名號。事實上，1982 年拿下眾議院席次之後，他就開始致力於反菸立法，第一項立法就是短於兩小時的商用航班禁止吸菸。他是最早支持立法給 FDA 監管香菸權力的議員之一，為 2009 年通過的法案立下基礎；他也是當年最大聲要求調查菸草高層在國會做偽證的人之一（1994 年幾個菸草高層在聽證會宣誓之下竟公然說謊，宣稱尼古丁不會成癮）。2010 年，CTFK 頒給他「鬥士獎章」（Champion Award）。

看到政府監管遠遠落後於電子菸產業成長的速度，德賓憂心忡忡。現在美國幾乎每家便利商店都買得到電子菸；琳賽．蘿涵（Lindsay Lohan）、火星人布魯諾（Bruno Mars）、凱蒂．佩芮（Katy Perry）等名人在公開場合抽起電子菸；NJOY 有錢到買得起超級盃的電視廣告；《牛津英語詞典》（*Oxford English Dictionary*）甚至把 Vape（吸電子菸）選為 2014 年度代表字，電子菸顯然不會消失了。「我看了看這種吸電子菸和販賣電子菸的情況，心裡想『（跟菸草大廠）相似的地方太多了，』」德賓說，「（菸草大廠）眼看年輕人不抽菸草香菸了，需要有個替代品，就是電子菸。」就在 2014 年 FDA 的認定條例草案出爐之前，德賓和一群參議員開始陸續上書白宮，表明對年輕人電子菸成癮的擔憂，敦促歐巴馬政府快點立法落實監管。德賓說：電子菸公司「其實長時間都是大喇喇在露天舞臺上面，FDA 和聯邦政府有大把機會介入，我不知道是輕忽還是什麼，但就是沒有介入，就這樣放任他們開始在市場蠶食鯨吞。」

德賓當時還不知道，像 Ploom 這樣的公司才剛要冒出頭來。

Chapter 5

酷孩

（2014年11月—2015年5月）

Ploom 來了個新人，名叫理查．孟比（Richard Mumby），他完全不像矽谷典型的科技男。在連帽T和夾腳拖滿街跑的新創世界，孟比是衣著時尚又溫文爾雅的存在，棕色鬈髮梳整得有型有款。從達特茅斯學院（Dartmouth）拿到 MBA 之後，他進入顧問與金融領域，接著轉戰紐約市新創圈，先是在熱鬧的精品限時特賣網站 Gilt 做行銷（Gilt 是獨家限時特賣精品的先驅），後來到 Bonobos(鎖定千禧世代的男裝品牌，在社交媒體上深受喜愛），還自己經營一家行銷公司。

2014 年接近尾聲的時候，孟比以顧問身分加入 Ploom，很快就在這家公司擄獲粉絲。他聰明、優雅自信、儀表出眾，給亞當和詹姆斯這種不修邊幅的大學哥兒們氛圍注入一股清新的變化。「他幾乎零負評，」供應鏈主管保羅．莫賴斯回憶，「他超級聰明、超級親切，進公司第一天就說得一口好策略。」當時這家公司已經走在正確的道路上，在社交媒體和音樂節等活動開始打出名號，但是孟比希望放慢腳步、回歸基本，譬如把員工的角色定義清楚，給行銷部門擬出策略性的發展計畫，而不只是胡亂在社交媒體貼文，把基礎打好才能把 Pax 產品打造成勝出的電子菸裝置，從眾多產品之中脫穎而出。「電子菸這塊領域的汙名不少，」孟比後來告訴時尚網站 Racked，「雜亂無序又容易讓人混淆，用一個高價品牌來重新定義市場是有機會的。」

能想出這種宏大策略，公司裡的「大人」無不看好孟比在 Ploom 的前途。「他一下就抓到我們整個概念，然後每個方面微調。」保羅．莫賴斯說。有些高管甚至覺得孟比有可能成為 Ploom 總裁，公司一個消息來源這麼說。會這麼想是有道理的，因為執行長詹姆斯如果是「陽」，孟比就是「陰」。詹姆斯可以扮演聰明不羈、有點太固執己見或自信過頭的創辦人角色，而擁有達特茅斯碩士學位和牙膏廣告燦爛笑容的孟比，可以用公司成長所需的優雅泰若來平衡一下。

孟比沒做過一天 Ploom 總裁，但好像自然而然就擔起這個角色。根據幾位前員工的說法，他沒多久就變成行銷部門一個小圈圈的頭，事實上就是整個公司的頭。如果 Ploom 是一所高中，孟比就是球賽「主場日」（homecoming）選出來的國王，而他的朋友是崇拜他的啦啦隊。他想做什麼就做什麼，自由度之大，甚至讓部分員工（誤）以為他是大股東或是擁有某種權勢可以指揮領導團隊，只要是他的想法，似乎都會通過。

孟比在公司擔起的責任也不小。加入 Ploom 不久，他就開始協調 Juul 新裝置的上市宣傳。當時公司與加拿大一家名為「集體膜拜」（Cult Collective）的廣告公司合作，孟比和行銷團隊幾個人 2014 年 12 月前往加拿大卡爾加里（Calgary），聽取該公司對 Juul

未來的看法。

「Juul 所帶來的轉變，是科技公司才做得到的那種，」集膜團隊在簡報內容寫道（這份簡報後來被麻州檢察長納入起訴書裡，Juul 在呈交法庭的文件中嚴正否認，本案預定於 2023 年開庭審理），「除了親身嘗試，要點出 Juul 的技術所帶來的巨大差別、指出老式香菸與現有蒸氣菸產品的過時愚蠢，最好的方法是引用其他智能進化的例子來說明，也就是聰明的想法和科技給人類帶來的種種進步。」要做這種對比的話，就像那份簡報所說的，「連三歲小孩都會」，因為科技創新在過去幾十年突飛猛進。

根據那份簡報，集膜團隊打算在廣告放上大大的、會引人發笑的過時消費性產品照，都是一些不那麼遙遠之前還很重要的產品，例如大型手提式收錄音機、電動搖桿、笨重的黑金剛手機，然後在下方角落放上 Juul 的照片，配上標語：「沒有不會變的東西。Juul：香菸的進化」。透過這些過時的設備，集膜團隊想點出傳統香菸也是過時的、低科技的，而 Juul 是這個數位時代最時髦的香菸替代品，會讓還在抽紙菸的人停下來想一想，為什麼他們都已經在用 iPhone 傳簡訊、搭 Uber 移動了，卻還在吸「一管枯葉」。

理查．孟比不怎麼喜歡。「『這不是你爸抽的那種菸』的風格太強了，」一個參與上市宣傳的消息來源說，「怎麼說呢，超級老套。」問題還不止如此。放上年輕人喜愛的遊戲裝置似乎不太明智，即使已經過時。還有，公司有些人覺得這個廣告並沒有把 Juul 的優雅展現出來。當時的電子菸外型大多不吸引人，而 Juul 跟之前的 Pax 一樣，精緻的外型和設計是最好的賣點，沒把這點凸顯出來似乎很蠢（尤其有不少抽菸者對早期不怎麼精細的電子菸留有不好印象，需要多花點工夫勸誘才會願意再嘗試）。孟比決定引進後援。

他打電話給史蒂芬．貝里（Steven Baillie），一個也待過 Bonobos 的人，孟比才剛跟他合作過一個案子。貝里是在紐約市營生的藝術總監和攝影師，自封為「創意總監／麻煩製造者」，曾經歷練《GQ》等大型刊物以及紐約時報風格雜誌《T》，很清楚如何讓產品性感勾人。他的美學似乎就是性、性、更多性，他的攝影作品盡是姿態挑逗的女子，不是只穿內衣就是一絲不掛。

這些作品跟他在時尚圈的花名相輔相成。有個攝影網站給他冠上「供應商」的稱號，因為他很樂意到全世界各個異國角落物色新模特兒。2006 年他成為《GQ》一篇〈郵購新娘〉報導的主角，文中宣稱，當時 38 歲的貝里透過一個媒合服務（替付錢的美國人牽線物色哥倫比亞低收入女性），到南美找新娘。這篇文章把貝里描繪成滿嘴髒話、到處跑趴的紐約市單身漢，貝里後來予以駁斥。

孟比要貝里替 Juul 的上市文宣想幾個新概念，然後再跟集膜團隊合力做出來，貝里馬上就知道該怎麼做。幾年前貝里替 Gap 服飾做過文宣，他用環環相扣的各色三角形壓在快樂無憂的模特兒照片上（三角形象徵不同的人和想法聚在一起），Gap 並沒有採用這份文宣，但是他和孟比在兩人合作過的案子用過類似的，貝里覺得用在 Juul 也很適合。三角形可以襯托出 Juul 的菱形視窗以及彩色的菸彈蓋（以不同顏色代表不同口味，有焦糖布丁、菸草、薄荷、水果），這幾種形狀呈現在紙上有活潑歡快的感覺，排版方式會讓人下意識聯想到蒸氣。

孟比很喜歡。這份文宣吸睛又動感，也讚揚了 Juul 細緻的外型；更讚的是，放到社交媒體的效果很好。社交媒體是讓 Juul 成為年輕成人和網紅垂涎之物的最佳管道，再由這些人讓 Juul 成為網路上的流行現象。「他們稱之為『帶動潮流』。」參與上市宣傳的一個消息來源說，「他們會把某些東西交到某些人手裡」，然後就等著那個東西爆紅。

2015 年 1 月，貝里把他發想點子用的情緒板（mood board）拿給孟比看，他把這個點子取名為 Vapor（蒸氣）。這個情緒板的標題是「暴露於高溫下的物體」，風格就像貝里自己的作品集：走高級奢華風的模特兒、黑色皮夾克、叼在紅唇外頭的 Juul、大大的 Juul 疊加在蕾哈娜（Rihanna）和傑克．葛倫霍（Jake Gyllenhaal）等名人照片上，當然還有 Gap 文宣所遺留的多彩三角形。孟比大筆一揮簽名通過，馬上派貝里去加拿大卡爾加里，跟集體膜拜團隊合力把這份文宣做出來。

這整個過程快如旋風。孟比批准之後不到幾天，他就跟貝里開始規劃照片的拍攝，Juul 的文宣基調也隨之確立──後來他們將文宣取名為「蒸氣」（Vaporized）。這些照片會出現在 Juul 的網路廣告、社交媒體和商店，最醒目的是，會登上曼哈頓時報廣場一塊高達幾層樓的大看板。Juul 並不打算像其他電子菸公司找名人代言（譬如 Blu），而是想找看起來「可代表 Juul 品牌的紐約潮流人士，由他們傳遞訊息給那些想透過最新的蒸氣菸技術以時尚又簡單的新方法享受尼古丁的千禧世代」，這些文字出自 Juul 內部的行銷文件，這份文件後來被加州檢察長納入起訴書中（到 2021 年 1 月為止，Juul 對這份起訴內容大致否認，這起案件預定於 2022 年開庭審理）。為了選角拍攝，貝里另外做了一份以街頭攝影風為靈感的情緒板，裡面都是各種不同類型的網紅，有當紅的廚師、歌手、DJ、攝影師、設計師等等，全都是 20 幾到 30 幾歲，一身時尚裝扮，他們本身就有吸引人的外貌，也有扮性感的條件。

2015 年那時候，年紀最大的千禧世代已經 35 歲左右，最年輕的是 19 歲，抽菸人口大多是 25 歲以上的成人。Juul 的想法是，先成功吸引 20 幾到 30 幾歲的人，年紀更大的成人就會跟進（有點像臉書的情況，先從大學校園開始，後來父母輩和祖父母輩才加入）。當然，實際情況往反方向發展也是有可能的；也就是說，20 幾歲時髦年輕人所帶起的風潮是出現於一心想仿效時髦年輕人的「青少年」，而不是年紀更大的長輩。

雖然存在這種風險，但是以「酷孩」（cool kids）為行銷對象——譬如貝里的情緒板那些模特兒、DJ、演員——已經成為 Juul 的信仰。隨著蒸發廣告漸漸成形，行銷主管莎拉．理查森給同仁發出一份文件，概述公司的公關順序（這份文件後來出現於跨區集體控告 Juul 的訴狀中）:「一個關鍵的需求是，要先擄獲『初期採用者』/『酷孩』，才能進一步擴大銷量。」（公司一個消息來源澄清說，所謂「酷孩」應該是指 25 歲到 34 歲的目標族群。）

那份行銷文件寫說：出了死忠電子菸圈（這個圈子愈來愈大，但還是很邊緣），電子菸仍然被外界視為相當「愚蠢」。2013 年《華爾街日報》（*Wall Street Journal*）有篇文章說電子菸是「惡習的彆腳新裝置」，同年線上媒體「商業內幕」（Business Insider）也發表評論說「吸一根塑膠發光棒很難有詹姆斯．狄恩（James Dean）上身的感覺」。此外，電子菸也不被認為是戒菸的好方式，即使是試過的人也這麼認為，不管是正規研究還是傳聞軼事都說吸菸者並不喜歡市面上的電子菸。扭轉這些看法（電子菸是低科技、不太有用）是 Juul 行銷團隊的首要之務，就像他們幾年前推出 Pax 的時候一樣。

Pax 當年以雅緻設計和生活風格取向、迎合千禧世代的行銷，翻轉了外界對呼麻文化與電子菸文化的刻板印象。理查森的團隊顯然也希望媒體看到 Juul 在翻轉尼古丁吸食文化，因為 Juul 提供的是一個品味好很多的產品，既不是佯裝香菸的新奇玩意，也不是電子菸鐵粉喜歡的那種不好用又笨重的罐裝產品。Juul 是電子菸民不必不好意思在公眾場合使用的產品，換句話說，這是他們真的會拿起來用的電子菸。根據訴狀裡面那份行銷文件，這家公司向記者宣傳時的用語是：「Juul 隻手把電子菸變酷了。」

美學的部分則是交給貝里和孟比為蒸發廣告所拍攝的照片。「我記得我看到其他幾個模特兒的時候心裡想『哇！他們比我酷多了！』」妮可．溫姬（Nicole Winge）說，她是其中一位模特兒。除此之外，她說拍攝過程很平常，就是一群模特兒忙亂地進進出出，一會兒弄頭髮一會兒化妝，擺出攝影師瑪莉．凱特（Marley Kate）要的姿勢：手臂摟著對方、跳上跳下、對著鏡頭搔首弄姿、跳舞、玩弄頭髮——當然，不管做什麼動作都有一根 Juul 在手。大部分模特兒都是 2 字頭尾巴或 30 出頭，跟溫姬一樣，對她來說，穿短褲和露臍上衣入鏡並不難，一來因為她已經快 30 歲，是成熟大人，再來是因為，身為模特兒，「你的工作是不宜多問那種。」她說。

溫姬記得在拍攝現場看到 Juul 高管，在那裡從頭到尾監督整個過程，但是跟模特兒的互動並不多。她幾年後才知道，據說那家公司有幾個高管很關切那天照片裡的她看起來太幼齒。

由於 FDA 的電子菸法規還在研擬，所以電子菸公司不必像香菸公司遵守嚴格的「不得向年輕人行銷」條款，但是因為大部分的州規定電子菸只能賣給 18 歲以上，所以如果公然以青少年為廣告訴求，還是會惹來律師、監管人員、記者和公衛人士的放大檢視。為了避嫌，Juul 事先確認過蒸發廣告的模特兒至少都 25 歲以上，雖然如此，根據跨區聯合訴狀所引用的電子郵件，蒸發廣告有幾張照片還是引起關切。

有一張照片是溫姬身穿藍白相間 T 恤，棕色短髮塞到耳後，紅色太陽眼鏡架在頭上，牙齒輕咬一根 Juul。根據一個消息來源的回憶，有工作人員擔心這個姿勢可能會被認為太過挑逗。不過，從訴狀內容看來，擔憂還不止如此。跨區訴狀裡面有一封品牌經理雀兒喜．卡妮雅寫的電郵說，那年春天某次董事會「對這群模特兒的年紀這麼輕頗有微詞」，雖然她後面還寫說沒有人不喜歡那些照片。拍攝現場沒有人對溫姬說過什麼，她的照片也登上廣告，但是幾年後溫姬把照片拿給朋友看，她回憶：「朋友的反應是『哇，照片裡的妳年紀好小』，她脫口而出的第一句話就是這個。」

孟比和貝里忙著上市廣告的時候，亞當和詹姆斯跟傑太日煙又回到談判桌。

Ploom 的 ModelOne 和 ModelTwo 在美國沒有賣起來。這兩個裝置不夠強，無法滿足老菸槍，而且當時市場上的產品大多採用液體尼古丁，消費者無法理解「蒸發一小杯菸草」是什麼概念。不過，雖然美國的銷售數字不盡理想，傑太高層似乎有信心會在海外熱賣，因為國外比較習慣 Ploom 這種加熱不燃燒的菸草產品。傑太提出以 1000 萬美元（正好是傑太幾年前投資 Ploom 的金額）將手上持股賣回給 Ploom，同時換取 ModelOne、ModelTwo 的專利以及 Ploom 的商標名。

傑太的提議有點出人意料，公司消息人士回憶。亞當和詹姆斯「不覺得傑太有履行任何承諾。」一個前員工說。仿效蘋果的 Ploom 商店連個影子都沒有（這是傑太一開始提出的想法），對產品的行銷與銷售也沒出什麼力。之所以會如此，一個最大的原因是，傑太完全不想跟 Pax 裝置扯上邊，公司消息人士說。

「傑太不想跟一家涉入大麻市場的公司有瓜葛。」股東雷夫．艾森巴赫回憶。消息人士說，Pax 幾乎都被拿來蒸發大麻的情況愈來愈明顯之後，傑太就開始跟 Ploom 保持距離，顯然不想沾惹大麻產品當時的汙名和爭議（傑太發言人在聲明中表示：「敝公司的策略是專為成年吸菸者提供廣泛的菸草與尼古丁產品，大麻並不在此一範圍，因此我們沒有從事這項業務的計畫。」）但是，他們顯然沒有放棄對 ModelOne、ModelTwo 這兩個裝置的寄望。

這筆交易似乎對每一方都是聰明的交易。對傑太來說，只要出清持股，傑太就能跟一家跨入大麻領域的公司撇清關係，同時，就像艾森巴赫說的，「等於不花一毛錢」就取得 Ploom 的商標和專利。而對亞當和詹姆斯來說，他們能拿回以前給傑太的股分（這批股分可望隨著公司成長而遠遠超過 1000 萬美元的價值），可以放手把所有精力和資源集中於 Pax 和 Juul，同時也擺脫一個不如預期的合作關係，甚至對員工士氣也有幫助。大部分員工並沒有把傑太放在心上，但是這個名字還是會挑動某些員工的敏感神經。「雖然感覺上我們是舊金山一家創新的蒸發技術公司，但事實上我們跟一家菸草大廠有隸屬關係。」一個前員工回憶，這個事實令人不舒服，特別是對於年輕、有使命感的同事來說，他們喜歡把自己想成是服務於一家科技新創，而不是菸草大廠。把傑太的股分拿回來似乎是正確之舉。

這筆交易於 2015 年 2 月拍板定案，Ploom 改名為 Pax Labs，以其明星商品為名，並且將第一個產品線脫手給傑太。

另一方面，Juul 上市的日子一天天逼近。蒸發廣告好玩、明亮、吸睛，把 Juul 塑造成令人渴望的物品，是酷帥年輕（以及不那麼年輕的）成人會想用的東西，不難想像這份文宣肯定會在社交媒體掀起風潮，但是有些同仁質疑這麼做是否正確。行銷團隊似乎想複製 Pax 的成功模式，但忽略了 Juul 本質上是不一樣的產品。

2012 年第一個 Pax 上市以來，大麻的某些用法（藥用或娛樂用）已經在全美幾十個州合法，到 2015 年已經有過半美國人表示支持合法使用大麻。順著這股情緒，Pax 團隊把 Pax 行銷為成人可用於娛樂但也會理智使用的奢華高級品，很少碰到未成年使用的問題（Pax 一個要價 250 美元，很少青少年買得起）。而且 Pax 的最佳用戶大多是用於藥用大麻的老年人，因此 Pax 行銷團隊能相對有把握地把 Pax 當成酷帥生活用品來賣，不怕引誘到青少年，而他們在這方面也做得很好。

但是 Juul 應該要有所不同才對。這個產品當初是為了給抽香菸的成人一個替代選擇，不是為了什麼娛樂功能。花了兩年的時間，亞當全副精神投入於模擬抽菸體驗，詹姆斯則是投注於實體設計，做出纖細便利到足以取代口袋裡的香菸的產品。如果目標是給成人吸菸者提供更好的選擇，那他們從這兩方面下手是對的，但要是沒有用對銷售方法，這個願景就很容易迷失。行銷用對的話，他們或許能說服大家他們的尼古丁鹽是經過精心設計，可以提供不輸香菸的體驗，而低調的設計最適合那些厭倦隨身帶著笨重電子菸罐的上班族。然而，那套把 Pax 塑造成時髦配件的生活風格行銷，不見得能把這些細微差異傳達出來；蒸發廣告或許能讓 Juul 看起來勝過其他電子菸，但也讓 Juul 看起來無異於任何令人垂涎的科技產品，一個不管抽不抽菸的人都想試試看的產品。

再說，雖然千禧世代一定也有人抽菸，但是一般會抽菸的美國人都是中年人，社經地位低，通常是有色人種；對這群人來說，出身矽谷、有「電子菸界的蘋果」之稱的 Juul 已經夠高不可攀了。而 Juul 團隊在上市前的焦點小組調查也早就發現，年輕人比年長者更願意嘗試 Juul。既然如此，為什麼還要增加賣給年長者的難度，選擇社交媒體做宣傳？找一堆穿著破洞牛仔褲的 20 幾歲年輕人在五顏六色的三角形旁邊搔首弄姿？

「我知道他們並不是鎖定孩子，」當時任職於行銷團隊的前員工說，「但是他們鎖定網紅，而這部分就有商榷的空間了。 21 歲的網紅是孩子嗎？當然是。」

更糟糕的是，21 歲網紅很可能影響的是比自己小很多的人。Juul 的廣告或許不是鎖定孩子（該公司一再堅稱不是），但是吸引到的人都是那些對青少年有很大影響力的人。

同樣很難視而不見的是：擺在一起看會發現，蒸發廣告跟 Kool、Lucky Strike、Parliament 等香菸品牌的舊廣告之雷同可不只是一點點。菸草公司以前就因為以青少年為廣告訴求而飽受批評（這點亞當和詹姆斯一定知道，因為他們讀研究所的時候研究過菸草業歷史），照理說聰明的話，應該極力避免任何被拿來比較的可能，即使相似之處純屬巧合、無意抄襲。有公司消息來源說，行銷團隊為了避免重蹈覆轍，確實研究過以前的香菸廣告，但是擺在一起看還是很難否認其中的相似之處，有些照片甚至連模特兒的造型和姿勢都一樣。

議員和公衛官員已經在放大檢視其他電子菸公司，貿然在這種時候推出很危險。NJOY 和 Blu 那些被指控迎合青少年的行銷已經慘遭參議員狂轟，更何況 2014 年那場公聽會之後，問題只有更嚴重：Juul 上市前一年，高中生過去 30 天抽過電子菸的比例從

13.4% 增加到 16%。

2015 年 3 月，Juul 正式公開於世之前，一群參議員致函衛生與公共服務部官員，懇求加快 FDA 仍未完成的電子菸產業監管計畫，信函寫道：「電子菸廠商投注大量資源，透過社交媒體、以年輕人為主的活動贊助、可觸及大量年輕群眾的電視廣告與廣播廣告，把觸角伸向年輕人；孩子們不設防回應這些宣傳的同時，聯邦層級的監管卻仍在未定之天。」在這種敏感時候，電子菸公司任何一舉一動都會引來放大檢視。

Juul 上市前的高管會議上，保羅．莫賴斯記得有表達他對蒸發廣告可能引起的觀感的擔憂，他說當場至少有另外三個人點頭認同。「我當時說：『各位，請根據邏輯判斷想想這麼做會有什麼後果』，說這話不需要有博士學位吧。」莫賴斯回憶。

另一位前高管不記得有那場會議，但倒是記得其他幾個警訊。Juul 正式推出前幾個月，品牌經理雀兒喜．卡妮雅寫信給集膜廣告的聯絡窗口（集膜負責採購 Juul 廣告的投放位置），她有些疑慮。Juul 廣告顯然已經出現或準備出現於一個叫做 YoungHollywood

的網站，那個網站的主要受眾是 12 到 34 歲，在卡妮雅看來是個奇怪的選擇。雖然廣告曝光的位置不見得是廣告採購方能夠控制的（通常是根據個人的瀏覽習慣來決定廣告投放位置，而不是直接採購特定網站的廣告版面），但卡妮雅似乎想阻止廣告出現於 YoungHollywood。根據跨區訴狀裡面的文件，卡妮雅是這麼寫的：「考量該網站上實際買得起 Juul 的訪客比例，以及在該網站刊登廣告被列入黑名單的風險，兩相權衡之下，我不覺得在那裡登廣告是正確的。」

詹姆斯似乎也意識到 Juul 行銷不當會衍生風險。莫賴斯記得他聽到詹姆斯在辦公室一次情緒激動的對話大聲強調：Juul 是給成人吸菸者的產品，公司必須照這樣來行事。莫賴斯說詹姆斯常把類似的話掛在嘴邊，每次都強調 Juul 是為了給成人吸菸者更好的替代選擇，但是「在新創文化的氛圍之下，沒有人真的理會他」，參與上市宣傳的消息來源說。消息來源還記得，亞當和詹姆斯在廣告推出之前親自看過，沒有提出有何不妥，不過他們並沒有親自參與廣告的製作。

而且整個過程進展得超級快，模特兒的挑選和照片的拍攝都在貝里進來做顧問不到一個月就完成，就算有疑慮，也沒有多少時間能討論。還有，當時公司還很小，就算有人想，也沒有預算和時間把蒸發文宣整個打掉重來。更何況，正如莫賴斯所記得的：「當時的行銷部門是寵兒。」

莫賴斯說：「我從來沒看過行銷部的提案被退回。」業務部一個前員工也說「當時這家公司可以說是孟比在管的」，這話或許有點誇張，但他確實有權決定 Juul 上市宣傳這種案子，畢竟他是行銷專家。

話雖如此，把所有決策都怪到理查・孟比頭上也太便宜行事。雖然他看起來像是這家公司的總裁或執行長，但他並不是；雖然他深受信任，但並不是想做什麼就能做什麼。Pax 每個高管和董事不論有沒有直接參與，對蒸發廣告的內容至少都有約略瞭解。

每個高階員工都知道 Juul 的尼古丁鹽會成癮，因為那是特別模擬香菸尼古丁調配的配方，只要稍有思考能力一定能清楚意識到個中風險：一種強烈尼古丁產品，用一種看起來好玩又叫人渴望的方式行銷，必然會落入不對的人手中。保羅・莫賴斯說他向同事警告過有這種可能，詹姆斯似乎也知道該如何行銷 Juul 才對，而其他高管呢？他們真的看不出這份文宣有問題嗎？事情發展真的快到改變不了嗎？Pax 高管真的以為避得了招搖宣傳所隱藏的危險？還是那些可能只被當成做生意的成本，只是打造成功品牌必須付出的代價？

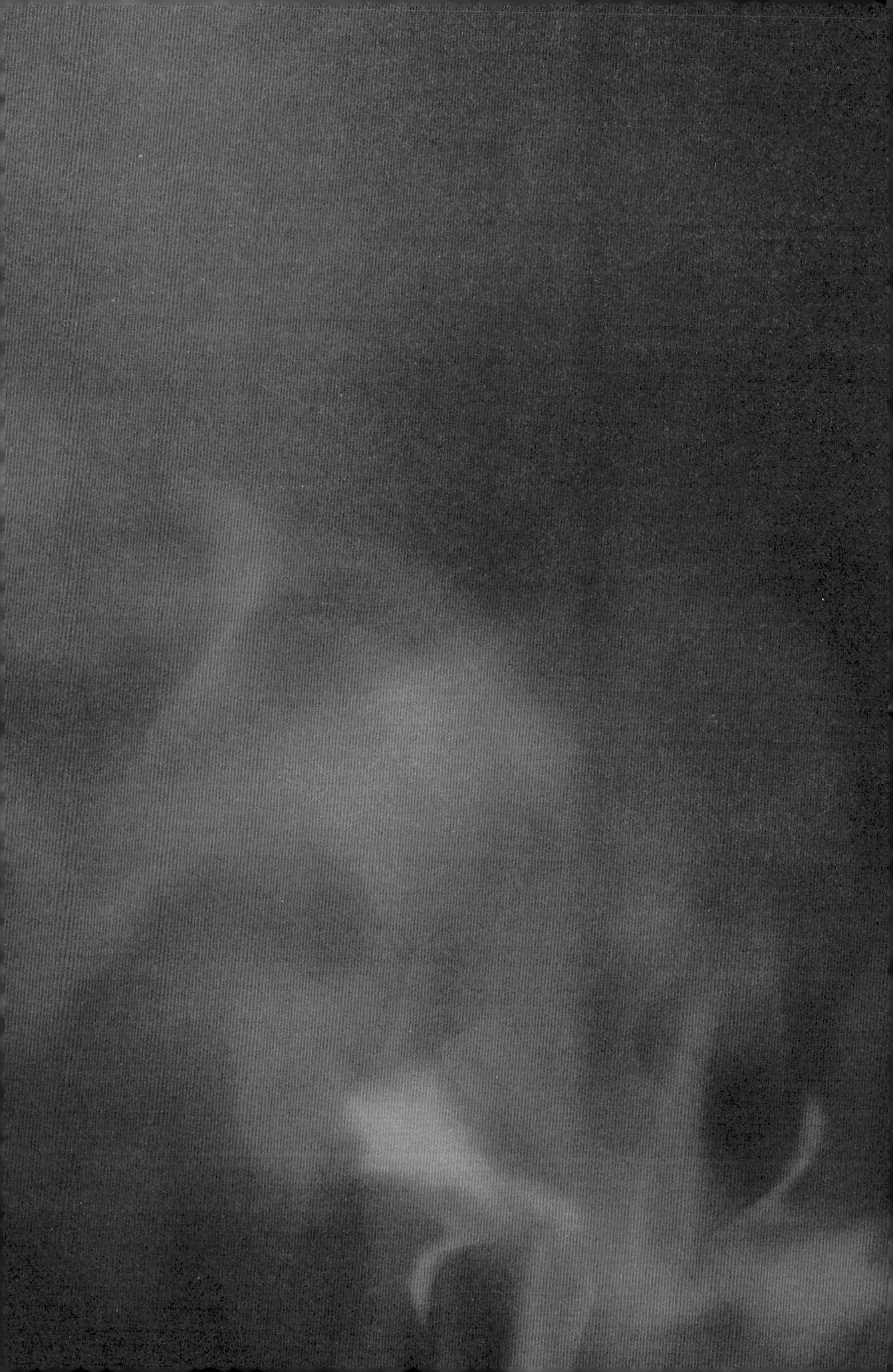

Part 2

著火

Chapter 6

蒸發
（2015 年夏天）

到處都是 Juul 蒸發器，這個細長裝置一堆堆散落在每個平面，躺在那裡任人隨意拿，大家拿得很高興，一把抓起，朝著空氣吐出一縷縷甜甜膨脹的蒸氣。這是艾姆屈（Emch，紐約市樂手，Subatomic Sound System 樂團成員）2015 年 6 月走進 Juul 上市派對第一個注意到的事。

第二個注意到的是：這場派對鐵定花了 Pax 不少錢。艾姆屈已經跟 Pax 行銷團隊的人認識好幾年，

Pax 一直在考慮贊助他每年舉辦的小型音樂節，可惜沒有成真過。他第一次見到 Pax 團隊的時候，他們看來是個散亂但有趣的雜牌軍，替一家愈來大的新創工作，但這場派對卻散發出完全不一樣的氛圍，漂亮優雅，顯然是嫻熟紐約時尚趴的人所經手。

「我一到 Juul 上市派對就嚇了一跳，他們完全變了個樣。」艾姆屈說。

這場派對辦在傑克工作室（Jack Studios），曼哈頓附庸風雅的雀兒喜區（Chelsea）一個超大的工業閣樓空間，這裡常用來拍攝時尚照片，可看到點點燈火構築的城市天際線和下方的哈德遜河，景色美得驚人。為了 Juul 這場上市派對，Pax 團隊在時尚感十足的白色空間到處妝點五顏六色的「蒸發」字樣，紅藍聚光燈在悶熱昏暗中打出無顏六色的洞，賓客可以在蒸發廣告那些彩色三角形前面擺拍。「我感覺像是去參加時裝秀活動或藝廊開幕，」艾姆屈說，「那是一場非常光鮮亮麗、高檔的活動，鎖定比較年輕有錢的人。」

艾姆屈猜得沒錯，Pax 顯然是拚了。雞尾酒一杯又一杯從開放式吧檯端出來，每個賓客離開的時候個個滿手伴手禮——免費的蒸發器任你抓，想拿多少就拿多少。活動團隊請來活躍的 DJ：幻影（Phantogram）和郭梅（May Kwok）；還請來《頂尖主廚大對決》（*Top Chef*）優勝者伊蘭．霍爾（Ilan Hall）負責外燴。瑪莉．凱特，蒸發廣告掌鏡人，也在現場替賓客拍照，再把照片投射到牆上做成現場藝術（live art），最精采的照片甚至有機會登上時報廣場下週的廣告看板。

這場派對的目的很簡單：Juul 需要酷帥的紐約名流被看到使用這個裝置，被看到他們一面啜飲開放式酒吧遞出的雞尾酒，一面一口接一口吸著 Juul 蒸發器。這家公司特別選擇先在紐約市推出，接著會到洛杉磯，因為這兩座站在潮流尖端的城市有滿滿的網紅和記者——更別說還有 Pax 最愛的「酷孩」，這些人，根據公司 2015 年 5 月一份行銷文件，可以掀起話題。看來，在社交媒體強力曝光是這家公司行銷策略的重中之重。

Pax 的行銷預算大多花在廣告上，除了時報廣場看板的廣告、便利商店和其他零售點的廣告，還有《Vice》雜誌的平面廣告（《Vice》是自封為「世界第一大年輕人媒體」旗下的雜誌），讀者一翻開封面就能看到時尚的 Juul 大大的照片，旁邊是一個紮著高馬尾、身穿棒球外套和小可愛上衣的年輕女子，微微噘起的誘人嘴唇吐出一縷蒸氣。

不過社交媒體行銷也很重要，很大的原因是：不用錢。「社交媒體是每一種生意都會利用的一環，是把有限預算極大化的方式。」參與 Juul 上市行銷的消息來源說。只要網紅被看到使用 Juul，他們的粉絲就會想嘗試，而粉絲只要一嘗試就會貼在網路上昭告朋友，這就是典型的社交媒體行銷，是很多新創都會採用的策略，不管是在 Juul 之前還是之後的新創。但是跟大部分新創不同的是，Pax 是在用戶多為青少年的平臺上販賣一種有年齡限制、容易上癮的尼古丁產品。

為了讓口碑傳出去，當時的公關總監莎拉．理查森聘請勇氣創意集團（Grit Creative Group），一家自稱是「千禧世代文化權威」的創意行銷機構，找了至少 20 個網紅來參加 Juul 上市派對，然後，接下來幾個禮拜會有將近 300 個紐約與洛杉磯的網紅拿到免費的 Juul，獲贈名單上還有常被拍到電子菸在手的電影明星李奧納多．狄卡皮歐（Leonardo DiCaprio）、模特兒貝拉．哈蒂德（Bella Hadid）。Juul 上市的時候，哈蒂德在 Instagram 有將近百萬追蹤者，而且當時 19 歲的她，才剛過了能在大部分州購買電子菸的法定年齡。

讓派對賓客擺姿勢給專業攝影師拍照，還有機會登上時報廣場看板，這也是高明的病毒式行銷手法。2015 年的 Instagram 還沒成為無所不在的文化現象，但是艾姆屈記得那一整晚一直有不少人在自拍、對著鏡頭擺姿勢。

「有點像是為了被看到而擺拍。」他回憶。派對結束後，社交媒體到處都有年輕、有魅力的人一手拿酒一手吸 Juul 的照片，還附上 # 蒸發、# 點火攝影機蒸氣（#LightsCameraVapor）的標籤，Juul 的官方帳號也貼出一些照片。

「#JUUL 上市派對太好玩」，Juul 一則推文寫道，下方是五名打扮時尚的年輕女子對著鏡頭噘嘴的照片。事後一個員工給營運長史考特．鄧拉普（Scott Dunlap）發電郵（這封信後來附在跨區聯合控告 Juul 的訴狀中）：「這場派對大成功，成功贏得酷孩的青睞（至少我是這麼覺得）。」

Juul 並沒有就此收手，開始在全美各地展開為期半年的「試用巡迴」。這場巡迴在不同地區有不同的形式，在紐約和洛杉磯等大城市以外地區，Pax 把試用品發送到連鎖零售店和便利商店（他們希望消費者日後購買 Juul 的地方）。根據賓州檢察長提出的起訴書所附的文件（Juul 強力否認起訴內容，此案預計 2022 年開庭審理），Juul 的業務代表通常穿著顏色鮮豔的 Juul T 恤，會在購物者走向櫃檯結帳的時候攔下他們，給他們免費試用品，只要他們試抽一口，業務代表就會把其他菸油也一併給他們，慫恿他們給自己買個 Juul 裝置。

一個口口聲聲只賣給改抽電子菸的菸民的品牌，卻用這種推銷方式，令人不解。 2015 年的美國成人當中只有 15% 有抽菸，Juul 那些發試用品的人不可能不知道，跑到便利商店隨機找購物者會把強烈的尼古丁菸彈交到不抽菸的人手上。

試用活動到了紐約、洛杉磯等大城市更是大張旗鼓。在都會區，印有 Juul 字樣的貨櫃屋出現在演唱會、夜店、頂樓露天酒吧，用鮮豔顏色和免費商品的旗號吸引人走進去。貨櫃屋裡面有一個休息區、一個可以對著鏡頭擺拍的「動畫拍照亭」，還有一個口味吧，讓賓客試抽 Juul 四種口味的菸油。比起其他公司的獨角獸便便、小熊軟糖，Juul 的口味選擇顯得平淡許多，一開始只有菸草、薄荷、水果、焦糖布丁。

隨著日子繼續，Juul 的試用巡迴也擴大到拉斯維加斯、漢普頓（Hamptons，紐約市長島）、邁阿密。根據紐約檢察長的起訴內容（Juul 對起訴內容大多駁斥），Juul 的業務代表（通常是嫵媚動人的年輕女子，被規定必須穿緊身牛仔褲配高筒球鞋或短靴）每一場送出的成癮尼古丁試抽高達幾千次。

這一套顯然很受歡迎。民眾對 Juul 產品反應很好，甚至會貼到網路上。為了讓口碑繼續散播，莎拉．理查森那年夏天又跟勇氣行銷公司簽下第二份合約，保證每場活動都有至少 3 萬粉絲的「社交媒體網紅」參加和發文。

並不是每個人都對這些成果感到興奮，事實上，試用活動過後的社交媒體貼文反而讓幾個高層感到不安。「我忍不住脫口說：『哇！他們看起來年紀好小。』」前營運長史考特．鄧拉普告訴《紐約時報》，「但是你其實也不確定，因為那畢竟是社交媒體，大家放在上面的照片都是比較年輕、美化的自己，你只知道你現在看到的是一個品牌可能要爆紅的跡象。」

也是有令人鼓舞的貼文。雖然上市前的焦點小組顯示 Juul 菸油連抽菸者都覺得太強，但卻頗受那些尋找香菸替代品的人好評。以前是癮君子的艾力克斯·克拉克（Alex Clark），現在是支持電子菸的無煙替代品消費者倡導協會執行長，他說他 2015 年一嘗試 Juul 就印象深刻：「我有點驚喜，我吸到的尼古丁比之前習慣的電子菸都還要強。我當下就覺得，可以，這個東西一定可以顛覆市場。」網路上也有人附和他的感覺。Juul 一上市幾天就有一個看來是成人的顧客在推特發文：「@juulvapor 是我抽過最棒、最滿足的 # 電子菸。厲害的商品！而且只要美金 50 塊！」一個部落客在 Engadget 網站大讚：「Juul 短短一個禮拜就抓住我的心」，他是有 14 年菸齡的人，Juul 短短五天就幫他從一天 20 到 30 根菸降到 11 根。就連主流媒體也注意到了，《連線》（*Wired*）有篇報導大讚 Juul 大概是「第一個很棒的電子菸」。

集膜廣告隨後在自家網站貼出個案研究，大肆吹噓「我們掀起了不可思議的 # 蒸發標籤熱潮」。不值得吹噓的是，事實上，這股熱潮的推手主要是年輕成人，甚至是更年輕的人。長期擔任反菸團體 CTFK 會長的麥特．麥爾斯（Matt Myers）說：「在這個酷孩不抽菸的年代，他們以一個時尚設計成功吸引到最酷的孩子。」

Pax 高管團隊大多無法苟同。供應鏈副總保羅．莫賴斯記得 Juul 上市後不久坐在一場高管會議上，一個年輕同仁提出對 Juul 吸引到青少年的擔憂：「我們每一個人都嚇壞了。我們那天就知道，那天就已經清楚說這是個問題。Juul 從第一天就知道孩子抽 Juul 是個災難，這點毫無疑問。」

事實上，產品上市後不久，公司就收到非常公開的警告，《廣告年代》（*Ad Age*）有篇文章刊出 CTFK 發言人對 Juul 以青少年為行銷訴求的擔憂：「我們看到電子菸這種不受監管的產品有愈來愈多不負責任的行銷手法。任何時候，只要有新產品或新的廣告宣傳是跟香菸、菸草、會上癮的尼古丁有關，我們都很擔心。」

那篇報導是一記警鐘。《廣告年代》那篇文章刊出後，「我們的反應是『天啊，慘了』。」一個參與上市宣傳的消息來源表示。公司高層並不想吸引到青少年，連造成外界這種印象也不希望，蒸發廣告才剛面世就讓高層意識到，公司可能還沒學會游泳就被這個廣告給擊沉了。

2015 年 7 月，Juul 正式推出才一個月，股東亞歷山大．艾希利（Alexander Asseily）就開始大聲表達他的憂慮——這是夏威夷檢察長的起訴書所附的文件所述，Juul 後來申請駁回起訴（截至 2021 年 1 月為止，法官尚未做出裁決）。他把執行長詹姆斯．蒙西斯拉到一旁說，要是繼續用可能被視為鎖定青少年的方式做行銷，公司就會被歸為菸草大廠之流，而菸草產業之所以惡名在外就是因為以年輕人為行銷對象。為了確保這些話有傳達出去，根據起訴書，艾希利後續還寫了一封言詞剴切的電郵給董事尼克．普利茲克（Nick Pritzker）、里亞斯．瓦拉尼：「我們對菸草／尼古丁的擔憂不會消失，如果我們不好好正視商業史上最爛的公司、最爛的商業行為幾乎都跟這些物質有關，而且沒有補救餘地，我們的焦慮不會有結束的一天。」如果民眾認為 Juul 是以青少年為行銷對象，接下來就是把 Juul 跟菸草大廠相提並論，公司還沒起飛就名譽掃地。

「『做跟別人一樣的事』的問題在於，我們最後會像尼克所說的，落入跟他們一樣的道德困境，這是我們所有人都不想看到的，不管錢賺再多也一樣（我是這麼認為）。」艾希利寫道。接著他繼續：「不是裝久就能成真，而是要用對方法……意思是，有很多我們以為可以做的事其實是不能做的，譬如在廣告海報放上年輕人、跟隨市場大咖的腳步。」

這封電郵發出後不久，艾希利就開始跟時任行銷長的孟比腦力激盪，思考可以改採哪些不同的做法。他們討論出幾個點子，像是吸菸者拿香菸盒或比較差的電子菸產品就能用折扣價購買 Juul 產品，這麼做「所傳達的訊息只有一個，也是必要的訊息，」艾希利寫給領導團隊的電郵中寫道，「Juul 是比傳統香菸和平庸電子菸產品更好的替代品。」

那個點子並沒有化為行動，但是必須改弦易轍是很清楚的。孟比開始做另一份廣告來替換他才剛推出的廣告，公司同仁希望這次不會吸引到青少年，也不會給人有吸引到青少年的感覺。他和團隊開始研究一個新概念，採用不那麼鮮豔的配色，把重點放在產品照本身，而不是模特兒身上。蒸發廣告有一部分馬上就被撤下，即使新廣告還沒準備好。

但是為時已晚。Juul 已經開始在社交媒體和網路上散播開來，緩慢但不用懷疑。

如果家長當時知道 Juul 是什麼，八成會嚇死，但這個裝置太新、太像隨身碟了，所以他們絕對沒想到孩子在 Instagram 和網路上看到的廣告是容易上癮的電子菸。就算他們知道 Juul 是電子菸，也不會知道裡面的尼古丁成分有多少，尼古丁成分標示只出現在廣告最下方，字體小到必須瞇起眼睛才看得到，更何況眼球早就被其他字眼吸走了，被廣告上那兩個超大的大寫字：JUUL、VAPORIZED（蒸發）。

電商也是問題所在。Juul 推出的時候，找了第三方服務業者「Veratad」合作，管理網站的年齡驗證機制。如果要通過 Veratad 的驗證系統買到 Juul，消費者必須輸入姓名、出生年月日、地址等個資，接著 Veratad 會比對資料庫，看看資料庫是否有某個已達合法購買年齡者跟那筆個資相符（大部分州的合法購買年齡是 18 歲，幾個比較嚴格的州要更年長才行）。如果有，銷售就會繼續進行；如果沒有，消費者可以改輸入自己的社會安全碼；如果還是不行，就要把駕照拍照上傳，由 Pax 員工人工審核。

這整個過程的人工成分多過科學成分。以前負責審核駕照的客服人員記得，有些個資「明顯是造假」，有些則是差那麼一點就能通過，所以客服必須做點挖掘工作再決定是否通過。「偶爾要多做點工，去查他們的電郵地址，或是去找他們的臉書，上面可能直接就寫他們是 17 歲之類的，」那個客服人員回憶，這時客服就能人工取消那筆訂單，「這部分我們有時會出錯，但是只有在非常有把握的時候才會取消訂單。」

儘管如此，就算有 Veratad 的驗證系統、也有 Pax 員工審核駕照把關，年輕人還是有辦法買到 Juul 蒸發器。只要能拿到父母的身分證明和信用卡，青少年還是能在線上輸入資料通過系統審查。另外，系統也有一些小毛病，有時候輸入的出生日跟 Veratad 的資料庫不相符但是年分相符，這筆銷售還是會通過。又或者，如果爸爸跟兒子同名同地址，系統誤把兒子當成爸爸，兒子的購買就會通過。不管是誰在網路上下單，貨品送達的時候必須由成人簽收，但是這部分就不是 Pax 所能控制了。

也有可能收件地址是大學校園，那裡有些學生已經成年，有些還沒。有時候會出現有人買很多個，多到幾乎可以確定是為了轉賣，很可能是要賣給未成年，這種事是不允許的，但是在欠缺明確硬性的購買限制之下也拿他沒轍。沒多久，Juul 產品也開始常見於 eBay 這種轉賣網站，青少年在這些網站購買就更容易了，不需要通過年齡驗證。

Juul 裝置推出不久，同仁就開始接到明顯是未成年的來電和電郵，詢問哪裡買得到；還有些電話是憤怒家長打來的，他們發現小孩拿他們的信用卡上網買了什麼之後，來電要求刷退。年齡驗證突然變成客服工作很大一部分，跟過去 Pax 裝置的客服工作比起來。

看著這一切，麥特・麥爾斯憂心忡忡（他是 1990 年代各州檢察長起訴菸商時諮詢的對象，後來成為 CTFK 會長），他看到 Juul 廣告的時候，滿腦子只想到老香菸廣告。老廣告那些元素，Juul 的新廣告統統都有，年輕、販賣性感的嬉戲模特兒、世故成熟、歡樂時光，甚至有些模特兒的造型和姿勢都跟以前人氣香菸品牌的促銷廣告有驚人相似——亞當和詹姆斯應該再清楚不過，他們以 Ploom 為題撰寫論文的時候可是好好研究了那些廣告。麥爾斯說：「身為在這個領域工作、觀察香菸產業行為這麼久的人，我第一個反應是：Juul 是在複製菸商 1950 和 1960 年代的教戰手冊。」Pax 高層也許說過 Juul 只賣給成年吸菸者，但是在麥爾斯看來，他們說一套做一套。

擔心的人不只麥爾斯一個。Juul 上市幾個月後，諧星史蒂芬．柯博（Stephen Colbert）在脫口秀節目狠批電子菸廣告，特別點名 Juul 的蒸發廣告。他先播放模特兒在蒸發廣告五顏六色的三角形布景前跳舞的片段，然後搞笑說：「這是在吸有毒蒸氣，要是我就會跳不需耗費太多肺活量的舞。」後面他還說：「不只是這種用時尚年輕三角形拍成的廣告會吸引年輕人，棉花糖、小熊軟糖、彩虹糖（Skittles）的電子菸口味也會（就別計較 Juul 其實並沒有銷售這些口味了）。」

Juul 蒸發廣告面世的時候，公衛界正處於一場激烈辯論，對於電子菸到底對公眾健康是好是壞，離共識還很遙遠。2015 年，世界衛生組織警告這類產品可能損害肺部和心臟，甚至可能因為長期接觸裡面某些成分而致癌。同一年，英格蘭公共衛生署（Public Health England）——隸屬英國的衛生與社會保健部門（Department of Health and Social Care）——卻在一份備受矚目的報告中宣布，電子菸的致癌物和有害化學物的含量較低，所以比燃燒式香菸安全 95%。很難決定到底該相信誰。

雙方論點都有累牘連篇的研究可佐證，不過反電子菸陣營不管怎樣都有個優勢：只要搬出菸草大廠就立於不敗之地了，尤其是 Pax 和其他公司做出蒸發廣告這種可疑的行銷決策的時候。Juul 上市時，菸草大廠已經透過 Vuse、MarkTen、Blu 等品牌在電子菸產業到處留下指紋，不管菸草大廠做什麼（包括大力投資不燃產品），菸草防制圈都報以懷疑眼光，原因不難想見。對 CTFK 這種有影響力的反菸團體以及跟這些團體合作的科學家來說，反菸廠反了這麼多年，現在如果支持電子菸公司，絕對是政治手榴彈——更何況 CTFK 背後的金主是身價數十億美元的公共健康提倡者麥克．彭博（Michael Bloomberg），他是堅持完全消滅各種形式菸草的人。在麥特．麥爾斯這些人看來（他在 Juul 蒸發廣告只看到老香菸廣告的影子），這場電子菸實驗有歷史重演的感覺，麥爾斯和同事只要提醒人們菸草大廠曾經騙了大眾幾十年、以孩子為行銷目標，然後暗示電子菸公司是在跟隨菸草大廠的腳步，不管對不對，電子菸馬上就看起來多了幾分邪惡。

一旦電子菸公司被歸到菸草大廠那邊，再怎麼相信菸草減害的科學家，也沒有什麼好辯解的。「我們只要提出反駁（並且支持電子菸），就會像是在替菸草業辯解，」雷蒙・尼歐拉（Raymond Niaura）感嘆，他是紐約大學菸草依賴與治療的專家，支持電子菸的使用。沒有多少科學家願意讓自己的名譽惹上那種汙點，正因為有這麼多科學以外的動機讓研究學者與電子菸保持距離，吸菸者在這場電子菸辯論幾乎找不到替他們說話的人。「我們是在棄吸菸者於不顧，」紐約大學的大衛・艾布朗斯說，「任何會削弱減害效果的作為，都等於是在殺害吸菸者。」

被指控是迎合青少年的吸睛行銷只是再補上一刀。即使是認為電子菸對吸菸者有幫助的研究學者，也不想跟一家會跟菸草大廠相提並論的公司扯上邊。Juul 上市後不久，為了推銷自家新產品，幾個 Pax 員工去找加州大學舊金山分校戒菸領導中心（Smoking Cessation Leadership Center）主任史蒂夫．施羅德博士（Dr. Steve Schroeder），施羅德很看好這個產品（它能傳輸高劑量的尼古丁，可以滿足吸菸者），但是馬上就推辭任何形式的合作，「基本上我是說：『你們爭議性太大，我怕會傷害到我們中心的工作。』」施羅德回憶。

Pax 的高管應該要知道這些動態，然後設計一份不可能聯想到菸草大廠的文宣，尤其亞當和詹姆斯在研究所花了那麼多時間研究菸草大和解協議，可是，對未來成長的指望顯然戰勝了歷史教訓。「他們有矽谷心態，認為『我們是科技公司，不是菸草公司』，」美國電子菸協會（American Vaping Association）會長葛瑞．康利（Greg Conley）說，「所以一開始就不太僱用有菸草公司經驗的人。」康利說，要是他們有僱用具備菸草公司經驗的人，他們就會有人能夠看清情勢發展，絕對不可能讓一份有可能被拿去跟菸草大廠做比較的文宣出現在時報廣場的超大看板。

被拿來跟香菸廣告相提並論、被指控以青少年為行銷對象，這些負面印象從一開始就給 Juul 的名聲蒙上陰影，如果 Juul 接下來幾年一直有個箭靶在背後，那也是它自己放上去的。

Chapter 7

降職
（2015 年 7 月—12 月）

從表面看，亞當和詹姆斯已經得償所願：一個時尚性感的產品，在網路上掀起討論，記者和部落客好評如潮，還帶進新一輪 5000 萬美元的創投資金。但是掀起布簾一看，裡面的情況並不是那麼美好。

媒體好評和社交網路熱議，並沒有轉化成這家公司希望的銷售成績，一個原因是：不是在 Instagram 看到後出門找家店就買得到 Juul。根據跨區訴狀所附的文件，早在 Juul 上市之前，Pax 高管就屬意 Circle K、7-Eleven、Speedway 這種大眾零售商店，當時真正的電子菸粉都去電子菸專賣店，但是這種死忠粉絲只占美國人口很小的比例，而便利商店是幾乎每個人或多或少都會去的地方，所以高管們知道，如果 Juul 能進到這些全國連鎖店的貨架上，商機會很龐大。但是這件事說起來容易做起來難，之前 Ploom 滯銷的可怕記憶未退，要再在另一種沒聽過的商品下大注，零售店都很遲疑。

這個產業比起 Ploom 推出當時已經成長很多，2015 年已經有 35 億美元的規模，但是比起傳統菸業的 970 億美元還是小巫見大巫。根據 CDC 2015 年公布的數據，美國成年人固定吸電子菸的比例還不到 4%，便利商店就算要賣電子菸，為了把風險降到最低，也多半賣他們知道的菸草品牌——以及他們知道一定收得到錢的品牌——所生產的電子菸。

如果想說服店家相信 Juul 值得他們冒險，Pax 的銷售團隊得主動出擊。他們信誓旦旦說會買回沒賣掉的商品，誇耀這個裝置稅率低、利潤高，只要能說動店家，要他們說什麼都行，前任東岸銷售主管文森‧拉川尼卡（Vincent Latronica）接受路透社採訪表示。有個業務代表記得他多次打電話給店家，假裝是要買 Juul 裝置的消費者，好讓店家以為 Juul 人氣很高（「這樣做了大概三天，然後過了一個禮拜，我走進店裡說：『我是 Juul 的業務代表』，他們馬上就說：『哦，我們知道！』」那位業務代表邊回憶邊笑。）此外，銷售團隊還有一張過去 Ploom 年代沒有的王牌：尼古丁鹽。他們向採購人員表示 Juul 的菸彈有 5% 的尼古丁衝擊力，是多麼多麼近似香菸，有些零售商聽完就突然有興趣了。

「我們絕對不用『上癮』兩個字，」一個業代回憶，「我們會說它很強，會說它帶來滿足感」，是過去的電子菸無法比擬的。當然，言下之意是 Juul 會讓顧客不斷回來光顧：尼古丁依賴是非常好的商業模式。

就算銷售團隊找到願意進貨的買家，Pax 也賺不了什麼錢，Juul 蒸發器和菸彈的製造成本遠遠超過想像。公司的一個消息來源透露，他們的成本預估是根據全自動化生產的產量，一天可大量生產幾千個菸彈，不料公司最後跟東岸一家小廠商簽約，對方沒有全自動化生產的能力，所以成本是原先預估的兩倍之多。Juul 入門組（一個蒸發器加四個一組的菸彈）最後的零售價是 50 美元，光是那四個菸彈就要價 16 美元，這樣的售價高於當時市場上同類商品的價格，也讓 Juul 跟之前的 Pax 裝置一樣，頓時成了奢侈品。

製程也還有漏洞。一直到產品上市，工程師團隊都還無法解決菸彈滲漏問題，固定有消費者打電話來抱怨「果汁」流到嘴的慘劇，每一批產量都有高達兩成的菸彈滲漏或不能用，換句話說，等於有五分之一的製作成本是直接扔到垃圾桶。供應鏈主管保羅．莫賴斯忙著想辦法解決，他記得有一天親自測試幾百個菸彈，看看有多少會滲漏，結果有 15% 左右，這個數字在他看來太高，但似乎也沒有快速解方，至少不大幅更改菸彈設計是沒辦法解決的，而公司並沒有那個時間或資源做大幅更動。

還有其他問題。Juul 上市後不久，菲利普莫里斯美國公司（奧馳亞的子公司，為美國市場生產萬寶路香菸）寄了一封存證信函給 Pax，宣稱 Pax 侵犯它的產品包裝（trade dress）。Juul 裝置的金屬菸身和菸嘴中間有個透明的菱形視窗，讓使用者可以看到菸彈裡的菸油還剩多少，菲利普莫里斯認為這個視窗太像它招牌產品萬寶路包裝上的紅色菱形，要求 Pax 設計師把形狀調整成六角形，否則就得準備跟一家口袋很深的公司打一場昂貴的法律戰。

大約同時，2015 年秋天，詹姆斯召開一場會議。Juul 才上市幾個月，能碰到的問題都碰到了：銷售不佳，菸彈滲漏，社交媒體貼文吸引到不對的受眾；還有，菲利普莫里斯和公衛人士竟然難得有共識，都認為 Juul 在模仿菸草大廠的行銷。所以詹姆斯把他的員工召集過來，要講幾句睿智的話。

那年秋天，福斯汽車（Volkswagen）占據新聞版面，因為他們在車子安裝軟體掩蓋排放氮氧化物的事實，規避環保局的規定，被逮到後，這家公司就成了國際新聞和一場昂貴訴訟的主角。詹姆斯把員工集合到 Pax 辦公室之後，開始大聲朗讀福斯汽車訴訟的新聞，讀完，他環顧這群剛從大學畢業的 20 幾歲員工，「不要做任何會讓我們惹上官司的事」，就吐出這麼一句結論。看來他是要講信任和透明，但是最後卻只吐出這句話，也太有喜感。「我們這些在現場的大人，個個面面相覷，」保羅．莫賴斯回憶，「下巴快掉到地上。」如果堂堂執行長只能給出這樣的建言，那這家公司慘了。

詹姆斯做這種事也不是第一次了，前員工說，他在辦公室的領導風格「評價兩極」。你很難被亞當惹毛，他安靜低調，基本上相當隨和好相處，或許很難看出他在想什麼，但是他在辦公室基本上是討人喜歡的。詹姆斯就比較難說了。他很聰明，但是也很固執、嚴格，凡事總要照著他的意思；他愛開玩笑、有魅力，還有招牌的大笑，但是也動不動就發脾氣，有些同事跟他處得很好，但也有些同事面對他如履薄冰。

根據幾位前員工的描述，Pax 常常像個四分五裂的公司。本來應該是一個大團隊朝同一個目標前進，卻常常分成幾個小圈圈，各擁其主。理查．孟比的愛將是行銷同仁，亞當的小圈圈是實驗室跟他近身共事那些人，「詹姆斯的人馬裡面有他的愛將，也有他受不了的人。」前員工說。

一個前員工記得曾經捲入詹姆斯和亞當持續不斷的拔河較勁（雖然詹姆斯取代亞當成為執行長已經是幾年前的事，但是亞當的權力爭奪戰似乎還沒結束）。「亞當會說『欸，我們必須做這個』，然後詹姆斯會說『不要把時間花在這個』，然後亞當就說『我們還是來做吧，別擔心，我會搞定詹姆斯』，」那位前員工說，「然後詹姆斯就會抓狂。」有些消息來源並不記得詹姆斯的領導有造成什麼緊張，但是其他人描繪的情況可不是那樣，有個前員工還記得，2015 年秋天甚至搞到有好幾個高階主管不跟自己的執行長詹姆斯講話。

不過反正詹姆斯的執行長位子也坐不久了。那年秋天的會議上，他跟董事會都同意是該做點新嘗試了。詹姆斯是出色的產品設計師，但是看來並不適合執行長的角色。製程還是沒有達到期待，蒸發廣告演變成公關上的燙手山芋，在詹姆斯治下，這兩個問題持續徘徊不去。他是個喜怒無常的領導人，容易受人信賴也容易被人討厭，這樣子是沒有辦法經營公司的。

2015 年 10 月，Pax 董事會要求召開全員大會，把所有員工集合到開放式辦公室正中央，這樣的要求並不尋常。董事會的角色一般來說屬於幕後，在每月一次的會議上參與經營與財務的重大決策，提供建議給詹姆斯、亞當和經營團隊其他成員，但是董事們並不會固定進辦公室，而且只有最高階主管會跟他們互動，所以如果他們召開全員大會，顯然有重要的事情要說。

等到大家集合到辦公室中央的桌子旁，安靜下來，經營團隊一個成員往前跨一步，清了清喉嚨，「我們要另外找新的執行長，」他語調輕快地宣布，「詹姆斯不再擔任執行長，即刻生效。」

全場一陣靜默，所有目光都轉向詹姆斯，他高坐在一張桌子邊上，兩腳懸空晃呀晃，眼睛向下看。這件事他早就知道了（經過與董事會的討論，技術上說起來他是自己請辭），但是當著所有員工的面宣布還是不好受。詹姆斯會繼續留在公司，不過是以產品長的身分（這個頭銜跟亞當的技術長同位階）。不少員工對這項宣布感到吃驚，詹姆斯是將公司從無到有打造出來的人，沒有他和亞當的遠見，根本不會有這家公司，要是連他都會在眾目睽睽之下被降職，那其他人呢？有誰是安全的嗎？

Pax Labs 沒了執行長，許浩永（Hoyoung Huh，醫師，也是矽谷健康醫療創業家）、尼克．普利茲克、里亞斯．瓦拉尼這三位董事組成一個「執行委員會」，連同一群高階員工，在董事會尋覓替代詹姆斯的人選的同時，實質管理這家公司。如果亞當和詹姆斯在 Ploom 年代同時擔任執行長是雙頭馬車，那現在這個情況就更混亂了。

在當時的員工看來，執委會似乎只在乎 Juul 起步不順之後的成長。委員會組成後不久，Pax 幾個最高階員工就被請走了（包括供應鏈主管保羅．莫賴斯）。過去由詹姆斯負責的董事會議改由許浩永主導，幾年來大多只參加董事會的普利茲克和許浩永，也計劃每個禮拜多數時間都進辦公室，「協助管理我們的人」，這是一份高管會議記錄所述，會議紀錄後來納入跨區聯合訴狀中。雖然專利人的名字是亞當和詹姆斯，但是這家公司已經不再屬於他們。

員工記得，公開降職後那幾個禮拜，詹姆斯的行蹤更加飄忽不定，有時乾脆連公司都不來。至於亞當，他的角色並沒有太大變化，至少短期內是如此，但還是有個心照不宣的小疙瘩。現在尼古丁鹽搞定了，產品也上市了，已經沒有什麼他能做的事；他跟詹姆斯一樣，都不是經營管理的料，而這正是公司要成功就必須倚重的部分。

「亞當原本被視為這家公司不可或缺的部分，但是，公司不斷擴張，再加上他或許欠缺某些領域的領導才能，他的角色愈來愈無足輕重。」前資深員工說。看來 Pax 已經大到不需要這兩個打下基礎的人，這是個令人唏噓但也不爭的事實。詹姆斯和亞當都是優秀的產品設計師、務實的科學家，但都不是生意人。前供應鏈主管保羅．莫賴斯說：「Juul 的誕生，是源自一個小公司心態，只是兩個創業人坐下來說：『欸，我們來試試這個』，並不是對電子菸產業的發展有什麼願景。」

那會產生一個問題，因為亞當和詹姆斯的史丹佛論文完成後這十年，美國電子菸產業已經從幾乎不存在演變成傳統菸商也想分一杯羹，產業路線的發展已經不再是家庭式電子菸品牌說了算，大菸廠已經把大把資金押注進來。菸草大廠高層或許不樂見紙菸銷售下滑再下滑、電子菸市場成長再成長（這代表至少真的有吸菸者改抽他們寄望比較安全的電子菸），但是他們很清楚，長遠來看要生存就得加入這股趨勢，而當你的競爭對手是菸草大廠的時候，光是有厲害的點子是不夠的，你還必須是一家厲害的、不手軟的公司。

根據後來的訴狀內容，剛掌控公司發展軌道的 Pax 董事會，想把菸草產業的趨勢轉化為公司的優勢。紙菸銷售如果下滑，不是只有菸商會蒙受損失，賣菸給零售商的經銷商也會虧損，Pax 執委會於是開始向幾個紙菸大經銷商示好，向他們推銷一個想法：Juul 的產品可以彌補香菸銷售下滑的營收損失，甚至還比賣香菸更好，因為 Juul 裝置的價格比較高、稅率比較低，經銷商的利潤比賣香菸還好。跟這些經銷商打好關係很重要，因為經銷商跟全美最大的零售連鎖多半已經建立起關係，原本不願冒險跟一家全新新創進貨的零售商家，如果發現那家新創已經跟知名經銷商有生意往來的話，可能就會再考慮一下。

另一個給這家公司帶來正當性的方法是：找個已經很瞭解菸草界、對菸草界有影響力的合作夥伴。根據跨區聯合訴狀所附的內部文件，Juul 上市後不久，Pax 高管和董事就開始思考接受菸草大廠投資的好處。或許有人對這樣的合作不以為然，但是一家財力雄厚、知名的菸草公司可以帶進 Pax 目前只能夢想的銷售、行銷和經銷能力。當年傑太那筆投資並不像一開始以為那麼有用，但是，隨著 Juul 問世，另一家菸草公司可能已經等著上門。

Chapter 8

點火
（2016 年 8 月—2017 年 5 月）

庫特・桑德雷格（Ploom 前行銷主管）開始注意到有一種變化隱隱成形。過去看到有人在公共場所吸電子菸，用的不是仿真菸就是那種可吐出大量醒目煙霧的笨大、開放式系統裝置，但是漸漸地，他發現 Juul 那根小小的、USB 形狀的電子菸到處都看得到。「一夕之間，路上那些紋身大漢手上拿的超大電子菸突然都變成小小的 Juul。」桑德雷格說。

這當然不是一夕發生的。Juul 上市那一年的銷售不振（雖然已經開始在 Instagram 傳開來，也給吸菸者留下好印象），公司那年的總營收是 4900 萬美元，但只有一小部分是 Juul 所貢獻。好不容易，銷售數字終於開始有起色，幾個製程漏洞解決了，生產規模放大了，也說服更多商家開始進貨。到了 2016 年中，大約是 Juul 上市一年後，銷售數據顯示，Juul 已經是美國第二暢銷的獨立電子菸品牌，儘管還遠遠落後於菸草大廠資助的品牌。

眼見生意開始好轉，執委會於是在 2016 年夏天做出決定（就在詹姆斯被公開降職將近一年後）：該換新的執行長上場了。

在董事組成的執委會主導下，事情的進展比前一年順利多了。比方說，到 2016 年初已經把出紕漏的蒸發廣告全數清除，不留痕跡，換上孟比和他的團隊製作的、比較沉穩低調的廣告。「我們收到一些意見反應說（蒸發廣告）太過生活風格導向，」亞當 2019 年接受採訪時回憶，「這些批評，我們謹記在心。」

不謹記在心也不行，因為外界對電子菸廣告的檢視愈來越愈嚴密。CDC 2016 年初公布一份報告，有七成國高中生經常看到電子菸廣告，「菸草產業多年前用來讓孩子們上癮尼古丁的廣告手法，現在又被拿來引誘新一代年輕人吸電子菸。」CDC 主管在那份報告所附的聲明中警告。大約同一時間，加州公共衛生局（California Department of Public Health）也公布一份給家長的教育宣導，提醒家長留意那些迎合孩子的電子菸廣告和電子菸口味。在這種風聲鶴唳時刻，電子菸公司顯然不該有任何可能引來不必要關注的舉動，畢竟，NJOY 和 Blu 一年半前才被要求到參議院一個調查小組替自己的廣告辯解，如果下一個是自己就不好看了。

電子菸廣告動輒得咎，就連蒸發廣告原創者也不得不承認這種行銷風格給 Pax 帶來的麻煩多過好處，這項產品是給成年吸菸者的，但是有爭議的行銷卻把這個事實掩蓋了。根據跨區聯合控告 Juul 的法庭文件，理查．孟比在 2016 年 3 月寫了一份事後檢討給董事許浩永和幾個行銷同仁：「我們在 # 蒸發廣告所用的模特兒在很多消費者（和媒體）眼中顯然太年輕……我們應該對何謂年輕的主觀感受更敏銳才對，應該把這個品牌定位為成熟可靠。」

可是已經有跡象顯示，Juul 開始在遠比公司設定的年齡（20 幾歲到 30 幾歲）更年輕的族群當中流行起來。原本用來吸引成年吸菸者的特色——尺寸小，外型與氣味不易引起注意——反倒方便青少年偷偷帶進學校，在不知情的老師旁邊大抽特抽。孩子可以趁著老師轉身寫板書的時候偷抽一口，再把煙霧往背包或袖子裡面吐，吐完依舊是一副好學生模樣。2016 年 3 月一個推特用戶發推：「一面走出校門一面 juul 的新生」，還附上一個眼冒愛心和一個絕望的表情符號；另一個用戶在 5 月發推：「（搖頭）juul 菸彈沒有了@學校」。還有人在推特開玩笑說要寫一部恐怖電影，故事發生在「以學校廁所為根據地的 juul 地下社團」——也就是後來出現在網路迷因和青少年口中的「Juul 房」（Juul rooms）*。後來有個紐約市青少年接受《The Cut》雜誌採訪說：「我們（2016 年）開始抽 Juul 之前都沒抽過香菸，我們是因為覺得 Juul 很酷才開始抽的，然後因為上癮就繼續抽。」

* 指學校廁所，因為學生都躲在這裡抽 Juul。

雖然出現那些令人擔憂的貼文，Pax Labs 的生意似乎會自己恢復正常，Juul 的銷售回升，行銷團隊著重在日後爭議較少的方法。全職執行長終於要派上場。

董事會選了泰勒．高德曼（Tyler Goldman），一個在音樂串流公司 Deezer 工作的中年連環創業家。他拿到西北大學（Northwestern University）法律學位之後，轉戰娛樂產業，成立過幾家公司，包括 Buzz Media，一個多產的社交媒體出版商，產出大量名人和娛樂內容。高德曼同時具備兩項技能，很少見，也是他之所以吸引 Pax 董事會的原因。他一方面很熟悉社交媒體世界，同時也有專業的法律訓練可以避免 Pax 陷入麻煩，後者在這時候尤其重要，因為電子菸產業終於得跟聯邦監管機關打交道了。

2016 年 5 月，高德曼被聘為 Pax 執行長的幾個月前，也是 FDA 取得菸草產品監管權七年後，FDA 公布了期待已久的電子菸認定條例，終於能開始監管電子菸。被伊利諾州參議員迪克．德賓、CTFK 的麥特．麥爾斯等人糾纏多年之後，FDA 終於立法規範爆炸性成長的電子菸產業。這項條例正式制定聯邦法律，販賣電子菸給未成年、提供免費電子菸試用品都是違法行為。而且從 2016 年 8 月 8 日開始，電子菸公司不得開賣任何新產品，也不得修改任何現有產品，除非先取得 FDA 許可；FDA 會做個權衡評估，考量這些產品是否能作為吸菸者的安全替代品、是否對非吸菸者造成健康問題或成癮風險。

如果已經有產品上市，譬如 Juul，廠商有兩年的時間回頭為自己的裝置擬出所謂的「菸草產品上市前申請」文件（pre-market tobacco product application，PMTA）。即使有兩年的時間，PMTA 的要求可不是開玩笑的。廠商必須針對產品的毒性、協助吸菸者停抽紙菸的有效性、被非吸菸者（包括未成年）濫用的可能性等等，設計和籌劃幾十種研究，並且提交數據，如果同時有好幾種口味或裝置在市面銷售，每一種都得完成這個過程。另外，廠商還得揭露每個菸油配方的所有成分，並且提供分析數據，說明這些成分吸入肺之後對人體健康有何影響。起草申請文件的這兩年以及 FDA 後續審查的過程中，已上市的產品可以繼續留在市場上販賣，但是在這段時間不得做任何大幅更動。如果 FDA 最後判定某個產品對全國民眾健康的影響並非「利大於弊」，那麼該產品就會被完全撤出市場。

這對所有電子菸公司來說都是高風險，但是對那些替美國電子菸文化打下基礎的獨立公司來說，風險尤其高。那些獨立公司大多是小本經營，生產的口味又多，幾乎不可能有那個資金和科學專業去做那麼多高階研究。「PMTA 會迫使 99% 的公司退出這個產業。」庫特．桑德雷格說，他離開 Ploom 行銷部門之後開了一家名為 Café Racer Vape 的菸油小公司，「每個產品都要花幾十萬美元以上，只有一小部分公司會去做。」

某方面來說，這是好事。如果公司沒有能力對自己的產品做安全測試，那麼產品不能賣也是剛好而已。但是這整件事的問題在於，有錢可做 PMTA 的公司幾乎都是菸草大廠旗下或資助的品牌，譬如雷諾的 Vuse、奧馳亞的 MarkTen，把市場上的獨立小品牌全部清光，只留下跟菸草大廠有密切利益往來的品牌，這讓有些人不能接受。「大菸廠賣電子菸是有違他們自己的利益的，因為他們的紙菸還繼續在賣。」紐約大學戒菸專家與擁護電子菸的大衛．艾布朗斯說。電子菸是會把香菸這個史上最成功、最有賺頭的消費性產品的生意搶走的，在這種情況下，菸商真的會希望電子菸賣起來嗎？

公衛圈還有個更大的憂慮。FDA 的認定條例似乎對加味產品非常寬容，而加味產品就是很多專家認為青少年之所以被吸引的元凶。到 2016 年那時，市場上的菸油口味已經多到數不完，其中很多擺明了就是鎖定年輕人。 2009 年歐巴馬總統簽署家庭吸菸預防與菸害防制法案，全面禁止加味香菸，只留薄荷醇（menthol）一種，主要原因就是孩子會受到誘惑。後來一份大型研究顯示，歐巴馬這項政策使未成年吸菸減少了 43%，吸菸的年輕成人也少了 27%，因此，菸草防制專家希望政府也對電子菸比照辦理。「電子菸產業用多變的口味來吸引孩子已經是各界共識，」CTFK 的麥特・麥爾斯說，「青少年吸電子菸已經是不爭的事實，而加味菸油是其中一大主因也已經是不爭的事實。」

《洛杉磯時報》（*Los Angeles Times*）報導，2015 年有一份 FDA 未拍板的認定條例草案流出，根據那份草案，條例推行 90 天內就會讓加味電子菸產品全面撤出市場。電子菸產業一聽到風聲，排山倒海的反對來得又快又強，從 2015 年底到 2016 年初，電子菸的店家和製造商、菸草界遊說者紛紛群起找上 FDA，主張這份禁止加味菸油的條例過於嚴苛，會讓吸菸者選擇受限而重回香菸懷抱。

2016 年 5 月 FDA 公布最終版的認定條例時，長達 17 頁說明加味產品為何必須全面撤出市場的科學依據全都拿掉了，取而代之的是蒼白無力的承諾：對於「各界擔憂加味產品會對年輕人產生誘惑，另外也有證據顯示有些成人是透過加味產品才得以戒除紙菸，會兩相權衡考量」。總的來說，這是電子菸產業的大勝利，雖然他們還有 PMTA 這個未來兩年天天都得面對的艱鉅任務。

Pax 繼續前進，泰勒．高德曼的壓力很大。Juul 上市後，公司的業績大幅好轉，但是到 2016 年中為止，全國有售 Juul 的店家仍然只有 7%，要讓這個比例提高，高德曼需要有更龐大的團隊。Pax 的團隊相當小，同時要管製造、行銷和多個產品線的銷售，根本無暇應付政府監管人員、記者、客戶，以及對 10 幾歲孩子染上電子菸感到憤怒的家長。人手不夠，而且合作廠商仍然無法每天產出幾千上萬個菸彈，可是上面的高管才不管那麼多，反正要有更多客戶、更多消費者、更多銷售點就對了。Pax 每個人都在高速運轉工作，一年 365 天，全年無休。

在高德曼領導下，為了維持成長，為了建立一支能把 Juul 賣到各個角落的團隊，Pax 開始瘋狂徵人。2016 年底加入行銷團隊擔任中階主管的艾芮卡．哈維森（Erica Halverson），就是這批新人之一，她記得那段時期就像旋風一樣。

Pax 在舊金山時髦的米慎區有一個超大的開放式辦公空間，一走過接待處，一大片廣闊的辦公空間就會映入眼簾，除了幾間會議室以及亞當和團隊工作的實驗室，整個區域都是開放的，員工不是關在一間間辦公室工作，而是在一張張大大的公共桌辦公，位子則是按照部門排列。哈維森剛進公司的時候，她記得空間還不少，但是「（我做了）四、五個月後，空間很明顯就不夠了，大家擠在一起，不是辦公的空間也拿來辦公，」她說，「每間會議室永遠都有人在用。」整個辦公室鬧哄哄，幾乎每張桌子的每個位子都有一縷縷蒸氣冒出，是同事在自己位子上吸電子菸。每週一的晨會幾乎都有新人介紹，有時一次就多達十幾個。

在徵人方面，有時是重量不重質。「有些擔任管理職或領導職的人其實不該在那個位子，但是沒有其他人可以填補那個空缺，」哈維森說，「他們被塞到那個位子……只為了讓那個職位有個人。」結果，她說，公司文化陷入危機。主管和他們直屬上司的溝通出現障礙，裂痕開始出現，分成兩邊，一邊是關係緊密的老員工，一邊是大批湧入舊金山總部的新人。

「上面的高管很多各自為政。」哈維森說，下面的人很難得到清楚的資訊。哈維森自己的上司被開除的時候，從頭到尾都沒有人直接告訴她。她還以為上司生病了，連續好幾天不見人影，一直到她問別人他何時才進公司，得到的答案是：永遠不會。

Pax 以超高速成長，但是成長得沒有章法、混亂失序。公司補人的速度快，職務換手的速度也快，哈維森說全公司都在做重複的事，「我們不斷徵人來做重複的工作，因為我們都各自為政，各做各的，彼此不溝通。」她說。似乎沒有人想放緩腳步把事情做好。Pax 感覺像是「一家要表現出大公司感覺的新創」，哈維森說。董事會顯然希望 Pax 加速脫離新創階段，直接跳到大公司之林，但是高德曼和他的團隊並沒有打下應有的基礎。

「我在那裡的時候，」哈維森說，「他們有點操之過急。」很多人離開，因為處理不了混亂和缺乏溝通的問題，陣亡名單包括理查．孟比，他在徵人達到高峰之前離開公司。

哈維森嚴格說來是理查．孟比的手下，但是她說他們很少互動。當時孟比已經不再密切參與日常運作，他顯然是把工作分派給其他人，從主持會議到實際執行行銷計畫都交給別人了，下面的人也不清楚他每天都在做什麼，哈維森回憶。這種情況在 Pax 並不罕見，反正溝通不良本來就是家常便飯，但是說是這麼說，孟比不再掌舵的事實倒也看得很清楚。2017 年初，孟比離開 Pax 行銷長的職位。

留下來的人則是操翻了。客服團隊一個前員工還記得當時一天工作 14、15 個小時，一個禮拜做六天，他回憶：「當時的情況是，不管怎麼樣都要把那股前進的動能維持住，沒有時間停下來想一想能做什麼改進。大家比較關心賺錢這件事，不在乎是不是有在為公司最初的願景努力。」

員工或許累壞了、操爆了，但是交出了董事會和經營團隊想看到的成績單。Pax 在 2016 年賣出 220 萬支 Juul 電子菸，事實上已經熱賣到引起其他公司的注意。到了 2017 年，Pulse 和 Bo 等品牌也紛紛推出時尚、長條形、很容易誤認為是 Juul 的電子菸，一堆菸油公司也開始把他們的加味菸油放進菸彈裡面，大喇喇寫上「Juul 相容」的字眼販售，意思是可用於 Juul 裝置。這些 Juul 相容的產品有各種新潮口味，粉紅檸檬水、西瓜冰等等，並不是 Pax Labs 製造或授權，但是就擺在那裡賣，甚至印上改圖處理過的偽 Juul 商標。這股風潮給 Pax 帶來頭痛的法律問題，智慧財產訴訟和存證信函滿天飛，但是這也代表小小的 Juul 裝置不只熱賣，還引領整個產業的消費者喜好和產品設計。

最密切關注 Pax 成長的莫過於奧馳亞，菲利普莫里斯的母公司。到 2017 年為止，菲利普莫里斯的萬寶路銷量占了美國香菸市場的四成，遙遙領先居次的雷諾新港（Newport），奧馳亞 2017 年的淨利有望超過 250 億美元。

但是菸草市場已經不一樣。電子菸顯然不會消失了，香菸與電子菸一消一長，前者全面下滑，後者則是愈來愈普及，看來確實有消費者從香菸轉向蒸發器，如果是轉到奧馳亞旗下產品倒也還好，但是並沒有。奧馳亞的電子菸品牌 MarkTen 是美國最大的電子菸品牌之一，但是跟 Juul 一比馬上就顯得過時。MarkTen 的產品並不吸引人，瘦長白色的外型就像電子菸剛起步時流行的仿真菸，但是消費者的口味已經不一樣，這種外型仿傳統香菸的耍噱頭產品已經不受青睞，也被評為乏味無趣，在日漸飽和的電子菸市場沒有什麼特殊之處。

奧馳亞高層幾乎從 Juul 一上市就開始注意這個產品。整個 2015 和 2016 年，Juul 的銷售還遠遠少於菸草大廠資助的電子菸，譬如 Vuse 和奧馳亞自己的 MarkTen，但是到了 2017 年第一季就有了變化。Vuse 還是以不小的差距穩居全國第一，Blu 次之，接著是漸漸蠶食 MarkTen 的 Juul，MarkTen 停滯不前，Juul 則是每一季都穩定成長。

奧馳亞高層心知肚明，Juul 是比 MarkTen 更好的產品，他們後來為了回應聯邦貿易委員會（Federal

Trade Commission）的提告而提交給法庭的文件寫道：「雖然（MarkTen）是奧馳亞為了市場競爭所研發，但當時並沒有任何有電子菸產品開發經驗的科學家或技術專家，奧馳亞的努力是失敗的。」Juul 的造型時尚多了，尼古丁傳輸也好多了，相較之下，MarkTen 就像衣著過時的老表親。既然 Juul 會不斷吸走奧馳亞的業績，奧馳亞何不乾脆順勢操作？這是書上最古老的一招：打不過就加入。

2017 年初，奧馳亞高層決定試試水溫，他們告訴 Pax 團隊：奧馳亞對 Juul 的產品和銷售成長很感興趣，希望保持聯繫。到了 2017 年春天，兩家公司高層已經針對合作模式認真談過幾次。

亞當和詹姆斯對這整件事「並不看好」（雖然執行長已經換成泰勒．高德曼，但是兩人仍保有董事席次），亞當 2019 年接受採訪表示：「關於『該不該跟奧馳亞合作』，我們有過很多考慮和討論。我當時並不覺得會談成。」這話並不代表這兩人反對跟菸草大廠合作，畢竟 Ploom 也拿過日本菸草公司的投資，而且找金主投資一直是 Juul 上市以來的策略之一。亞當和詹姆斯是務實的人，他們知道菸商有資源、有接觸消費者的管道，對他們的生意有好處，即使，如同亞當所說，他們知道跟菸商合作會引來不解和冷嘲熱諷。

重點是奧馳亞能給 Pax 什麼。Juul 終於熱賣，公司蒸蒸日上，其他菸草大廠想上門娶親的傳言不斷（據說奧馳亞的死對頭英美菸草公司也有意願），如果董事會明知會有負面新聞和放大檢視也要讓菸商入股，必然是百分之百確定這筆交易是值得的。誰知道這家公司的高層如果等風頭過了、故作矜持會得到什麼？奧馳亞來敲門前幾個月，亞當給團隊的電郵寫道（這封電郵附在跨區聯合控告 Juul 的訴狀中）：「大菸商過去為了收購品牌和市占率，常開出多出好幾倍的高價。」Pax 高層手上的牌如果打得好，得到的或許不只是一個合作夥伴，還有可能是一大筆錢。

Chapter 9

分家
（2017 年 5 月—11 月）

一陣咳嗽咳得高三生錢斯．阿米拉塔（Chance Ammirata）很難受。不解又不喜歡的他，把這個像隨身碟的小東西遞還給同學，這東西是同學在烹飪課趁隙給他試試看的，同學說這個 Juul 只會產生有味道的水蒸氣，但是錢斯的感覺可不是那樣，他的肺一陣灼熱。不過，在同學的慫恿下，他決定再試一次。「我又吸了大概三口，這次沒那麼咳，一股飄飄然貫穿全身。」錢斯回憶，這是他從來沒有過的感覺。

不到兩個禮拜，他就從邁阿密海濱學校附近一家小店買了 Juul 和一組薄荷菸彈，這件事不難，從頭到尾都沒人要他這個青少年拿出身分證明。從此，他不管走到哪都幾乎 Juul 不離身，一天吸掉半顆菸彈，相當於 12 根香菸的尼古丁。「我打的工幾乎是全職的，還要去上課，」他回憶，「很難想抽就抽，雖然很想。」不過，他幾乎每個朋友都 24 小時帶著 Juul，所以他能這裡那裡偷抽幾口。這個裝置很小，煙霧散得很快，很容易在走廊上或老師轉身時快速抽一口。

錢斯拿起生平第一個 Juul 那一年，2017 年，全國青少年菸草調查估計，有大約 12% 的高中生吸電子菸（比起 2015 年 Juul 上市前後的 16%，其實是下降），但是根據錢斯的說法，他在學校看到的情況可不是那份全國調查所說的那樣，吸 Juul 的孩子多到連 juul 都成了「吸電子菸」的動詞。「我上的是有大約 4000 個學生的公立學校，」錢斯說，他記得他吸了第一口 Juul 不到一個月，「從一開始我身邊有 20 個朋友在吸，變成要找到不吸的人還比較難。」

他的經驗並不是特例。2017 年 5 月，密西根洛伊諾里克斯高中（Loy Norrix High School）一個學生記者對席捲全國校園的 Juul 風潮做了報導。她採訪到一位不具名的 15 歲高一生，對方在學校餐廳第一次吸 Juul 就上癮，那個學生坦承：「我真的不能沒有吸 Juul，譬如一個小時。如果菸彈沒了，我就快死了。」那個學生說他一個禮拜花在菸彈的錢超過 30 美元，有時甚至會跟爸媽借錢或偷錢來滿足菸癮，他吃得不多，易怒煩躁，尼古丁癮頭已經大到無法想像沒有 Juul 的生活：「我連戒掉都沒想過，所以大概不會有這種事吧。」

這麼風行的情況下，未成年吸 Juul 卻不是到處都有的現象，而是特別流行於有能力花 35 美元買一個 Juul、再不斷花 15 美元買一組四個菸彈的學生。全美調查數據顯示，電子菸尤其常見於白人青少年之間：2014 年到 2017 年，至少吸過一次電子菸的白人高中生有將近 34%，黑人學生則是將近 20%；只試過電子菸、沒試過其他菸草產品的學生當中，白人也多於黑人，有專家認為這股風潮可能產生令人擔憂的入門效應（gateway effect）*。帶領彭博慈善基金會公衛計畫（Bloomberg Philanthropies Public Health）的流行病學家漢寧．凱莉博士（Dr. Kelly Henning）說：「青少年吸紙菸人口降低向來被吹捧為美國一大成就，一想到這個成果可能被逆轉就叫人憂心。」

Juul 或許不是到處都有，但是在 Juul 隨處可見的學校，Juul 已經不只是一種活動，而是自成一種文化。Juul 會定期推出寶藍色或金色等等限量版，第三方業者也出售類似壁紙的「包膜貼紙」，使用者可以用精品名牌商標、電視節目品牌、彩色圖案來裝飾自己的 Juul。入手「好」口味的孩子（基本上焦糖布丁以外都是），轉賣給朋友就能賺一筆。青少年開始玩起 Juul 花招（吹出一圈一圈環狀煙霧、從鼻孔噴氣、一口氣吸完一整個菸彈等等），在聚會或 Snapchat 大秀特秀。社交媒體仍然是 Juul 這股文化現象的重地。

2017 年 5 月，20 歲的唐尼．卡爾（Donny Karle）入手生平第一個 Juul，他以前吸過電子菸，但大多是用笨大的罐裝電子菸，攜帶麻煩，還常常滲漏，之所以買 Juul，是因為看起來比較隱密，也比較方便。他決定拍支「開箱影片」，把他檢查新品以及學習如何

---

* 意思是使用者進而接觸其他成癮藥物。

使用的過程拍下來。這支六分鐘影片貼到 YouTube，有 5 萬次點閱，他後續又拍了 Juul 和其他電子菸的影片，以「唐尼抽菸」（DonnySmokes）的名字上傳 YouTube，有的影片只是評比或開箱，但也有些會給出建議，譬如有一支影片的標題是「如何在學校偷藏偷抽 Juul 不會被抓」，還有一支是「如何不讓爸媽找到你的 Juul」。

「唐尼抽菸」在 YouTube 累積粉絲的同時，Instagram 也有不少帳號在做類似的事，這些帳號會貼出各種跟 Juul 有關的哏圖、照片、影片，包括如何藏在學校用品裡面偷抽、如何把煙霧吐進袖子裡。還有就是 Reddit 論壇*，「未成年吸 Juul」在 2017 年 7 月開版，青少年在上面討論他們最愛的 Juul 口味以及他們怎麼取得 Juul。他們一致認為最好的方法是找個已經有 Juul 的人，然後把他的 Juul 序號抄下來。Pax 的保固政策很寬鬆，只要把「你的」產品序號寄給 Pax 客服，說你的 Juul 壞了，他們通常幾天內就會寄個新的給你。根據加州檢察長的起訴內容，有個例子是：Pax 員工發現有一個序號一個月內提出了超過 300 次保固期內更換新品的要求。

那份起訴書聲稱，青少年吸 Juul 已經成為 Pax Labs 內部的話題。2017 年有個客服同事在 Slack（公司內部溝通平臺）寫：「現在有他媽的 40 個人在結帳」，另一個同事開玩笑回：「是 40 個想買 200 個 Juul 的青少年。」董事和高管也無法否認有這個問題存在，因為他們不少人都有親身經歷。2017 年跟這家公司合作過的顧問記得，Pax 有些高階員工和董事的小孩就是就讀那種到處都有電子菸的有錢學校，他們去接小孩的時候，會在停車場看到有孩子在吸 Juul，「要搞清楚是誰在買這個產品並不難。」那個顧問說。各種傳聞證據也不難取得。

在 Pax 高管團隊看來，很清楚，青少年吸 Juul 的問題不會消失，而且處理這件事勢必會動用公司愈來愈多時間和精力，專家一再警告他們要在失控之前好好遏止這個問題。「如果蔓延到高中生，你們就死定了，」UCSF 尼古丁研究專家尼爾．貝諾維茲記得他在 Juul 相關會議警告過 Juul 科學主管蓋爾．柯恩，「我

---

*相當於臺灣的 PTT 論壇。

們都知道以前香菸發生過的情況。」其實蔓延情況已經失控。「我看到孩子們開始有這個東西，我看到行銷廣告傳到孩子這邊，我看到家長根本不知道這些是什麼東西。」麻州一位醫生 2017 年 7 月向當地一家新聞臺提出警告。

Juul 和 Pax 是兩隻不同的野獸。Pax 從未真正在未成年之間流行起來，主要原因是售價高達 250 美元，但是 Juul 一下就在全國某些學校變成一種生活方式。差異還不止如此。

Pax 蒸發器隨著時間演變下來，已經不是拿來抽菸草，而是抽大麻，這也是它受歡迎的原因。Pax 的產品到 2017 年已經有一系列。有 Pax 3，原版 Pax 的高科技版，長條形、邊緣光滑、看不到任何按鈕或開關，大麻葉或蠟化的大麻濃縮物都可使用；另外還有 Pax Era，體積更小一點，外型很像 Juul，用來蒸發大麻油。Pax 和 Juul 都很受歡迎，但是兩者的市場有根本的不同。Juul 團隊不久就得提交 PMTA，把 FDA 要求的冗長又耗錢的幾十份研究和幾千頁圖表送出去；Pax 則必須因應全美各地不同的大麻法律，根據每個州到底是允許藥用大麻或娛樂用大麻或都不可以，仔細調整銷售與行銷方法。

既然尼古丁和大麻的市場有固有差異，由不同的團隊來管理 Juul 和 Pax 看來是很自然的事。於是，2017 年 6 月，Pax 和 Juul 分家，成為兩家不同的公司：Pax Labs 和 Juul Labs。

這次分家暴露出行銷同仁艾芮卡．哈維森提過的諸多問題，也就是公司的徵人過程亂七八糟。「他們不得不把我們一堆人解僱，因為他們發現『天啊，一模一樣的事有兩、三個人在做』。」她說。留下來的人當中，有大約 160 人被分配到 Juul，只有 32 人留在 Pax。董事會對分家過程所暴露的誇張浪費大概很不爽，新創公司最不想看到的就是不必要的人事成本，而這些成本很多是高德曼大舉徵人產生的。雖然如此，高德曼依舊是兩家公司的執行長，亞當和詹姆斯則分別擔任 Juul Labs 的技術長和產品長。

Pax 和 Juul 分家的同時，FDA 的領導階層也在大洗牌。2017 年初川普總統上任後不久，他就提名新的 FDA 局長人選：史考特．高里布醫師，一位左傾的內科醫師，45 歲左右，擔任過 FDA 幾個高階職位。高里布是個很有意思的人，講話連珠砲，顯然不怕冒犯或得罪別人，但他也在康乃狄克的家中養雞，常常在推特發文，喜歡跟記者開玩笑，有三個不到 10 歲的小孩，是個好爸爸，既是受過專業訓練的醫師也是癌症倖存者（將近 10 年前戰勝淋巴癌）的他，對美國醫療制度有獨到見解。雖然他在醫療與官場都有經驗，但是在野的民主黨最關心的卻是他「史無前例的財務糾葛」——這是華盛頓州參議員派蒂·莫瑞（Patty Murray）在高里布任命聽證會的用語。這位川普派來監督全國藥物產業的人，卻靠著投資藥廠賺了大錢，所以很多議員擔心，在處方藥成本飆升之際，他會不會跟藥廠關係太好了。參議院最後只以 57 票對 42 票的些微差距通過他的任命。

反電子菸陣營也有擔心的理由。高里布過去曾經投資一家叫做 Kure 的公司，該公司旗下有連鎖的電子菸商店與酒吧。Kure 毫不諱言電子菸是娛樂性產品，他們在網站上說：電子菸「絕對不只是讓吸菸者戒除討厭習慣的工具，它已經是一種放鬆、享受、社交的方式。這是一場由千禧世代帶頭的文化運動，在很多方面都已經跟抽菸無關。」短短兩句話就證實了三件事：吸電子菸是為了好玩、年輕人是吸電子菸的最大宗族群、吸電子菸跟戒菸「無關」。即將上任的FDA局長，也就是要負責執行那個花了將近10年才出爐的認定條例的人，竟然選擇投資一家有這種心態的公司，這對那些期待有更嚴格監管措施的人可不是好兆頭。

CTFK（未成年無菸運動）發出聲明，要求高里布迴避FDA所有跟電子菸有關的業務，這點高里布並沒有做到，不過他倒是辭去了Kure的董事職務，而且馬上就把菸草管制列為他上任的首要工作之一。走馬上任第一天，高里布第一個找來開會的人就是米契·澤勒，FDA的菸草產品中心主管；上任第三天，他召集所有同仁發表講話，大談降低菸草相關死亡的目標；7月，就任第二個月，他公布一個充滿野心的計畫，如果順利推動，將會動搖整個菸草產業。

他提出要限制香菸的尼古丁含量來降低香菸的成癮性，希望這項政策達成兩個目的，一是幫助吸菸者戒菸，一是從源頭避免更多人對香菸上癮。他很清楚，如果要用這麼激烈的手段，就必須給吸菸者某種替代選擇，「我們會給已經對尼古丁成癮、還想享受尼古丁的成人打開幾個新機會，幫助他們找到其他工具來享受尼古丁，同時又不至於有香菸那些致命或致病的風險。」他這麼解釋。貼片和口香糖之類的藥用尼古丁就是一種選擇，電子菸則是另一種。

宣布這項充滿野心的香菸監管計畫的同時，高里布也將電子菸商的 PMTA 期限延長四年。廠商在這段期間沒有 FDA 的核准還是不能推出新產品，但是已經有電子菸產品上市者，可延到 2022 年 8 月 8 日再向 FDA 提交 PMTA 文件。「我們不想在規範香菸尼古丁含量的同時把電子菸掃出市場，」高里布說，因為對已經有尼古丁依賴性的人來說很殘忍，「我們覺得這在公衛方面是比較周全的做法。」高里布和米契·澤勒都認為，對於想用危害較小的方法來吸食尼古丁的成人來說，電子菸可能是有用的工具。

2017 年 8 月，他們兩人在《新英格蘭醫學期刊》（*New England Journal of Medicine*）聯名刊登一篇看來對電子菸產業相當有利的文章。他們在文中寫道：「根據目前看到的最有力證據，FDA 的監管框架會以尼古丁為重點，支持各種有助於減害的創新。這個框架的認知基礎是：尼古丁的核心問題不在尼古丁本身，而在於傳輸機制所出現的風險。」換句話說，電子菸（以及貼片和口香糖這些非吸入式的尼古丁產品）很有可能讓吸食尼古丁的危險大大降低，即使不是百分之百安全。

「令公衛界和菸草防制圈驚愕的是，我們選擇明確承認尼古丁的傳輸存在著程度不一的風險，」澤勒說，「尼古丁的傳輸方法有傷害較大的，也有傷害較小的。傷害最大的，毫無疑問就是燃燒式香菸；傷害最小的，也毫無疑問是藥用尼古丁產品（譬如貼片和口香糖），其他則是落在這個光譜的中間。」

當然，「電子菸究竟落在光譜的哪裡」就是爭論所在。澤勒和高里布的文章刊出的時候，科學界對這個問題仍然有很大的分歧。雖然電子菸的相關研究已經比它問世時多很多，但是科學家對這個問題仍然離共識還很遙遠。

有一派科學家（以 UCSF 的史丹頓．葛蘭茲為首）認為電子菸的風險僅次於香菸，他們援引論文指出（有好幾篇的作者都是葛蘭茲），電子菸其實對吸菸者戒掉紙菸的幫助不大，反而是助長年輕人開始吸紙菸，而且還可能產生心臟受損等等令人憂心的副作用。還有其他論文發現，許多受歡迎的電子菸所含的化學物在吸入後會危害肺部，或是加熱後會產生甲醛等副產物（一般認為甲醛是致癌物）。當然還有青少年濫用的問題，這是反電子菸科學家眼中最大的風險。

另一派（以紐約大學的大衛・艾布朗斯為首）則是狂熱相信電子菸的危害遠小於燃燒式香菸。他們相信電子菸可以讓成人戒掉紙菸，認為很多吸電子菸的青少年本來就有抽紙菸習慣，不然就是相對無害的好奇淺嚐，就像很多孩子會嘗試酒精和大麻一樣；另外，他們還認為改抽電子菸可以大幅減少癌症、心臟病等抽菸相關疾病。澤勒和高里布的立場對支持電子菸這方是一大勝利，全國菸草監管單位兩位最高首長在全國最權威醫學期刊上認可電子菸在菸草防制領域有其角色，而且還把言論化為行動，延長電子菸在市場上幾乎不受監管的時間。

這段多給的時間對 Juul 是個禮物。這家剛分家獨立的公司，對自己的成功還手忙腳亂窮於應付。過去一年的銷售成長之快（2017 年每個月賣掉的蒸發器都超過 100 萬個），有時連訂單都趕不及，他們甚至會故意只給商家進貨菸彈，不進蒸發器，用這個方法來維繫舊客戶、不爭取新客戶，同時也將供應問題做個分類。刻意避開新客戶怎麼說都不是好的生意策略，不過非常時期需要非常手段，高德曼很清楚這種情況並不理想。「如果我們投入市場的裝置不夠賣，那就代表我們剝奪了民眾轉換到 Juul 的機會。」2017 年秋天他接受 CNBC 採訪表示。

公關也依舊是一場艱苦戰鬥。議員和記者開始注意到未成年吸 Juul 的現象，數量比以前更多。2017 年秋天《波士頓環球報》（*Boston Globe*）有一則標題是：「Juul：一種很普遍但你從未聽過的現象」，全國公共廣播電臺（NPR）說：「青少年擁抱 Juul，隱密性高，在課堂偷吸也不會被發現」，最可怕的或許是《今日美國報》的警告：「青少年流行吸 Juul，但是醫生說『很可能』下一步就是吸菸。」

2017 年 10 月，紐約參議員恰克．舒默（Chuck Schumer）給那些趨勢報導增添了可信度，他要求 FDA 加快評鑑電子菸產品的腳步，特別點出青少年吸 Juul 的問題。「知道紐約小孩很可能正在使用這種新世代的電子菸裝置，像是 Juul，不只令人憂心，也很危險。」舒默在記者會上表示。

Juul 最不需要的就是負面新聞，在這條戰線，這家公司已經往正確方向走了幾步。現在這家公司的電商平臺要求年滿 21 歲才能購買 Juul，行銷部門也在清除蒸發廣告年代一些招惹麻煩的做法。如果廣告或社交媒體貼文有人物在裡面，這些模特兒不可以看起來未成年，連「疑似」都不可以，模特兒也不能有大量未成年粉絲，甚至社交媒體活動都罕有模特兒現身；Juul 的官方帳號現在也不走過去那種惹來麻煩的性感生活風，改換上布置巧妙的靜物照。

這些原則都一一灌輸到行銷同仁的腦袋裡，沒有商量餘地。「我們做的每一件事，包括句子後面的每個句點、採用的每一種顏色、我們挑選的廣告裡面的每一個人，背後都有一個目的，」艾芮卡・哈維森說，她在這家公司的行銷團隊做到 2017 年夏天被裁員為止，「這個目的就是：不管怎麼樣，就是不能以青少年為訴求。」

可是，Juul Labs 似乎還是想偷偷走回老路。他們要嘛不管怎樣都要徹底斷絕有爭議的行銷，要嘛不管怎樣都要追求成長，不可能兩者都要，至少不可能做到，但是高層卻還是常常想這麼做。

2017 年 9 月，Juul Labs 針對加州環境健康中心（Center for Environmental Health，CEH）提起的訴訟達成和解。2015 年的時候，CEH 向 Pax 在內的幾家電子菸廠商提告，控告他們沒有向加州消費者揭露他們的裝置在加熱、霧化菸油的過程會產生少量甲醛，當時 CEH 要求每家廠商在包裝加上警語，並且支付一天 2500 美元的罰款，作為沒有警告消費者的代價。到 2017 年 9 月 Juul 有意和解的時候，年輕人吸電子菸的問題已經比 2015 年更大條，CEH 決定趁機在和解協議中加進幾條跟青少年行銷有關的選擇性條款，除了甲醛部分的罰款之外，Juul 有兩個選擇，一是簽署一份有法律效力的協議，承諾不向未成年行銷，一是罰款 2500 美元。Juul 選擇罰款。

這個決定也許純粹是商業考量。2500 美元是很小很小的金額，尤其現在 Juul 已經是全國最暢銷的電子菸之一，花 2500 美元了事再合理不過。但是 Juul 高層也有可能是衝著 CEH 的某個條款：CEH 在不得向未成年行銷的條款中附加要求 Juul 不可以在 Instagram 打廣告。即使蒸發廣告帶來這麼多負面效應，Juul Labs 還是不願犧牲在 Instagram 打廣告的機會。

克莉絲汀娜．薩亞斯（Christina Zayas）是住在紐約市的高人氣網紅，在 Instagram 經營一個走時尚風與生活風的帳號。2017 年秋天，35 歲的她收到一封電郵，來自跟 Juul 有合作關係的網紅行銷公司 Lumanu。Lumanu 的代表向她提出，只要她寫一篇部落格文章和一篇 Instagram 貼文介紹 Juul，就有 1000 美元酬勞，推銷這個她說「真的可以滿足成人吸菸者的電子菸」。對於剛戒酒、轉向抽菸尋求依靠的薩亞斯來說，這份工作邀約似乎再適合她不過，反正她本來就想試試電子菸，所以她沒有多想就答應了。「我誠實寫出我自己的親身經歷，」薩亞斯說的是她交出去的文章，「我想把重點放在康復。」

但是 Juul 的行銷團隊有不同的想法。薩亞斯把文章交出去之後，Lumanu 的代表把 Juul 行銷團隊的回覆寄給她，他們要她重寫，要她不要強調菸癮，似乎是擔心內容有健康訴求的疑慮而被 FDA 找麻煩。Juul 同仁是這麼寫的：「我們不需要她好像電子菸或尼古丁的專家，我們希望她是講究生活和時尚的專家，需要她解釋她如何把我們的產品融入她的生活。如果她能談談設計美學就更好，畢竟她在她的粉絲眼中是時尚的象徵。」

薩亞斯很不高興。她本來很興奮有公開寫菸癮和康復的機會，但是 Juul 顯然不關心這些，他們只要她好好做個在 Instagram 推銷一個很酷新產品的生活風格網紅。「我最氣的是改來改去，我沒有想寫什麼就寫什麼的自由。」她說。她收下支票，貼出修改後的版本以及她躺在門前階梯吸電子菸的照片，心裡決定再也不跟 Juul Labs 合作。

像薩亞斯這種直接收錢宣傳的網紅，Juul 只找了四個，其他的策略還是比較成熟細膩，譬如置入性行銷——HBO 鎖定千禧世代的影集《女孩我最大》（*Girls*）在 2017 年某一集就出現 Juul——以及偷偷潛入免費網紅的世界。2017 年秋天，Juul 的網紅團隊聘請一家顧問公司，把 Juul 手上將近 35 萬個客戶電郵拿去跟社交媒體帳號比對，找出有網紅潛力者，再把這些人分門別類。有所謂「頂級」網紅，也就是名人〔譬如男女演員亞當．史考特（Adam Scott）和安娜．派昆（Anna Paquin）〕或是追蹤人數至少 10 萬者，一路到「低階」網紅，也就是追蹤人數少於 1 萬但是對口碑行銷有幫助的「鐵粉」。顧問公司還很貼心註明哪些頂級網紅小於 30 歲，因為他們知道 Juul 現在極力避免跟外表年輕到會引起爭議的人合作，不過他們還是寫說「建議保留（這些年輕名人）在名單上」，以防日後用得上。

找出已經喜歡 Juul、在用 Juul、可能願意發文宣傳 Juul 的人，是有好處的，一來不用錢，二來他們的貼文不必註明是廣告，比較有真實感，Juul 也不必替文章內容或是誰看到內容負什麼責任。

2016 年 FDA 認定條例的禁令一出，Juul 就不再提供免費試用品給網紅，改提供折扣代碼給幾個重點網紅，讓他們用 1 美元就能在網路上買到 Juul 裝置和菸彈，還能進入 VIP 平臺獲得贈品以及提早取得新裝置和新口味。饒舌歌手兼女演員奧卡菲娜（Awkwafina）就是第一批 VIP 之一，因為她 2017 年夏天在播客（podcast）談到她從香菸換到 Juul 的經驗。「哇！非常謝謝你們給我這個代碼，」她在給 Juul 網紅經理的電郵裡面誇張表示，「真是太棒、太謝謝了。我會永遠一直講我有多愛 Juul、Juul 救了我一命。」這就是 Juul 的網紅團隊要的，一個終身免費的廣告。

另一方面，Juul 也嘗試從另一個完全不同的途徑解決年輕人吸 Juul 的問題。公司高層認為教育性的宣傳或許可以勸阻青少年使用 Juul，於是 2017 年 11 月聘請教育界老兵布魯斯．哈特（Bruce Harter）擔任顧問。教育生涯將近 50 年的哈特，在阿肯色、愛荷華、科羅拉多做過校長，也在奧勒岡、佛羅里達、德拉瓦擔任學區教育長，最近一份工作是加州西康特拉科斯塔聯合學區（West Contra Costa Unified School District）教育長，資歷豐富，所以 Juul 委託他和他以前的副教育長溫道．葛瑞爾（Wendell Greer）撰寫一套課程（從尼古丁會影響腦部發育一直寫到尼古丁成癮是一輩子的包袱），讓孩子瞭解為什麼不該吸電子菸。

為什麼 Juul 高層會認為美國最酷、成長最快的電子菸公司有資格給孩子提供反電子菸教育，不得而知，不過確實需要有個人來教這些。2017 年底，哈特受聘沒多久，美國國家藥物濫用研究院（National Institute on Drug Abuse）的數據顯示，有將近三成的高四生*、兩成五的高二生、一成五的八年級生*說那年有用電子菸吸過尼古丁或大麻。那份數據還顯示，那些學生有超過半數以為自己吸進去的只是加了味道的水蒸氣，不是尼古丁也不是四氫大麻酚。一看到這份數據，CTFK 這些反菸團體立刻跳起來強烈抗議，發表聲明要求 FDA 全面禁止加味菸草產品。

但是 Juul 從這份數據看到的卻是機會。如果青少年大多以為自己吸的只是水蒸氣，少有人知道自己吸進去的其實是尼古丁或四氫大麻酚，也許 Juul 可以直接從源頭下手。也許只要教青少年瞭解他們吸進去的到底是什麼、為什麼不該吸，就能說服一部分人不再吸，也許這樣大家就不會再說 Juul 直接把產品推銷給青少年了。

也許他們想得太美了。

* 美國的高中為四年制。

* 美國學制的八年級相當於臺灣的國中二年級。

Chapter 10

老大
（2017 年 11 月—2018 年 3 月）

2017 年秋天，Juul Labs 董事會展開一項新計畫。Juul 過去兩年持續穩步成長，銷售業績一季比一季高，真的要開始起飛了。這家公司的營收在 2017 年最後一季達到將近 1 億美元，銷售成績躍居市場之冠，超車 Vuse、Blu、MarkTen 幾個大牌子，再加上這時的 Juul Labs 已經是獨立公司，跟 Pax Labs 分開了，是該找個能讓公司更上一層樓的執行長了。

泰勒．高德曼這一年半的執行長做得很好，但是如果 Juul 要繼續以現在的步伐成長，就必須有個專業的人來幫忙擴大規模，這點董事會很清楚。在高德曼領導下，銷售量雖然飆升，卻成長得鬆散混亂。人員流動是個問題，徵人倉促馬虎，很多主管沒有什麼領導經驗；後端流程也趕不上客戶需求，訂單趕不及仍然時有所聞，也仍然飽受菸彈滲漏等問題所苦，滿足不了市場需求，等於是把拿錢上門的客戶拒於門外。董事會很清楚，如果這家公司要成為他們夢想中的大企業，就需要有個能解決這些問題的人，而且他們心目中已經有適合人選：凱文・伯恩斯（Kevin Burns）。

伯恩斯 50 多歲，喜歡跟人往來，有什麼說什麼，是你在後院烤肉會看到的那種一手拿啤酒一手烤漢堡的大叔。他是幽默風趣的居家男人，已婚，有兩個 10 幾歲小孩，但可別以為他好呼嚨。講話沒在修飾的他，動不動就問候別人媽媽，滿嘴白痴、混帳之類的垃圾話。另一方面他也是工作狂，把品牌打造成市場贏家是他的強項。

伯恩斯最近一份工作是在希臘優格公司 Chobani，是透過他的私募基金 TPG 進去的。2014 年這家優格公司陷入財務困難，轉向 TPG 尋求 7 億

5000 萬美元的貸款，同時也帶進伯恩斯這位擅長讓企業起死回生的大師。據說 Chobani 創辦人是在 2014 年 4 月打電話給伯恩斯請他幫忙，當時伯恩斯跟家人正在做復活節彌撒，他不只在彌撒過程中接了電話，還答應了。他在 Chobani 待了幾年，幫忙改善後端流程與經銷，2016 年底卸任的時候，留下一家蒸蒸日上的公司。

Juul Labs 並不像 Chobani 情況險峻，頂多只是業務成長快到應付不來，但是董事會知道需要有個人來簡化作業、執行紮實的成長計畫。「隨著公司成長，執行長的角色也必須跟著改變，」公司一個消息來源說，「凱文很明顯有製造、供應鏈和管理方面的經驗。」亞當和詹姆斯都做不來執行長的角色，高德曼看來也沒有能力協助 Juul 繼續擴大規模，他們需要伯恩斯這樣的人。

但是凱文．伯恩斯沒有興趣經營電子菸公司，至少一開始沒有。尼古丁跟和希臘優格是非常不同的生意，更何況伯恩斯又不抽菸，甚至連 Juul 都沒聽過，一直到 2017 年秋天開始接到 Juul 董事會來電。

再說，他卸下 Chobani 職務是刻意要休息一陣子的，經過多年出差奔波，他很享受在加州與家人團聚的時光。Juul 董事會開始打電話來的時候，「我的回答是『不』，」伯恩斯 2019 年接受採訪回憶，「但是董事會很快就從認識我的人下手，我接到兩、三通其他人的來電，於是我就說：『好吧，我去見個面。』」

等到伯恩斯終於跟董事會見上面，說服就不是那麼難的事了，不只巨大的挑戰勾起他的興趣，還有龐大的商機——也就是有望改抽 Juul 的菸民人數。2017 下半年他開始面試的時候，Juul 的成長突然往上衝，到年底會賣出 1620 萬個蒸發器，等於美國每賣出三個電子菸就有一個是 Juul，這對一家跟菸草大廠競爭的小新創來說是了不起的成就。同時 Juul Labs 也正在進行 1 億 5000 萬美元的募資，雖然成長驚人，但 Juul 仍然是相當小的公司，員工只有 225 個。

Juul 以小公司之姿就取得這麼難以置信的成功，換句話說，只要有人以正確的方式管理它的成長，Juul 絕對能稱霸市場，甚至 IPO 都有可能，開放股票給外面投資人認購，也讓公司高管大把現金入袋，這可能才是最吸引伯恩斯的一點。多年來，Chobani 要

IPO 的耳語不斷，但並沒有發生在伯恩斯任內；就算發生，他也只是總經理，不是執行長，不是那個最高位的人。「他很聰明，好勝心很強，是相當成功的投資人，買下陷入困境 Chobani 再讓 Chobani 脫胎換骨變成有效運作的組織，」一位曾與伯恩斯共事的消息來源說，「唯獨不曾帶領一家公司 IPO。」看起來，Juul 很有機會彌補伯恩斯的缺憾。

「我一直在想，這或許是很大的機會，影響巨大的事業。」伯恩斯 2019 年回憶。最後他答應董事會接下這份工作，不過這個決定「並不容易」。他 10 幾歲的女兒當時對 Juul 的瞭解比他還多，她覺得自己的爸爸去做她同學下課喜歡去廁所偷抽的東西，看起來很不好。「我女兒說：『爸，我看到太多小孩在吸這個，我對這家公司真的很不安。』」伯恩斯回憶。不只女兒，他身邊也有人有類似反應，「我有很多認識很久的朋友看著我說：『你確定？』」他承認。

儘管身邊有人不認同，伯恩斯還是認為這個機會值得冒險一試。2017 年 12 月，Juul Labs 對外宣布：凱文．伯恩斯將接任執行長，泰勒．高德曼因為「有新的創業機會」所以求去。

伯恩斯幾乎一踏進 Juul 總部大門就開始揮刀改革。這家公司在高德曼治下有過一波瘋狂徵人，但是並不得法，雖然有成長但感受不到策略或效率，這就是伯恩斯要改變的。他不敢相信這家公司竟然沒有處理政府關係的團隊，也沒有一個有力的溝通團隊，更沒有做臨床研究的科學家隊伍，公司所有資源幾乎全用於日常營運和商品產出，伯恩斯知道這樣是不夠的，因為他看到接下來還得操煩 FDA 的 PMTA 申請、議員和記者對未成年吸 Juul 的調查。他心裡很清楚，除了簡化營運、提高產量，Juul Labs 如果要繼續成長、在大眾輿論的嚴峻考驗下生存下來，就必須在政治、科學、公關方面更敏銳洞悉。

「在基礎建設方面、數據方面、對即將面臨的挑戰是否已經做好準備方面，這家公司都有點不足。」伯恩斯 2019 年夏天說。如果這家公司要從一家成功的小新創變成一家成功的大企業，就需要有更多律師、更多公關人員、更多遊說者、更多研究人員、更多熟悉供應鏈和品管的人。於是伯恩斯開始著手把這些人找齊。

另外他也把目光望向更大的目標：國際擴張。

Juul 到目前為止的生意都在美國，但是全世界 10 多億菸民絕大多數住在其他國家，例如中國和印度，伯恩斯希望他們也買 Juul，他有信心讓這家公司持續成長，在不久的將來就能把產品賣到國外。公司一個消息來源記得：「他會在公司會議上說：『我們的營收有多少比例是來自美國，有多少比例是來自國外，未來五年的目標是翻轉這個情況，不然至少也要達到一半一半。』」

獲聘不到幾個月，伯恩斯就開始填補這家公司的不足，同時改變公司文化。「Juul 就是在這個時候決定『我們從現在開始是一家真正的公司了』，」Juul 前高管說，「它的新創味還是很濃，目標是把公司的生態環境改造成頂尖上市企業那樣。」Juul 早期的同仁大多是千禧世代，喜歡自由自在的新創氛圍，也喜歡覺得自己是在做滅絕香菸的工作，他們都是聰明人、好員工，但是大多出自矽谷科技新創系統，也就是說 Juul 的運作很像矽谷科技公司，而伯恩斯和董事會要的是「在財星 500 大企業工作過的人，有傳統大公司服務經驗的人」，那位前員工說，還有在醫療保健與製藥領域工作過的人，總之就是能協助 Juul 從新創成長為跨國企業的人。

伯恩斯 2019 年接受採訪表示，他上任後的當務之急是組一支團隊，將 Juul 打造成負責任的公司，帶領 Juul 通過 PMTA 等阻礙，因此，他說，必須擴大 Juul 的品管、供應鏈、法務等部門，並且「確保在面對法規方面有把該做的事做好」。但是在公司某些人看來，在伯恩斯的優先順序清單裡，成長的排序似乎高於遵守 FDA 法規。

2018 年初，Juul 菸彈已經上市兩年多，滲漏問題卻還沒解決。從上市以來，Juul 接到的菸彈滲漏投訴已經超過 10 萬例，其中有些很可怕，有民眾說，菸油流進嘴巴，嘴和肺出現燒灼感、口腔潰瘍、起水泡、麻痹、嘔吐。這個問題有好幾個層次，從健康的角度來看當然叫人憂心，但是對銷售和公關來說也是定時炸彈。經過多年的修修補補，Juul 工程師認為他們終於找到避免滲漏又不會犧牲菸彈外型和尺寸的方法，只要把修補方法傳授給負責製造的廠商，改進後的設計就能開始在市場上流通。這項修改獲得伯恩斯和經營團隊的放行。

放行的決定是合乎邏輯的，只是 2016 年生效的

FDA 認定條例有規定，除了極少數例外，未經 FDA 許可，市面上的產品不可做任何修改；也就是說，在 FDA 眼中，現有商品做了修改就算是新產品。

就算重新設計菸彈不在此限，也絕對是遊走法規邊緣。不過，Juul 以前也給產品做過細微的小更動，而且沒有什麼不好的結果，2017 年也修補過 Juul 的電路和軟體。

Juul 滲漏的菸彈不只對使用者造成困擾，有時甚至會造成感應器短路（使用者一吸，感應器就會收到，然後叫電池開始啟動），整個裝置就會關掉。根據《彭博新聞》報導，Juul 工程師 2017 年將原始感應器換成比較堅固的，但是這麼一換之後，工程師就得微調電路和韌體（firmware），新的感應器才放得進去。一開始只是簡單的微調，結果卻變成連鎖效應，這裡也要改、那裡也要動。

這些修補都發生於伯恩斯上任之前，但是他 2017 年底進公司的時候，Juul 裝置基本上裡面都換過一輪了，外觀看起來還是一樣，一般使用者也不會知道有什麼不同，但工程團隊做了很多調整，從技術角度來看根本已經是全新的東西，據說公司內部還取了個新綽號：賈瓜（Jagwar），《忍者龜：變種世代》那隻滿身肌肉的人形美洲豹。如果是行事謹慎的公司，應該會把這些改動上報 FDA，以免違反認定條例的規定，但是 Juul 卻沒有披露他們對裝置和菸彈做的這些修改（Juul 有針對產品修改發表一份聲明，發言人仍然堅持 Juul「一切都遵照相關規定」）。

為什麼決定不上報？應該不是故意藐視 FDA，比較像是 Juul 高層還不瞭解 FDA 的政策是必須小心翼翼遵守的。公司內部一定討論過相關法規，但是對其重要性似乎沒有充分理解，高層沒有意識到 FDA 一句話就能決定公司生死。「凱文來自優格產業，本來就不懂這些，」公司一個消息來源說，「他不瞭解 FDA 法規的嚴重性。」（伯恩斯 2019 年接受採訪時，被問到在監管審查這麼嚴格的產業打造一個品牌有什麼挑戰，他還打趣說：「總會有踩到狗屎的時候，好好因應就是了。」）高檔優格生意出紕漏跟尼古丁生意出紕漏是天差地遠的事，伯恩斯顯然無法理解也不想去理解，在 Chobani 可行的成長策略並不見得在 Juul 可行，他有些員工是這麼看的。

公司一個消息來源說，伯恩斯似乎認為 FDA 應該樂見 Juul 修改菸彈和蒸發器，因為產品改善就代表客戶體驗改善了，然後就會有更多吸菸者願意以電子菸取代香菸。當然，也代表 Juul 毋須經過花錢又花精力的 FDA 審核程序就能悄悄釋出比較好的產品，大賺其錢。

Juul 董事會看來也不反對這種做法。「董事會成員一心只想擴大規模，愈快愈好，」Juul Labs 前員工說，「從頭到尾都沒有任何動力要解決年輕人吸 Juul 的問題，沒有人說『我們必須讓監管機構滿意』，永遠只強調更多的成長、更快的成長。」

然後還是一樣，就算有人推遲想把事情緩一緩，八成不會成功。伯恩斯不是會留情面的人，也不怕展現他才是老大，沒有人能指責他，就算是創辦人也一樣。

如果說亞當和詹姆斯被拔掉執行長就被晾在 Juul 這臺車子的後座，那他們現在已經淪落到緊抓著後保險桿。他們還是會參加高管會議，但是「不是詹姆斯和亞當告訴（伯恩斯）該怎麼做」，Juul 前高管說，而是反過來。伯恩斯跟亞當的關係看來不是很敵對，主要是因為亞當跟誰都不敵對，他獨來獨往，很少得罪人。但是固執且有話直說的詹姆斯可就不一樣了。「凱文有好幾次在大型會議上公開不把詹姆斯當一回事。」內情人士說。現在是凱文當家，看來他是要詹姆斯搞清楚這點，「我聽說他是第一個會對人大吼大叫的人，脾氣很大。」前員工說。簡單說，最好不要惹他不高興，而最不敢惹他不高興的人就是奧馳亞的郝爾德．威拉德（Howard Willard）。

伯恩斯上任幾個月後，奧馳亞再度來敲門。這家菸草巨擘已經不再只想投資 Juul，據報它想整個買下來，喊到 80 億美元的高價。奧馳亞顯然對 Juul 的成長念念不忘，甚至跑去向中國的公司收購一款同樣採菸彈設計的電子菸，外型就像大個頭版的 Juul，接著 2018 年 2 月改以 MarkTen Elite 之名包裝上市（這時市場上已經到處都是仿 Juul 的電子菸，所以只是多一支掛著奧馳亞牌子罷了）。就算已經有 MarkTen Elite 上市，奧馳亞執行長威拉德應該也很清楚，長遠來看要趕上 Juul 幾乎不可能，Juul 從 2016 到 2017 年的成長可是高達六倍以上。威拉德後來提供給伊利諾州參議員迪克．德賓的文件中解釋：從 2017 年底到 2018 年，「原本成長平平的電子菸產業突然開始飆升，其中大部分成長都是來自 Juul」。奧馳亞也想加入這波成長，為此，威拉德準備了幾十億美元。

Juul 高層拒絕奧馳亞的收購提議，無意交出全部掌控權，但這並不代表他們反對跟菸草大廠合作，他們只是不想整個賣掉罷了。

雖然有些消息來源否認，不過那個時期的員工有幾個認為 Juul Labs 高層是在玩一場非常昂貴的貓追老鼠遊戲。一個瞭解談判情況的消息來源說：「凱文、經營團隊和董事會當時說：『我們可以接受他們入股投資，這樣我們拿到的錢更多。』」以 80 億美元整個賣掉確實能讓經營團隊發財，這是一定的，但是如果 Juul 的成長繼續，奧馳亞會出更高更高的價也說不定，而且最好是公司也不必整個賣掉，這種情況不是完全不可能，因為國內銷售還在飆升，而國外擴張的計畫也在進行中。伯恩斯回絕奧馳亞的收購提議之後，把重心放在將 Juul 切換到高速成長模式，一個熟悉公司內部運作的消息來源說：「凱文 2018 年做的每一件事（包括策略性徵人、對 FDA 法規保持若即若離的關係、推動海外擴張），都是為了讓奧馳亞掏出一張更大的支票。」

另一個前員工說，他明顯感覺 Juul 特別給幾個聽起來很威的部門增加人手（科學事務、政府事務、醫療事務、公共事務），就是為了提高這家公司在潛在買家眼中的分量。那個員工就服務於這樣一個部門，他說他很少取得工作上需要的數據或資源，Juul 產品的毒物分析和功效這些應該從內部取得的資料，他都是開會時從外部研究人員那邊才拿到的，他忍不住懷疑公司聘請他其實只是為了做門面。「這只是一場鬧劇嗎？聘請一支科學團隊，只為了賣給菸草公司？」他記得他當時很納悶，「他們不像……真的、真心在乎科學。」或者說，至少不像他們對賺錢那麼在乎。

不過也有消息來源持不同的看法，指稱 Juul「是在快速成長沒錯，但並不是為了從奧馳亞那邊拿到更大張的支票」。

就算 Juul 的成長不是為了引誘奧馳亞，光是希望菸草大廠來投資就夠驚奇了。或許也不是那麼叫人驚訝，反正亞當和詹姆斯以前就跟傑太日煙合作過，而電子菸界也不是沒有被菸草大廠收購的前例；但是，一家財務困難的年輕新創接受投資跟一家蒸蒸日上的業界龍頭接受投資，是完全不一樣的概念。Juul 高層很清楚奧馳亞所承諾的資源和專業可以幫助 Juul 爆炸成長，奧馳亞的法規科學家（regulatory scientist）可以提供 FDA 申請程序的指導，奧馳亞和零售商、菸民的關係有助於 Juul 站穩市場龍頭的地位。當然還有一點，奧馳亞有 Juul 就算已經很成功卻仍然只能垂涎的龐大資金，這點是交易談判過程中片刻不離 Juul 高層腦袋的，公司知情人士說；事實上，光是這點就足以讓 Juul 考慮跟當初它想取代的產業建立緊密關係。如果 Ploom 的問世是為了給吸菸者一種更好版本的香菸，那麼，現在 Juul 的目的很顯然是要成為一個更好版本的菸草大廠。

當初說要顛覆的人，現在反倒同流合汙。

Chapter 11

教育
（2018 年 1 月—7 月）

2018 年 1 月，凱文．伯恩斯在 Juul 辦公室安頓下來的同時，衛斯理．賽德羅斯（Wesley Cedros），加州塔瑪爾派斯聯合高中學區（Tamalpais Union High School District）的學生服務資深主管，收到教育顧問布魯斯．哈特一份不尋常的提案。

哈特告訴賽德羅斯，他正在跟一家叫做 Juul 的公司合作，那家公司準備提供 2 萬美元給賽德羅斯的學區，前提是聖安德列斯高中（San Andreas High

School，這個學區的公立高中）必須教授 Juul 的「反青少年吸電子菸」課程，上課時間可以選在處罰學生勞動服務的週六或是平常上課時間。根據提案內容，現場會有一個 Juul 顧問「觀察授課情況但不參與」，學校要把學生上課後的評量測驗提供給那位顧問。

賽德羅斯心裡存疑但是興趣也被勾起：「2 萬美元對公立學校來說是一大筆錢，不過等我們仔細看過那份提案、看到資助者是誰、看過課程樣本之後，推掉那筆錢是很容易的道德選擇。」首先也是最重要的是，賽德羅斯知道他不能接受這筆錢，因為他的學區有接受加州「預防菸草使用教育計畫」（Tobacco-Use Prevention Education Program）的補助，那份計畫明文禁止學校拿菸草公司的錢。另外，賽德羅斯也不覺得那份課程比起學校已經在教的藥物濫用課程有特別嚴謹。Juul 的課程有介紹藥物成癮的基本概念，也有討論尼古丁依賴會如何影響青少年還在發育的大腦，裡面還有一份討論指南，引導孩子討論同儕壓力、父母影響、藥物濫用等等主題，不過，賽德羅斯有信心他的衛教老師可以寫出更好的課程內容。

還有一件事也讓賽德羅斯覺得怪怪的：Juul 那套

課程跟史丹佛醫學院研究人員編寫、廣泛推廣的反電子菸懶人包似乎很像，「感覺是公然剽竊史丹佛的心血。那可不行。」這整件事感覺有點古怪，所以賽德羅斯回絕了哈特的提案，接著打電話給加州教育局通報這件事。結果原來教育局已經知道 Juul 在做什麼，大約一個禮拜後，教育局發函給加州各所學校，要求學校回絕 Juul Labs 任何接觸。

這時，編寫那套懶人包的邦妮・赫本費雪（Bonnie Halpern-Felsher），史丹佛發展心理學家，已經聽到傳言說 Juul 在推廣他們自己的反電子菸課程，「我當時的反應是：『嗯？這有點可怕。這種預防課程不該由菸草公司自己編。』」她說。這項傳言促使她動手更新那份懶人包，直接把那時已經是最受青少年歡迎的 Juul 指名道姓寫進去，不再把整個電子菸當成一個類別來通稱。

更新作業進行得很順利，直到赫本費雪收到一封同事寫來的電郵。那個同事 2018 年初參加一場電子菸學術講座，演講人在場有提到 Juul 這家公司，還說 Juul 跟史丹佛大學正在合作編寫一套預防課程。這話引起了赫本費雪的注意，她不管怎麼樣都不可能希望別人以為她跟電子菸公司有合作，於是她設法拿到一份 Juul 課程，自己看過一遍，沒多久史丹佛就對 Juul 發出存證信函，要求 Juul 停止在課程裡提到史丹佛。赫本費雪說，Juul 否認有這麼做，並且表示日後也不會這麼做。

她會這麼在意自己的名字跟 Juul 課程牽扯在一起，是有原因的，「由菸草公司來主導反菸教育」這種想法其實有過一段暗黑歷史。菸草公司菲利普莫里斯在 1990 年代末期開始提供類似的反菸課程，透過年輕人為主的團體，像是四健會（4-H Club）、男孩女孩俱樂部（Boys and Girls Clubs）、YMCA，1998 年甚至提供 430 萬美元的補助給四健會，換取替這個組織開發反菸課程的特權。幾年後，菲利普莫里斯開始到美國各小學、中學、高中分發特製的書封，每一本都印上「想一想，不要抽菸」的標語，一旁還有菲利普莫里斯的商標。

那項活動美其名是為了勸阻孩子抽菸，但是批評者認為菲利普莫里斯其實是直接走進教室向學童推銷。後來有一份研究顯示，看過「想一想，不要抽菸」那份內容的孩子（包括看過電視廣告），對菸草產業產生的好感勝過沒看過的孩子。雪柔．希爾頓（Cheryl Healton）2002 年針對菲利普莫里斯那項計畫的效果做了一份研究，她的用語就沒那麼拐彎抹角了——她過去是反菸團體「美國傳統基金會」（現在改名為「真相倡議」）會長及執行長，現在是紐約大學全球公共衛生學院院長——她和合著者是這麼寫的：那些廣告造成孩子對菸草更有好感，「證實了菸草防制界的看法：菲利普莫里斯的目的是博取尊重，根本不是為了預防年輕人抽菸」。菲利普莫里斯在 2002 年取消那項備受爭議的計畫，就在希爾頓的研究出爐那一年。

對於菲利普莫里斯這項計畫，Juul Labs 高層 2017 年底聘請布魯斯．哈特的時候或許並不知情，但是他們的行政長艾希莉．古爾德（Ashley Gould）在 2018 年春天肯定知道。

Juul 在 2018 年春天已經有專職預防青少年吸電子菸的人，一位名叫茱莉．韓德森（Julie Henderson）的女性。另外，行政長古爾德也在請教公衛專家的意見，包括雪柔．希爾頓這位看出電子菸潛力、德高望重的學者。

希爾頓答應接古爾德的電話，但是一聽到她提起 Juul 人員進入學校，希爾頓非常震驚。「我記得我當時說：『妳是做什麼的？是菲利普莫里斯？』」希爾頓說，「我跟她說：『你們的做法好像是照著一家菸草大廠的教戰手冊，那家大廠因為這樣惹上了大麻煩。』」

不過希爾頓的震驚並不足以阻止 Juul 繼續嘗試走進校園。「每個想做好人的公司都想用自己的好人方案。」希爾頓說，那些公司都覺得自己是在展現「社會責任」，但往往是在做相反的事。「要自己的員工走進學校擔起減害的責任，」希爾頓說，「是自殺行為。」不管 Juul 是不是故意鎖定學生行銷，在外界看來一定是，至少在希爾頓看來一定是。

不過也有教育工作者不是那麼擔心。丹尼斯·朗尼恩（Dennis Runyan）是亞利桑那州阿瓜弗里亞聯合高中學區（Agua Fria Union High School District）教育長，他認識布魯斯·哈特，因為多年前曾在佛羅里達一起共事過。2018 年春天，哈特向朗尼恩介紹 Juul 的補助計畫，朗尼恩於是邀請這位老同事過來跟他學區的領導階層見見面。電子菸「當時正逐漸成為我們學區頭痛的問題」，朗尼恩說，他和同事正在找資金，想教導學生鴉片類藥物等毒品濫用的問題，而 Juul 打算提供「無上限、無附帶條件」的補助，給學區內每所學校 1 萬美元，看起來是個完美的解決方法。朗尼恩把第一筆 1 萬美元拿去付給當地一個衛教老師，請他在哈特的指導下為 300 名剛入學的高一生開發一套暑期課程。朗尼恩說那套課程很好，拿去給學生上他毫不猶豫，他說如果重來一次他還是會這麼做。

大約那個時候，Juul 的青少年預防團隊接到心理健康服務業者來電，那個業者是德懷特學校（Dwight School）的合作夥伴，德懷特是紐約曼哈頓上西區一所私立貴族學校，有愈來愈嚴重的電子菸問題，是紙菸很長一段時間都不曾出現的現象。德懷特就是那種電子菸到處可見的學校，學生多半有很多可自由支配的金錢，學校也位於大城市，未成年學生要購買藥物（毒品）很容易。校方希望找個人來演講，教育學生有關尼古丁成癮與電子菸的健康風險，那家心理健康服務業者剛好認識 Juul 的員工，於是就安排 Juul 的一位代表到德懷特演講，作為心理健康與成癮研討課程的一部分。

卡列博．敏茲（Caleb Mintz）當時是德懷特九年級學生，演講那天，他坐進自己的座位，準備度過一小時的無聊。他早就知道 Juul，也抽過了，身邊的同學也幾乎都抽過，很多人連 Juul 都有，不然跟朋友借也借得到，坐在幾張桌子遠的同班好友菲利浦．傅爾曼（Phillip Fuhrman）還上癮了。每天在學校廁所看同學吸 Juul 的他們，不太可能從這場演講學到什麼他們不知道的東西。

卡列博聽著聽著，Juul Labs 這個人口沫橫飛大談青少年染上尼古丁的危害、為什麼青少年不該吸電子菸等等，說來說去就是那一套；只不過，卡列博說，那位代表不斷提到 Juul 有多麼安全、很快就會獲得 FDA 許可，卡列博覺得不太對勁。演講結束後，卡列博和菲利浦走上前詢問演講人，問他如果有朋友尼古丁成癮該怎麼辦，那個人不知道卡列博講的不是菸癮而是菲利浦的 Juul 癮，馬上掏出身上的 Juul，向兩個男孩說明 Juul 的運作原理，再次強調 Juul 是多麼安全，也再次讓卡列博覺得不太對。「我覺得這場演講除了要遏止青少年吸電子菸，還有一個不可告人的動機，」卡列博說，「我知道如果把這事告訴我媽，她一定會把事情鬧大。」

卡列博果然很瞭解媽媽。梅芮迪絲．柏克曼（Meredith Berkman）是紐約市慈善圈的支柱，公公是主跑菸草大廠多年的《華盛頓郵報》（*Washington Post*）記者，聽了兒子的轉述，她完全不敢置信，於是自己打電話去學校，要求學校說明到底怎麼一回事，第一個人不理她，說一定是卡列博誤會演講者的意思。不肯就此罷休的她，改打電話給校長，一五一十告訴他，「他氣炸了」她說，校長甚至連有演講這回事都不知道。

同樣氣炸的柏克曼，打電話給卡列博的朋友菲利浦的媽媽，多莉安．傅爾曼（Dorian Fuhrman），把整個情況告訴她。傅爾曼嚇壞了，她已經知道 Juul（她在兒子褲子口袋發現一個 Juul 之後做了功課），但是萬萬沒想到兒子的學校竟然跟那家公司合作，「我們說：『我們絕對不能放過（Juul）。』」傅爾曼回憶。她們還找了另一個朋友，就這樣，三個媽媽開始研究 Juul 以及其他電子菸公司，誓言無論如何都要把 Juul 趕出校園，避免更多孩子上癮。她們開始為一個後來取名為「家長反對電子菸」（Parents Against Vaping

E-cigarettes，PAVE）的團體打下基礎，開始主辦教育論壇給紐約市其他家長，並且把 PAVE 登記為遊說組織。這三個媽媽都沒有政治經驗，但是她們知道她們講的話有人在聽，她們希望讓全國每個家長都知道 Juul 這個名字。「如果我們不講，」傅爾曼說，「就不會有人講。」

PAVE 的媽媽做研究的同時，茱莉．韓德森和艾希莉．古爾德也開始重新思考整個校園實驗方案。她們一直有跟紐約大學的雪柔．希爾頓聯絡，後者仍然強烈反對 Juul Labs 跟學校的孩子有任何形式的接觸，韓德森和古爾德看起來終於聽懂了：這個方案，不管有沒有惡意，外在觀感都非常不好。

那年春天，Juul 的教育團隊飛到伊利諾州去見比爾．瓦爾許（Bill Walsh），興斯戴爾中區高中（Hinsdale Central High School）校長。瓦爾許聽教育界同僚說 Juul 有個補助方案，想親眼看看 Juul 那套課程。看完之後，他覺得並不怎麼樣。那套課程相當基礎，比較適合小學或中學，他沒有採用，倒是談成了協議：Juul 會從補助方案撥錢給興斯戴爾高中，再由學校拿這筆錢請自己的衛教老師撰寫更有效的反電子菸課程；如果 Juul 想分發它自己那套教材，學校那年春天晚些會有個健康博覽會，到時 Juul 可以派代表來現場分發。「我對我們當時的做法百分之百支持。」瓦爾許校長說。

Juul 的韓德森就不是那麼肯定了。2018 年 4 月中旬，興斯戴爾高中的健康博覽會一個禮拜前，韓德森寫了一封緊張的電郵給教育顧問布魯斯．哈特與溫道．葛瑞爾：「剛跟艾希莉談過，她跟我有同樣的擔憂，我們最近才發現我們有很多做法跟菸草大廠以前的做法一模一樣，如果再去參加學校的健康博覽會，我們擔心可能會造成不好的觀感」，信裡還說菲利普莫里斯也曾經「假借『青少年預防』的名義做過同樣的事」。她建議不派代表去興斯戴爾高中，只要把傳單寄過去請校方發就好。哈特隔天早上回信：「拿菸草大廠來相提並論的看法，我也不是不認同，不過我更擔心在博覽會前一個禮拜才抽手，是興斯戴爾邀我們去的……我覺得爽約會有失信用。」

哈特的回覆似乎消除了韓德森的良心不安，她回信：「布魯斯，謝謝你的坦誠回覆與確認，也謝謝你釐清是興斯戴爾邀請我們的，我向艾希莉、凱文確認會參加的時候，一定會強調這點。」

春天繼續一天天過去，Juul 也繼續發補助金，其中一筆發給了賴瑞．路易斯（Larry Lewis），里奇蒙警方活動聯盟（Richmond Police Activities League，RPAL）主任。RPAL 有個未成年除罪計畫，只要完成十週的自我精進培訓課程就可撤銷刑事起訴，路易斯希望在課程中加進電子菸防範資訊，但是找不到人資助，一直到他發現 Juul 的補助計畫。Juul 提供 8 萬 9000 美元給 RPAL，由 RPAL 自己開發和教授「生活技能」課程，其中一個單元就是濫用藥物的危害，包括尼古丁。這樣一筆錢對路易斯來說絕對是救命錢，但是對於剛剛啟動 12 億美元募資、有的是錢的 Juul 來說，只是一大桶水裡面的一小滴。路易斯說他完全不後悔跟 Juul 合作：「當你說要拯救低收入孩子，尤其是黑人和棕色人種，願意掏錢資助的人並不多。只要願意拯救生命，我們都樂意合作。」

這套教育方案繼續前進，韓德森和古爾德也在熱情和擔憂之間來來回回。她們持續回頭諮詢紐約大學的希爾頓教授，對方也持續提供其他證據證明她們的教育方案是個爛點子。Juul 提供補助給 RPAL 過了幾個禮拜，希爾頓把她稱之為「鐵證」的東西寄給古爾德：她當初針對菲利普莫里斯的學校方案所撰寫的那篇論文，裡面詳細說明了菲利普莫里斯如何慫恿青少年抽菸。「這就是那篇讓菲利普莫里斯的『想一想，不要抽菸』活動喊停的論文。」希爾頓在電郵裡寫道。古爾德隨後把這封電郵轉寄給 Juul 其他幾位成員。

沒多久韓德森就寫了一封電郵給葛瑞爾和哈特，一一列舉 Juul 的方案跟菲利普莫里斯的方案相似之處，還附上好幾篇文章（包括希爾頓那份研究），說那些文章「讓高管開始擔憂、討論要中止學校方案」。Juul 高管終於認真考慮要結束這個方案，可是已經來不及阻止哈特把最後一份合約發出去：他在 6 月提出要給巴爾迪摩的自由民主學校（Freedom and Democracy schools）13 萬 4000 美元，為八歲孩子開發一套暑期課程。

次月，Juul 的領導階層終於決定聽希爾頓的，終止教育方案。朗尼恩（亞利桑那州那位教育長）那年夏天就不再有 Juul 的消息，說好要給他的學區其他幾所學校的 1 萬美元補助，也沒有下文，「溝通漸漸減少，最後就沒了，」他說，「我們有問過一、兩次補助的事，之後就沒有聯絡了。」

史丹佛的邦妮．赫本費雪終於在夏天拿到完整的 Juul 課程，她僱了一個暑期工讀生一張一張簡報比對，尋找 Juul 抄襲之處。「我們發現有一整組簡報是逐字逐句從我們的懶人包搬到他們的課程，」赫本費雪說，「他們不只原封不動抄襲，連我們不小心忘了刪掉的私下評語也照抄。」看到這裡，赫本費雪已經很確定，自己費心做的簡報遭到剽竊無誤。BuzzFeed 新聞對課程事件做的報導中，Juul 的代表不願對抄襲指控發表意見，但是表示公司已將教育計畫喊停，以「回應那些誤解我們勸阻青少年使用尼古丁的人」。

赫本費雪也開始明白為什麼很多學校覺得 Juul 那套課程不夠嚴謹。根據她 2018 年發表在《青少年健康期刊》（*Journal of Adolescent Health*）的評論，Juul 的課程並沒有提到菸草業的行銷在青少年上癮這件事扮演的角色，也沒有傳授媒體識讀技巧，沒有教學生如何看出自己是社交媒體貼文或廣告鎖定的目標；還有，雖然課程有提到尼古丁成癮的危害以及對發育中大腦的影響，「卻沒有把尼古丁和對大腦的影響跟 Juul

連結起來，他們從頭到尾沒有在課程裡提到『Juul』這個字，完全沒有，」赫本費雪說，「他們沒有把這些資訊串連起來。如果課程從頭到尾講的都是『電子菸』，（孩子）不會覺得那是在講 Juul」。已經有多個研究證明，即使是承認有吸電子菸的孩子，也不見得知道他們手上的電子菸是哪個牌子、尼古丁含量多少。赫本費雪覺得，Juul 故意在課程裡不提自家名字，似乎是想暗示其他電子菸有風險但 Juul 沒有（根據 Juul 一個消息來源的說法，Juul 沒有在課程提到自家名字，是怕被認為在推銷）。「大家或許期待（那套課程）出發點是好的，」赫本費雪說，「但是我必須老實說，實在很難讓人信服。」

校園方案沒了，Juul 於是把青少年預防的努力轉移到其他領域。行銷團隊決定停止在社交媒體貼文起用模特兒，開始主打沒有刺激性的見證行銷，找成功利用 Juul 戒掉紙菸的成人現身說法。另外，這家公司也替菸草與薄荷產品開發強度較低、尼古丁含量 3% 的版本，並且重新設計包裝，加上大大的警語標示（FDA 要求的），強調內含可能上癮的尼古丁。最重要的是，Juul 投入 3000 萬美元於一項青少年預防計畫，為線上與零售商店開發更好的年齡驗證系統，同時加強「祕密客」方案，揪出販售給未成年的店家，並且巡查社交媒體和二手網站是否有張貼迎合青少年的內容。以上這些計畫似乎都比派個代表進入校園更安全，後者只會讓外界拿來跟菸草大廠相提並論。

大約就在反反覆覆不知道該不該走進校園那時候，古爾德有一次到紐約市出差，邀請希爾頓和她幾個同事一起晚餐。古爾德訂了位子，跟希爾頓說她想深入聊聊 Juul Labs 該如何改進青少年預防以及公衛計畫，但是希爾頓和同事到了餐廳卻不見這位 Juul 訪客的人影。時間一分一秒過去，古爾德還是沒出現，過了快一個小時才終於匆匆趕到，人還沒走近就開始道歉連連：「抱歉抱歉，廣場飯店（Plaza）的會議脫不了身。」

希爾頓一聽，胃馬上一沉。菲利普莫里斯喜歡在廣場飯店談事情是出了名的，這家菸商的紐約辦公室位於高級的公園大道上，就在廣場飯店不遠處，他們的高層 1950 年代就是在這家飯店跟其他菸商大亨密謀淡化抽菸的健康風險。 60 多年後，又是在廣場，希爾頓擔心奧馳亞（菲利普莫里斯的母公司）正在引誘 Juul 跟它合作。

「聽到的當下，」希爾頓回憶，「我第一個想法是：『他們要被菲利普莫里斯買下了。』」

Chapter 12

政治動物
（2018 年 4 月—8 月）

「我20 歲兒子的 Juul 癮很大，想戒掉，」凱瑟琳·斯內達克（Katherine Snedaker）2018 年 5 月 3 日寫下，「他一天要吸三個菸彈。你們有任何研究或建議可以教我們怎麼戒嗎？」

她按下「送出」鍵，希望這封電郵可以讓她的家庭獲得解脫。她兒子從大一開始吸 Juul，現在已經有種種跡象顯示吸出問題了。他嚴重成癮，有一次找不到他的 Juul 就猛捶康乃狄克州家裡的牆壁，捶出一個洞，而且咳嗽沒停過，他和醫生都不知道如何才能停。無計可施的斯內達克，決定直接找上源頭：Juul。

「好吧，這可是你們的產品，」她記得當時心想，「你們總該知道怎麼擺脫吧？」

等了三天終於收到那家公司律師的回覆，她這才意識到 Juul 也沒有答案。律師寄來一些跟電子菸和尼古丁成癮有關的普通資料，把她的問題踢回給兒子的醫生，說 Juul 不能做健康方面的建議，也不瞭解她兒子的身體狀況。在斯內達克看來，這代表沒有人知道如何擺脫 Juul，就連製造 Juul 的人也不知道。

斯內達克一直煞費苦心要養出一個不抽菸的孩子，以為該留意的警訊都注意到了，結果還是被打敗了。「我們消費者很笨，自己看著駱駝老喬（Joe the Camel，香菸廣告），長大就以為菸就是那個樣，」斯內達克說，「結果，現在我坐在飛機上看著兒子吸 Juul。」

FDA 局長史考特．高里布應該不認識凱瑟琳．斯內達克，但是對她這種遭遇很關切。「到 2018 年的時候，民眾的反應已經讓我們開始注意 Juul 對孩子的吸引力，」FDA 一位前官員回憶。「他們每次說的都是

『吸 juul』，不是電子菸，」那位官員是指那個現在已經進入辭典的動詞，「就像 Kleenex（舒潔）已經是衛生紙的代名詞一樣。」Juul 是一個品牌，也是一個問題，都是它自己一手造成的。

高里布局長去年夏天宣布要大膽翻修菸草法規時，並沒有預見到會有這種情況。當時他和米契．澤勒是真心看到電子菸的可能性，認為那是成年吸菸者一個有用的替代選擇，但是現在，Juul 這家公司以及這個電子菸在年輕人之間的流行，打亂了高里布在減害方面的努力。

高里布現在看到的是，美國有超過 200 萬名國高中生在抽電子菸（這是 2017 年全國青少年菸草調查的數據），許許多多傳聞證據都指出，那些青少年吸的大多是 Juul。每天似乎都有令人擔憂的新聞標題冒出來，譬如《華盛頓郵報》2018 年春天這則：〈Juul 好酷，孩子在學校吸不停〉；描述這種現象的新聞報導也層出不窮，譬如 2018 年 3 月 NBC 新聞根據加州一個高二生的描述所寫的：孩子們耍特技來掩蓋自己吸 Juul 的習慣，像是把煙霧「吹進背包裡……或是趁老師不注意的時候吹進毛衣裡」。（Juul Labs 一再否認有刻意引誘孩子，也一再發出大同小異的聲明：「我們從未以青少年為推銷對象，從來沒有……防止青少年使用我們的產品是我們的第一優先。」）

其他電子菸一定也有青少年在吸，只是都沒有像Juul成為一種文化現象。Juul這個在電子菸產業最響亮的名字，也明顯是未成年孩子最喜歡的牌子，即將為它爆發性的成長付出代價。

2018年4月，就在斯內達克向Juul求助的幾個禮拜前，高里布的FDA直接瞄準Juul發動「閃電戰」。FDA調查人員祕密潛入商店或二手網站，揪出那些把Juul產品賣給未成年孩子的店家。高里布的菸草產品中心也去信Juul法規與臨床事務副總，要求他把Juul的行銷做法、產品設計、健康研究、消費者投訴等大批文件交出來，高里布希望從中找出Juul在青少年之間爆炸性成長的原因。

Juul乖乖交出幾萬份文件，但是獨獨漏了一部分資料。他們沒有揭露工程師幾年下來已經悄悄調整Juul裝置，最初的「史林特」（菸彈會滲漏、感應器較敏感那款）已經變成比較新、比較好的「賈瓜」。這些改變是有可能被視為違反FDA認定條例的（根據該條例，只要推出新的或修改過的產品就必須申請 PMTA），但是根據知情人士的說法，Juul 高層「根本不鳥規定」。這樣的描述或許過分了點（Juul 的代表還是維持一貫說法：本公司恪守、尊重 FDA 規定，包括 PMTA 流程等等），但是有前員工說，Juul 內部的決策原則並不是每次都以遵從聯邦監管機構為依歸，比起乖乖遵守 FDA 繁複的法規，高層似乎對成長和獲利更感興趣，而一個功能更好的產品正是驅動成長的關鍵。

不過，FDA 索求文件的舉動仍然是個大聲的提醒：Juul 的批評者多過朋友。媒體記者不斷報導孩子在學校吸 Juul，還拿出蒸發廣告作為 Juul 故意勾引孩子的證據；CTFK 之類的反菸團體高聲抗議電子菸，呼籲採取激烈手段，譬如全面禁止加味產品；一群民主黨參議員在 2018 年 4 月去信 Juul，要求凱文．伯恩斯解釋為什麼有那麼多孩子對他家的產品上癮：「貴公司的產品宣稱可以幫助人戒菸，可是我們很擔心 Juul（有吸引孩子的設計和口味）只會導致更嚴重的尼古丁癮，造成不良的健康後果。」；凱瑟琳．斯內達克這種家長寄來的憤怒電郵，在在顯示家長們非常不高興；另外還有，有一群 Juul 使用者（其中有一些是未成年）才剛對這家公司提起告訴，指控 Juul 淡化產品的尼古丁含量，讓他們成癮——Juul 否認這些指控，表示會在法庭上為自己辯護。

建立政治影響力看來是 Juul 自保的一種方式。這種策略當然一點也不新（前往國會山莊的路上，遊說者、特殊利益團體絡繹於途，幾乎各行各業都有），不過 Juul 的遊說活動還是引來一些側目，他們到 2018 年底用於遊說的花費有 160 萬美元之多，而前一年才花了 12 萬。

2018 年 4 月 FDA 向 Juul 要求文件的時候，伯恩斯已經聘來特維．特洛伊（Tevi Troy）和吉姆．艾斯吉爾（Jim Esquea），衛生與公共服務部兩位前任高官，他們的任務是坐鎮 Juul 華府全新辦公室指揮公共政策和聯邦事務，兩人手下有一批分布全國處理遊說工作的人馬，這批人又各自聘請所在地的外包遊說者——這些遊說者很熟悉當地政治圈的裡裡外外，也知道哪些議員比較可能願意跟 Juul 這種電子菸公司合作，以利 Juul 在國會山莊建立勢力。

總的來說，那份名單以共和黨議員比較可能，因為共和黨傳統上比民主黨更友善菸草業。菸草長期以來是某些紅州（親共和黨的州）的經濟支柱，例如肯塔基州、北卡羅萊納州，所以當地的民意代表比較傾向於保護菸草業。Juul 嚴格說來不算菸草公司，但是常跟菸草大廠合作的議員至少會對它友善一點。更何況，跟右派（共和黨）對話的時候，只要搬出「自由選擇」、「政府對惡習產品管制太多」就可以獲得共鳴。

而跟基本上反菸、支持管制的民主黨人對話就吃力多了，而且民主黨人，譬如反菸鬥士迪克．德賓，也比較可能跟反菸團體緊密合作，像是 CTFK、美國肺臟協會、美國癌症學會，這些都是 Juul 在國會山莊碰到的強勁對手。CTFK 在 2018 年花了 68 萬美元遊說，主要是對菸草和尼古丁產品推動更嚴格的立法；美國肺臟協會花了 50 萬美元遊說好幾個議題，包括禁止迎合孩子的電子菸口味；美國癌症學會更是大手筆花了 430 萬美元，雖然只有一小部分是用於更嚴格監管電子菸與調味菸油的立法。

一個以前替 Juul 遊說的人記得他曾跟伯恩斯說過：Juul Labs 聰明的話應該也推動一些立法。電子菸在美國市面上銷售已經超過十年，FDA 的監管措施還停留在很粗略的階段，在欠缺監督和政府把關的情況下，「這個產業在外界眼中是名不正言不順的。」那位遊說者說，如果 Juul 主動擁抱監管，他認為就能扭轉這種觀感。他建議的立法包括：要求電子菸業者揭露菸油成分，對電子菸公司的銷售與行銷訂出明確的準則，為菸草零售業者制定更好的執照發放架構，嚴懲販售給未成年者的零售商。但是伯恩斯對這些建議似乎興趣缺缺，只對一項政策念念不忘：「菸草 21」法案（Tobacco 21），將購買菸草的合法年齡從 18 歲提高到 21 歲。

菸草 21 的作用不只在於禁止青少年自己購買菸草，也防止 18 歲高中生把香菸給年紀較小的朋友或手足。麻州尼德姆（Needham）早在 2005 年就率先實施菸草 21 政策，結果未成年吸菸比例大幅減少近五成，接下來幾年有幾個州和城市陸續採行同樣立法，包括加州。伯恩斯認為 Juul Labs 支持並推動這樣的政策是想都不必想的決定，公司雖然會因為把 18 歲到 21 歲拒於門外而虧錢，但是長遠來看這只是小小的代價。

任何對 Juul 有意見的人都是繞著青少年吸 Juul 打轉，而數據清楚證明《菸草 21》法可以讓青少年遠離菸草產品。如果購買使用 Juul 的青少年減少，除了這本身就是好事之外，另外的好處是：只要輿論和媒體報導從此不再聚焦電子菸在青少年之間的流行，Juul Labs 就能擺脫箭靶處境，專心銷售更多蒸發器，賺更多錢，甚至連走向 IPO 都有可能。

一個曾經替 Juul 遊說的人說，伯恩斯一心只想著《菸草 21》法可以終結青少年吸電子菸的亂象、可以挽救 Juul 的名聲，他「滿腦子只想著將購買年齡提高到 21 歲，然後說我們把賭注全押在這裡就對了。」那個遊說者回憶。對那位遊說者來說，《菸草 21》似乎只是一個大的監管框架其中的一個部分，Juul 應該支持的是那個大框架才對，但是他試圖把這點解釋給凱文．伯恩斯聽的時候，「他對於我們該做什麼、不該做什麼有很多意見，而且相當強硬。」那個遊說者說，如果伯恩斯認為《菸草 21》是 Juul 的第一優先，那就是第一優先。

表面上看，Juul 在公衛圈應該有盟友才對，譬如長期支持菸草 21 法案的美國癌症學會、美國肺臟協會，但是這些團體都是大力批評菸草產業的人，並不是那麼想跟電子菸公司聯手行動。尤其在青少年吸電子菸問題的助長之下，很多公衛團體反電子菸的立場愈來愈強烈，這些團體背後的金主，譬如麥克．彭博，就更不用說了。彭博慈善基金會公衛計畫負責人漢寧．凱莉博士就說：「彭博慈善的優先任務是保護孩子。那些產品是不是對癮頭很大的成年人有一定的作用……並不是我們的重點。」

很多團體也是那麼想；換句話說，Juul 就算對成人吸菸者有益、就算願意推動《菸草 21》之類的政策，也不在他們屬意的盟友名單裡面。曾替 Juul 遊說的人說：「那次替 Juul 遊說的經驗是我從來沒有碰過的情況，那些反菸遊說者都不想跟我有任何瓜葛。甚至 Juul 都採納他們的菸草 21 主張了，他們還是不跟我有任何對話。」那個遊說者還說：「我背了很多罵名，包括『魔鬼』。」這背後所傳達的訊息很清楚：Juul 要支持《菸草 21》悉聽尊便，但是別想從代表公衛圈的遊說者這邊獲得奧援。

不過 Juul 至少有一個有力盟友：愛荷華州檢察長湯姆．米勒（Tom Miller），民主黨人，也是美國現任檢察長當中任職最久的。米勒是促成 1990 年代菸草大和解協議的檢察長之一，他看到電子菸大有可為，可以拯救可能被紙菸奪走的生命，但他也擔心青少年濫用會成為一舉擊沉電子菸的大負擔，「我不希望孩子吸電子菸，也不希望因為孩子吸電子菸而造成對電子菸設限，進而導致吸菸成人減少使用電子菸。」米勒這麼說。 2018 年春天，他決定致電 Juul，提供自己在體制內累積了幾十年的菸草與戒菸經驗。他 2018 年 4 月跟艾希莉．古爾德通了第一次電話之後，很快就變成深獲這家公司信賴的顧問（做到這樣的程度，是現任檢察長很罕見的情況）。從官方紀錄取得的電郵顯示，米勒的辦公室會定期跟古爾德以及她的 Juul 同仁通訊，古爾德 2018 年 4 月安排跟米勒會面時寫了一封電郵：「自從我們 1 月中開始追蹤至今，已經有 870 篇文章（跟 Juul 有關），大部分是負面報導。」

米勒說他沒有拿過 Juul 的錢，也沒有提供媒體或監管方面的實質建議，他說，他主要的角色是成立一個諮詢委員會，協助 Juul Labs 處理青少年吸 Juul 的問題。

米勒找來幾位前檢察長加入那個諮詢委員會，包括喬治亞州的瑟伯特・貝克（Thurbert Baker）、田納西州的麥克・寇迪（Mike Cody）、伊利諾州的尼爾・哈提根（Neil Hartigan）、亞利桑那州的葛蘭特・伍茲（Grant Woods），還從公衛圈找了幾個人，包括英國吸菸與健康行動前任會長克里夫・貝茲（Clive Bates）、俄亥俄州青少年醫學專家瑪格麗特・絲戴格醫師（Dr. Margaret Stager），紐約大學的大衛・艾布朗斯教授則是非正式顧問，偶爾透過電子郵件發表意見。這樣的專家陣容非常華麗，只是這群人有一次會議並沒有完全照著米勒或 Juul Labs 的規劃走。

在 2018 年夏天一場視訊會議上，伯恩斯向專家們報告 Juul 的願景是給成人吸菸者一個替代香菸的選擇，而且勸阻青少年吸 Juul 的承諾堅定不移，他一講完，米勒就把麥克風交給這群諮詢小組，詢問是否有問題或建議。

葛蘭特・伍茲，1990 年代跟米勒一起促成菸草大和解協議的亞利桑那州前檢察長，有些想法，他對伯恩斯說：「除非你們把所有加味電子菸都撤掉，否則我想，全國各地的檢察長都不會放過你們向孩子行銷這件事。」伍茲記得，伯恩斯搬出研究來反駁他，說成人也喜歡用加味產品來戒紙菸。

伍茲還是沒有被說服：「是這樣的，算你幸運，我現在不是檢察長了，不然我會起訴你，這場會議一結束就起訴你，因為你向孩子行銷。如果你不希望我這樣的人找上門，我告訴你該怎麼做：停賣。」

這不是伯恩斯會聽從的建議。撇開有很多成人喜歡加味產品不談，加味菸彈是這家公司的金雞母，占了八成的菸彈銷售，光是 2017 年首次推出的芒果菸彈，每年就帶進幾百萬美元的營收，大約是所有菸彈銷售的三分之一。

伍茲看得出伯恩斯不會接受他的建議，其他可能傷及銷售的建議大概也不會接受，所以那次視訊會議後就退出米勒的諮詢小組。其他成員整個夏天則是持續開會，建議 Juul 採取一些預防青少年使用的措施，譬如更嚴格的線上年齡驗證、嚴懲賣給未成年的零售商。另外他們還提議資助獨立的慈善基金會，提供孩子與家長電子菸方面的教育，有部分成員還希望 Juul 停售水果口味，認為那些產品對孩子有吸引力，但是小組成員無法達成共識。

諮詢小組並沒有給 Juul 的生意帶來任何大改變，

不過有個建議倒是跟 Juul 科學家們已經在考慮的事情不謀而合。諮詢小組建議 Juul Labs 委外對青少年使用 Juul 進行獨立研究，看來是個好主意。根據跨區聯合控告 Juul 的相關文件，2018 年 4 月，就在 FDA 要求 Juul 交出文件那個月，Juul 為了更瞭解青少年的使用情形，付錢請外面一家研究機構調查青少年喜歡的 Juul 口味（結果是薄荷和芒果），不過當時 Juul 還沒有做過全國性的青少年吸電子菸研究。如果有全國性的數據，就能協助 Juul 瞭解到底有多少青少年在使用 Juul 和其他產品，或許也就能知道該怎麼阻止。再者，伯恩斯和團隊一直有種感覺，全國數據一定跟 FDA 所謂青少年吸電子菸無所不在的說法不盡相同。沒人否認青少年在吸 Juul，但是在伯恩斯的團隊看來，FDA 的說詞似乎愈來愈煽動，也愈來愈衝著 Juul 來。

有些孩子，譬如凱瑟琳・斯內達克的兒子，確實是對電子菸上癮，這也是引發憂慮的主因。但是 Juul 內部的研究人員認為，FDA 和 CDC 提出的數據是過度渲染了，孩子只吸過一次電子菸，就算一個月吸一次，並不代表他們成癮，也不代表他們本來沒吸紙菸

（而且如果大部分吸 Juul 的孩子以前或現在有抽紙菸，那不就可以說電子菸確實改善了他們的健康？）；另外，他們也不認為青少年只使用 Juul 這個實質代表業界的品牌。

「這不完全是 Juul 的問題，我們感覺裡面有幾個害群之馬，製造相容性菸彈的廠商就是問題之一。」公司一個消息來源表示。就像諮詢委員會所提議的，Juul 的研究人員決定委外對青少年做個研究，確定一下。

諮詢小組似乎也給了伯恩斯一個靈感。2018 年的日子繼續，Juul 的政府事務團隊到處求見全美各地檢察長，或許是想多爭取一些像米勒這麼支持 Juul 的檢察長；另外，Juul Labs 還各捐 5 萬美元給民主、共和兩黨的檢察長募款活動。「他們其實是在籠絡，」亞利桑那州前檢察長伍茲說，「他們想說服大家相信他們是好人、是在做正確的事，他們希望獲得各個檢察長的支持。」

有些檢察長連跟 Juul 見個面都拒絕，但是也有不少人見了，根據也在現場的遊說者表示，去見面的人到底買不買帳就不一定了。伯恩斯會滔滔不絕大談

Juul 給吸菸者提供了更好的選擇，試圖跟那些檢察長以及他們手下處理菸草議題的人員打好關係，成功失敗都有，通常依政黨而定。民主黨的戰意往往高過共和黨，認為 Juul 是故意勾引孩子的機率也比較高，伯恩斯見招拆招，竭盡所能向他們保證：Juul 只想賣給成人。

「他們其實沒有跟檢察長要求什麼，」那位遊說者說，比較像是希望：「如果有任何關於法規的討論，也讓我們參加吧，我們寧願在桌邊有個座位也不想淪為桌上待宰羔羊。」不過伯恩斯是聰明人，他大概知道 Juul 可能會像過去的菸商一樣官司纏身，而且提告者可能是各州檢察長；在走到被要求交出文件或被傳喚取供之前，先跟兩黨檢察長打好關係似乎是傑出的一手。

Juul 在華府學習玩那套遊戲的同時，史考特・高里布窩在馬里蘭州銀泉市（Silver Spring）的 FDA 總部，繼續研究 Juul。2018 年 5 月，Juul 在全美各地進行政治勢力之旅，高里布從他幾個調查人員那裡聽到一個有意思的內幕消息：他們檢查到一家工廠，是 Juul 一個合作包商所有，負責將菸油裝填到菸彈的作業，他們在那家工廠發現 Juul 的菸彈做了一些更改，Juul 高層春天才交給 FDA 的 5 萬頁文件竟然獨漏這些更改，也太剛好了吧。如果他們以為史考特．高里布不會再找上門，那他們可要被狠狠打醒了。

Chapter 13

成長陣痛
（2018 年 7 月—8 月）

凱文．伯恩斯上任執行長還不滿一年，Juul 就寫下歷史：繼 6 億 5000 萬美元的創投資金湧入後，分析師緊接著給這家公司高達 150 億美元的估值。Juul 就此成為史上最年輕就躋身「十角獸」（decacorn）的公司——十角獸是用來稱呼估值達到 100 億美元的公司（相對於估值 10 億美元的「獨角獸」）——比臉書、Snapchat、推特更快跨過這個門檻。

這家公司已經是巨無霸。儘管（或者說正是因為）青少年吸電子菸的討論沸沸揚揚，到 2018 年夏天，媒體廣泛報導，Juul Labs 已經掌控近七成美國電子菸市場。更令人眼睛一亮的或許是，電子菸產業的成長幾乎都是 Juul 拿走，它的「競爭對手」其實只有爭老二的份，就連傳統香菸產業也得擔心了。2018 年 6 月摩根士丹利（Morgan Stanley）有篇報告說 Juul 的成長對傳統菸草業是「迎面而來的逆風」，說 2018 年第一季美國紙菸銷售量下滑了 5.5%，正好是 Juul 的成長。「我們認為 Juul（跟其他電子菸）不一樣，因為它的技術比較厲害，以尼古丁鹽為基底，更接近傳統紙菸的尼古丁傳輸，」摩根士丹利那份報告寫道，「而且，從來沒有電子菸像它一樣能在整個香菸類別搶下這麼可觀的市占率。」

雖然 Juul 的成功看來只會招來監管單位和媒體更多檢視，不過至少從財務方面來看，這時身為 Juul Labs 是滿爽的。這家公司正朝著 2018 全年營收 13 億美元的前景邁進，每一季湧入的金錢都比上一季多，每個禮拜都有 50 個新員工報到，多到米慎區總部容納不下，搬到港邊一個更大的新空間，位於舊金山多帕奇這個逐漸興起的老工業區。

這時 Juul Labs 進駐市府擁有的 70 號碼頭一棟紅磚歷史建築，前身是聯合鋼鐵造船廠（Union Iron Works）和伯利恆鋼鐵（Bethlehem Steel）的總部，很多 Juul 同仁後來已經不太記得那棟建築以前是什麼（是學校嗎？大概是工廠吧？），但是一致認為建築很美，挑高的天花板有木頭橫梁，大大的窗戶有綠色鑲邊（跟外觀一樣美麗的是，溫暖的日子裡，午後陽光會把沒有空調的建築上層變成三溫暖房）。在建築頂樓，伯恩斯請人完整複製了一家便利商店，陳列架上不僅有 Juul 的產品，還有 Juul 想取代的香菸，以及其他品牌用來偷 Juul 市占率的山寨版、Juul 相容產品。Juul 把這個空間用於教學與開會，員工可以在這裡看到他們所面對的競爭，也可以在這裡腦力激盪，找出銷售 Juul 商品的新方法。

這個總部還有幾個獨特之處。這棟建築原本的保險櫃仍完好無缺，只是現在裡面放的是完全不會令人垂涎的清潔用品和衛生紙。建築有座露天平臺，員工可以走出去呼吸新鮮空氣，或是吸電子菸小憩（很多人直接在座位上吸，空氣中瀰漫著芒果味道的煙霧）。還有，員工可以在 2018 年版本的 1970 年代

「談話坑」做腦力激盪，那裡有一堆枕頭和墊子堆成金字塔，上方有個霓虹燈牌子寫著：「再見，紙菸。你好，Juul」。在員工餐廳，每天下午供應豐盛的免費午餐給 500 名左右的員工，員工還能看到一個玻璃好奇箱，裡面展示亞當和詹姆斯當年手做的 Ploom 和 Pax 原型機。走廊上掛著裱框的布告，寫著公司的指導原則：「任務第一」、「思考遠大」、「品質為重」、「思辯與承諾」、「大膽嘗試」、「勇於承擔」、「回饋」。

那年夏天，除了搬到新的舊金山總部，Juul 還在倫敦成立第一個跨國辦事處（幾個月前他們才剛把產品賣到第一個海外市場：以色列）。Juul 高管團隊對英國市場寄予厚望，預期 Juul 第一年就能在英國賺到 1 億 8000 萬美元之多。他們會這麼想也是很合理的，因為英國在文化上跟美國差不多，但是對電子菸更友善許多，美國有很多專家和公衛團體發聲反對電子菸，英格蘭公共衛生署卻是直接推薦電子菸，說它是比抽菸安全 95% 的替代選擇。鑽研成癮問題的英國科學家麥克．羅素那句老生常談——人們抽菸是為了尼古丁，結果卻死於焦油——已經「根深柢固成為英國專家的本能思考」，克里夫．貝茲說（曾經是英國吸菸與健康行動負責人那位)，「我認為，他們打從對那個觀點深信不疑開始，就已經注定會變成現在這個樣子。」不只把菸草減害視為一個選擇，甚至視為讓吸菸者戒菸的最佳方法之一。

不過，Juul 碰到一個很明顯的問題。在英國(在歐洲很多國家也一樣)，法律規定菸油的尼古丁含量不得超過每毫升 20 毫克，也就是說，配方裡的尼古丁重量最多可以達到 1.7% 左右。Juul 的成功就是靠濃度高達 5% 的尼古丁配方，所以英國的尼古丁上限是個絆腳石，這也是 Juul 高管知道英國的銷售不太可能像美國一樣高的原因。儘管如此，Juul 還是於 2018 年夏天在英國推出尼古丁 1.7% 版本的菸油。

雖然尼古丁只有 1.7%，Juul 的產品仍然在英國電子菸市場大有斬獲。而在舊金山總部這頭，同仁則是在進行一項他們認為可以增加海外銷售的創新。如果要進一步拓展到歐洲其他國家與亞洲的話，Juul 必須先證明它的產品在英國能成功。凱文·伯恩斯把很大的賭注押在海外擴張，要是 Juul 到歐洲市場初試啼聲就鎩羽，那就不好看了。更何況，英國也不是唯一尼古丁上限遠低於美國的國家，Juul 如果要取得全球性的成功，就必須從戰略上好好想一想。

公司高管想出一個計畫：要是可以改一下銷售到海外的菸彈的設計，讓尼古丁傳輸更有效率，或許不必增加尼古丁含量就能有 3% 尼古丁含量的感受。這麼做並不違反 FDA 的產品變更政策，因為英國和其他海外市場並不在 FDA 管轄範圍，而且在技術上也不違反尼古丁上限規定。這款超強菸彈私下被叫做「渦輪」（Turbo），正式名稱是 J2。

渦輪的關鍵是一個看不到的設計變更：調整菸彈芯。芯是菸彈裡面浸在菸油的部分，負責將菸油從菸油槽輸送到加熱元件那裡蒸發。在美國，Juul 的芯是用二氧化矽（silica）編絞而成。

但是 Juul 工程師在 2018 年開始實驗棉芯（cotton wick）。棉芯可以吸收更多菸油，浸透的速度也比二氧化矽快，理論上每一口產生的煙霧更多，帶來的快感也更強。看來棉芯是繞過 1.7% 上限的完美方法，雖然這款菸油沒有 Juul 一般菸彈的菸油那麼強，但是每一口產生的煙霧濃度是美國一般 Juul 菸彈的兩倍，基本上可媲美尼古丁 3% 的菸油。

根據公司一個消息來源回憶，為了測試渦輪，研發工程師阿里．阿特金斯和團隊照例採取多年來的做法（就是亞當從第一個 Juul 裝置混合出第一款尼古丁鹽溶液就開始的做法）：他們以身測試，同時也開放任何好奇想試試的同事參加。知道測試過程的前員工表示：「他們都是這麼想的：『沒事的，我們以前都在樓下（實驗室）測試。』」

Juul 在 2018 年有開始做一些比較正式的測試，包括英國監管機關要求的毒性測試，以及棉芯如何傳導尼古丁的探索性研究。但是漏了一項重要測試，消息來源說：他們沒有正式測試是不是真的比原版菸彈的體驗好。有些試過的員工並不覺得比原版好，一位測試者說：「我記得我告訴他們：『喂，不是很強欸。』」儘管如此，負責 J2 上市的人還是沒有安排做研究來比較新舊菸彈的使用體驗，就這樣，這個案子沒有做正式研究就繼續前進了。

另一方面，這家公司的高層有其他優先事項要做。2018 年 8 月 1 日，凱文．伯恩斯、尼克．普利茲克、里亞斯．瓦拉尼見了奧馳亞執行長和財務長，郝爾德．威拉德和比利．基佛（Billy Gifford），地點在華府的柏悅飯店（Park Hyatt），普利茲克家族旗下的飯店之一，雙方繼續討論交易細節。消息來源說，Juul 高層似乎覺得奧馳亞的投資只是早晚的問題，不是會不會成的問題，看來兩位創辦人最初對奧馳亞的「懷疑態度」已經煙消雲散，雖然專家們的警告還沒散去。

在封閉的菸害防制圈，整個夏天都在傳 Juul 可能接受菸商投資。史丹佛的湯瑪斯．葛林問過這件事，是那年夏天跟一大群 Juul 高管（詹姆斯和亞當也在座）一次咖啡會議上問的，「他們很誠實，說只要在他們看來有道理的，他們都會考慮。」葛林回憶。他原本以為拿這種錢會讓他們日子更難過，以為跟奧馳亞合作會讓他們那番為了改善公眾健康的論調變得幾乎不可信，看來他們並不在乎這些。「生意人才是他們真正的面目，不是公衛，他們是生意人，」葛林說，「幫助人戒菸只是附帶的結果。」主要的結果看來是賺大錢。

高管們等待奧馳亞交易拍板的時候，詹姆斯埋首於另一個計畫。亞當這時算是退出 Juul 的日常運作了，消息來源說。而詹姆斯仍然有某些充滿熱情的計畫，2018 年夏天，他對一款 app 有很多想法，那個

app 可以透過藍芽跟下一代 Juul（外號「Bebop」，是工程師團隊為海外市場所開發）同步。

這個智慧型裝置的概念是為了防止青少年使用，背後的想法是這樣的：買了 Juul 的成年顧客先在這個 app 驗證年齡，再把 app 跟他們的 Juul 裝置連線，只要 app 和 Juul 一同步（sync），Juul 就會「鎖住」，除非相連的智慧手機就在旁邊，證明要吸電子菸的人就是本人才會解鎖，以此避免未成年取得 Juul。

這個 app 同時也打開一個數據世界，可以準確顯示每天吸了多少尼古丁，理論上就可以協助使用者漸漸減少用量（也可以讓他們知道何時該買新菸彈）。「如果消費者想戒掉我們的產品，也是可以，」詹姆斯在科技新聞網站 TechCrunch 的 2018 新創年會上說，「我們會給他們工具，幫助他們以最平順的方式戒掉。」

只是，據熟悉 app 開發內情的人所稱，裡面並沒有那樣的工具。它確實可以顯示吸了多少尼古丁，但是並沒有提供任何戒掉 Juul 的建議，也沒有任何功能可以協助限制吸入量，它唯一提供的是原始數據，而公司高管對這些數據該怎麼用也沒有共識。任何數據只要牽涉到成癮性產品的使用，都必須小心處理，尤其數據還是銷售那個成癮性產品的公司收集來的，有些高管對於打開這道門很緊張。

根據消息來源，詹姆斯是力主多多利用那些數據的人之一。在他看來，Juul Labs 的一大問題就是「流失率」，也就是買了 Juul 卻不喜歡也不再嘗試的人，他認為每出現一個這樣的人就代表流失一個「機會」，流失一個有可能轉換到 Juul 卻因為嘗試不夠久而功敗垂成的人。早在 Juul 上市前做焦點小組訪談的時候，這家公司就已經知道可能的原因：Juul 的第一口太強了。蒸氣進到肺部的感覺跟香菸的煙霧不一樣，所以深吸一口有時連老菸槍都會咳嗽連連，就這樣被嚇跑。這家公司的網站建議使用者「一開始先淺淺地吸，不要吸進去，去感受 Juul 的蒸氣」，詹姆斯想用 app 做類似的事，利用即時數據教使用者找到最佳吸法，這樣他們就不會一開始就被嚇跑。

根據消息來源，科學部門馬上就有顧慮。「千萬不要教人家怎麼使用成癮性化學物，」那個消息來源說，「坦白說，那反而會讓人覺得你是故意要讓人上癮。」據說至少有一個 Juul 科學家力勸詹姆斯，要想改變人們吸食尼古丁的方法之前，先去諮詢行為研究學者吧——尤其正值監管機關極為關切 Juul 吸引到不曾吸過尼古丁的年輕人之際。不過，當他對一個點子興致勃勃的時候，要勸阻他很難。

他沒在研發那款 app 的時候，就是在想辦法跟灣區的菸害防制專家碰面，顯然還在尋找專家的背書來替 Juul 研究團隊增加可信度。

不知情的史丹佛教授羅伯特・傑克勒（Robert Jackler）也在詹姆斯的名單上。自從 Juul 在 2015 年打著蒸發廣告上市，傑克勒就一直在注意這家公司。傑克勒是科班出身的耳鼻喉專家，跟妻子蘿莉（Laurie）一起負責史丹佛大學的菸草廣告影響研究中心（Stanford Research into the Impact of Tobacco Advertising，SRITA），對 Juul 在年輕人之間的流行深感憂慮，也對 Juul 早期廣告跟他們夫妻倆檔案庫的老菸草廣告明顯雷同感到不安。現在，Juul 上市三年後，他又有別的顧慮了。

2018 年夏天，傑克勒帶著一群實習生做研究，他派了一個特殊任務給其中兩個即將升大二的實習生。傑克勒想知道這兩個不滿 21 歲的實習生會不會通過

Juul 的線上年齡驗證系統（購買門檻是 21 歲），結果系統確實成功阻止他們購買，但卻發生其他有意思的事。

「他們被拒絕後，就開始收到一連串行銷電郵，包括 Juul 的折價券、芒果口味菸彈的好評，全都是這種。」傑克勒說。照理說，Juul 不該讓小於 21 歲的人訂閱它的行銷電郵才對，因為它賣的是有年齡限制的商品，但是如果他的實習生連想鑽系統漏洞的念頭都沒有就這樣了，他很肯定一定有成千上萬嘗試購買但沒買成的青少年現在成了他們直接推銷的對象（根據加州檢察長的起訴文件，Juul 員工查過推銷電郵名單，發現上面有超過 52 萬 9000 人沒有通過年齡驗證）。

傑克勒不敢相信這家公司竟然這麼馬虎，請軟體工程師寫個程式，避免沒通過年齡驗證的人被加進推銷名單，應該是很簡單的事才對。往好的一面想，這個過失只是 Juul 的嚴重疏忽；往壞的一面想，根本就是蓄意的。

2018 年 7 月 31 日，傑克勒打電話給 Juul 負責青少年預防的主管茱莉・韓德森，她沒接，他於是改寄電郵：「我來電是要建議貴公司的 IT 團隊好好注意，被拒絕的未成年買家卻自動變成你們行銷電郵的訂閱者，而且未成年者也能成功註冊訂閱你們的電子報（雖然有註明必須滿 21 歲，但他們還是訂得成，因為根本沒有年齡把關）。希望這些只是系統程式的漏洞，不是刻意為之的政策。」

傑克勒的信踩到這家公司的痛處。Juul 員工多年來早就知道 Veratad 的年齡驗證軟體有瑕疵，這些年來接到不少憤怒家長投訴，他們的孩子竟然能繞過把關機制順利在網路上買到 Juul，所以這一直是難以忽視的問題。

根據加州檢察長的起訴內容，法循主管安妮．甘迺迪（Annie Kennedy）在 2018 年稍早做了個實驗，她上網購買，故意輸錯自己的出生日期，結果發現不必上傳身分證明就能通過 Veratad 系統，因為她所輸入的名字、地址、出生年分都是對的。她向產品主管提出這個問題，對方說她的訂單在技術上是符合 Veratad 和 Juul 共同決定的標準的，不過他也承認他「並不贊成」這個政策，因為「孩子只要拿爸媽的個資就能通過」，他還反問甘迺迪知不知道為什麼有這種漏洞，她說這是 Juul 高管團隊幾年前就實施的政策。

「一開始是妥協，」甘迺迪在公司內部的溝通平臺 Slack 回覆（根據起訴內容），「我們原本是希望全部（出生年月日）都必須正確，但是遭到強烈反彈——當時（年齡驗證和）青少年防範都還不是公司主要目標——最後只好同意出生年分正確就可以。」甘迺迪的說法意味著，只要輸入的出生年分相符就可通過系統，就算月分和日期都不對也沒關係；也就是說，一個 20 歲的人在 21 歲生日之前幾個月就能輕易買到 Juul，青少年只要輸入爸爸或媽媽的名字、地址、出生年分就能輕易騙過系統，雖然理論上商品送達需要有成人簽收，但不管怎麼樣仍然是個大漏洞。

傑克勒指出的行銷電郵是另一個年齡驗證問題，而且更糟糕的是，還是一個外部人會清楚看到的問題。傑克勒點出這個問題之後隔了幾天，Juul 就採行一套新系統，禁止 21 歲以下年輕人訂閱其行銷電郵，不過，公關主管麥特．大衛（Matt David）對於該如何對外交代這整件事給出明白指示。根據加州的起訴內容，大衛嚴格禁止部屬發信通知 21 歲以下的人以後不會收到電郵，「告訴（未通過年齡驗證）使用者必須通過（年齡驗證）是媒體公關的大忌，等於是昭告我們以前沒有這樣做，」他在電郵裡寫道，「比較好的方式是訴諸一個比較大的政策，可以用我們正在做的其他事為理由。」根據起訴內容，這家公司的折衷方式是，發電郵給名單上所有未通過年齡驗證的人，說公司要強化年齡驗證程序，要求他們提供社會安全碼末四碼或是政府發放的身分證明照片，結果不到 3000 人回覆，不到 2000 人通過。

早在實習生開始收到 Juul 的電郵之前，傑克勒就已經嘗試跟茱莉・韓德森安排見面。經過多年深感疑慮的觀察，他想見見韓德森、艾希莉・古爾德以及他們的同仁，談談 Juul 可以如何改善青少年防範計畫。Juul 已經往正確方向邁出幾步，已經投入 3000 萬美元於青少年防範，社交媒體行銷也不再起用模特兒。在古爾德的督導下，Juul 現在也已經有一整個團隊整天在巡社交媒體，要求撤下以青少年為訴求的貼文，不過這個方法顯然成效不彰。根據一項研究估計，Juul 2018 年的推特粉絲有大約一半小於 18 歲；在 Instagram 上，傑克勒和他的團隊算過，有 #JuulNation

（Juul 的國度）、#DoItForJuul（都是為了 Juul）這類標籤的貼文當中，有幾萬則是出自親青少年的粉絲帳號；在 YouTube 上，傑克勒團隊搜尋 Juul at School（Juul 在學校）會出現超過 1 萬 5000 支影片，搜尋 Hiding Juul from parents（瞞著爸媽偷吸 Juul）則有將近 2000 支。YouTube 有一支 2018 年 4 月上傳的影片點閱率很高，是兩個明顯是 10 幾歲男孩坐在車裡吸 Juul，比賽只吸不吐煙霧看能吸幾次。很清楚，網路上非法的 Juul 內容之多，遠遠不是 Juul 團隊趕得及刪掉的。韓德森答應那個夏天跟傑克勒和他的研究團隊見面。

2018 年 8 月 13 日上午，傑克勒一行人來到舊金山多帕奇區，抵達 Juul 占地廣大的新總部。一到接待處，他們就被要求簽署保密切結書，身為打算以 Juul 為著作主題的學者，傑克勒一口拒絕。經過一番考慮，Juul 內部一位律師決定，如果不簽切結書，那就移師到同一條街上公司另一棟大樓比較好，那裡是多出來的辦公空間，比較少公司專利獨家資料。於是，傑克勒團隊、韓德森和那位律師一起步行沿著街道走，不時禮貌地小聊，直到走到那棟附屬大樓。當他們一打開會議室，裡面坐著古爾德和詹姆斯．蒙西斯，「我沒有想到，」傑克勒說，「我以為只會跟他們負責教育的人見面。」結果卻是 Juul 的共同創辦人，穿著連帽運動衫，吸著 Juul 的焦糖布丁菸彈，若無其事地等著開一場根本沒邀他的會議。

詹姆斯馬上就轉向傑克勒，「你知道嗎？傑克勒博士，我們以前見過。」他邊說邊咧嘴笑著。

「哦？」傑克勒回應，滿肚子疑問，他花了大量時間和精力研究 Juul，卻從不記得見過詹姆斯本人。

「哦，是的，」詹姆斯說，「我們去找過你，當時我們在思考如何行銷產品。你知道嗎？你那個線上菸草廣告庫對我們當時的行銷計畫有很大的幫助。」

傑克勒的腦海馬上閃現他那個菸草廣告檔案。他和太太蘿莉從 2007 年開始收藏，當時只有大約 300 幅過去的菸草廣告，陳列於史丹佛校園裡的博物館展區，那時應該正是詹姆斯和亞當的 Ploom 起步的時候，就是因為這樣才見過面嗎？詹姆斯有來參加檔案的開幕嗎？傑克勒記不得了，但他倒是知道，而且毫無疑問，他的收藏這些年下來已經非常龐大，要是亞當和詹姆斯花點時間去看，一定有看到成千上萬把香菸變成美國習俗的廣告，那些廣告說服美國人相信香菸能讓他們苗條，說服他們相信醫生在抽駱駝香菸他們也應該抽。有的廣告鎖定消費者的自尊心（「你懂得抽百樂門真是聰明！」），有的是販賣性感（比基尼、比基尼，更多比基尼），有的說服吸菸者相信某家公司的香菸「新鮮」、「純粹」、「使人放鬆」、「對神經有益」，當然還有那種傑克勒認為擺明是以青少年為訴求的廣告，一臉青春洋溢的啦啦隊或是販賣青少年的叛逆。在傑克勒看來，Juul 那個嬉鬧、多彩的蒸發廣告跟菸商過去那些廣告相似得很詭異，即使 Juul 現在已經進化，已經把行銷方法砍掉重練，傑克勒依然可以從 Juul 的標語聽到菸商的回音：「抽菸的進化」、「為滿足而生」。

蒸發廣告或 Juul 任何廣告都不是出自詹姆斯．蒙西斯親手，而背後操刀的人，理查．孟比和史蒂芬．貝里，似乎也是著眼於社交媒體行銷，而不是取材自菸商平面老廣告。但是在傑克勒看來，Juul 這位共同創辦人現在等於是承認抄襲菸商廣告（詹姆斯後來否認）。「再清楚不過，他們的靈感是來自當代菸草廣告當中最成功的類型，」也就是描繪迷人的 20 幾歲年輕人玩樂、社交、狂歡，傑克勒說，「他們決定，非常簡單，『既然珠玉在前何必多此一舉，我們就直接模仿那個最受歡迎、最成功的菸草品牌：萬寶路』。」

這些想法一一跑過腦海的同時，傑克勒努力不顯露驚訝。現在詹姆斯．蒙西斯就在他眼前，他可要聽聽他這些年做這些選擇的原因何在：為什麼 Juul 要用蒸發這種廣告上市？為什麼這麼愛用社交媒體？為什麼這麼仰賴加味產品？為什麼堅持要賣這麼強烈的尼古丁菸彈？雖然這場會議的主題是青少年防範，韓德森卻「安靜得像教堂裡的老鼠」，傑克勒回憶，律師偶爾會傾身在詹姆斯或古爾德的耳邊說幾句，但大多時候就是傑克勒和詹姆斯你一言我一語繞著圈圈跳雙人舞。

傑克勒說，兩小時的會議當中，大部分時間都是他向詹姆斯拋出一個又一個問題，而得到的回答基本上就是一再反覆的漂亮說詞：Juul 的使命是拯救 10 億吸菸者免於吸菸相關的死亡。詹姆斯似乎本來是打算半路攔截一位有可信度、願意支持 Juul 的科學家，他顯然以為羅伯特．傑克勒是可能的人選，只是他想錯了。

傑克勒說，他開完會的時候已經確定：詹姆斯．蒙西斯更關心的是賺錢，不是公眾健康。傑克勒說，蒙西斯談到 Juul 的時候，說詞之冠冕堂皇，感覺就像「競選演說」，不是發自內心的信念。在傑克勒看來，「他擔心的是股東的看法，他在這個部分毫不遮掩」——公司消息來源後來予以否認。

當時奧馳亞和 Juul 的交易似乎再過幾天就要敲定，詹姆斯要是滿腦子都是股東也不令人驚訝，而傑克勒當然並不知道這些。

2018 年夏天漸入尾聲，Juul 招待了另一個對青少年吸 Juul 氣憤難消的訪客，只是這回是個意外訪客。某日午後，一陣敲門聲響徹 Juul 大廳，迴盪於宏偉的實木門之間，不知道怎麼一回事的接待人員，起身去看外面誰在敲門。一打開門才發現，猛烈敲門聲來自眼前這位身材苗條、打扮時尚的金髮女子，女子自我介紹是克莉絲汀．切森（Christine Chessen），說她住在附近，要求跟凱文．伯恩斯談一談。

前一天，切森女士 10 幾歲的兒子收拾行李準備返回寄宿學校讀秋季班，她在兒子的背包發現一個 Juul。最近她愈來愈常聽到青少年吸 Juul 的問題，暗自希望三個小孩不會牽扯上，不料發現實情相反，「我好失望難過。」切森說。她沒收了兒子的 Juul，把滿腹失望轉化為一封信，打算寄給伯恩斯。在信裡，她懇求也有 10 幾歲小孩的伯恩斯想一想，要是他發現小孩在他不知情之下使用會上癮的產品做何感想，她甚至要求他跟她兒子談談，勸他不要再吸。

「那是一封很情緒化的信，出自一個母親，」切森說，當她查找寄信地址的時候，赫然發現 Juul 的總部就在舊金山，距離她家不遠，「我直接開車過去。」切森決定。這是個衝動的決定，完全不像她會做的事，但是被怒氣沖昏頭的她，克制不了自己。

Juul 公司沒有人知道切森是怎麼一回事，一群群年輕同事吃完午餐走過大廳，紛紛對接待櫃檯旁邊怒氣沖沖的中年女子投以好奇目光。以前有不少家長打電話或寄電郵來，但是暴怒的媽媽站在大廳要求執行長出面倒是頭一遭。一個警衛試圖安撫她，但是切森還是要求高管出面，最後，一位高層助理下樓來，接下她的信，答應把信轉交給負責的人。

兩個小時後，她接到公關主管麥特．大衛的電話，「他說非常抱歉。」切森回憶，當時他自己也有一個小小孩，講得好像他也是憂心忡忡的家長。在切森的要求下，麥特甚至還打電話給切森的兒子，要他不要再吸 Juul，麥特還邀請切森再到 Juul 總部（這次是邀請），去繼續談談 Juul 哪裡可以做得更好。他們表面上說得很好聽，但是切森完全不相信，「看得出來他們都在說廢話，我是這麼覺得。」她說。

切森沒辦法不想到 Juul。不管走到哪，她總感覺這家公司跟著她，彷彿整個舊金山市都被他們接管了。「我們去吃晚餐，會看到有人背著 Juul 背包，會看到 Juul 的廣告，」她說，「我一看到就火大。」她知道還有很多可以做的事，只是她還不知道是什麼。

Chapter 14

疫情
（2018 年 9 月—12 月）

2018 年 9 月 24 日，三位 FDA 稽查員來到 Juul 大門口，他們通知凱文・伯恩斯他們是來執行菸草產品中心要求的特別優先稽查，還說一定要讓他們進去，現在馬上！

Juul 同仁對這種時刻早有準備。FDA 本來就常常檢查轄下公司，查找任何不對勁的地方或是沒有遵守 FDA 規定之處。可是，儘管 Juul 團隊還搞不清楚狀況，FDA 這次是來調查高里布局長認為 Juul 這些年來不太願意透露的事：產品修改、健康投訴、青少年行銷、未成年吸 Juul 等等。

伯恩斯一讓稽查員進入大樓，他的屬下馬上各就各位，不動聲色進入事先安排好的模式。接待人員知道要趕緊打電話通知法循主管，由法循主管把稽查員請到一間會議室（稽查員接下來幾天基本上就是住這裡了），一組 Juul 同仁則進駐會議室旁邊的內室，準備調出稽查員要求的任何文件（幾天下來所調出的文件有幾千份之多），稽查員也隨時會傳喚 Juul 同仁到會議室問話。

稽查員傳喚了青少年防範主任茱莉．韓德森。她說明 Juul Labs 的青少年防範計畫，聲稱他們確實有發送教材，但從未發給青少年，只給老師、家長、校長；她保證，公司如果有開發新課程也是透過第三方團體。稽查員做了筆記，要了幾份跟 Juul 課程有關的文件，就讓她離開了。

從公司還叫做 Pax 的時候就在行銷團隊的雀兒喜．卡妮雅，則是回答行銷和廣告方面的問題。稽查員問她網紅計畫，問她為什麼一家給成人生產菸品的公司會在 Instagram 大打廣告。卡妮雅平靜地告訴稽查員，Juul 從成立以來只付過錢給四個社交媒體網紅，她這話沒說錯，只是沒提到那些以一美元取得 Juul 再幫忙發文推薦的沒收錢網紅，公司消息來源回憶。卡妮雅承認 Juul 上市的時候有免費發送試用品，但是強調 FDA 的認定條例 2016 年生效後就停止發放，她說 Juul 現在的行銷改採另一種方式：找那些認為 Juul 救了他們一命的成人現身推薦。

調查繼續進行，醫療臨床事務副總喬許．沃斯（Josh Vose）把 Juul 為了申請 PMTA 所做的眾多研究做了詳細介紹，稽查員也盤問沃斯和其他幾個同仁，包括軟體工程、硬體和韌體的資深副總布萊恩．懷特（Bryan White），問他們菸彈的問題：那年春天 FDA 在 Juul 的包商工廠發現、但 Juul 並沒有主動提報的菸彈更動。

懷特承認，年初確實為了防止菸油滲漏變更了菸彈設計，他和沃斯以安全為由解釋這項變更。公司 2015 年以來接到的菸彈滲漏投訴超過 15 萬例之多，很多人說嘴巴、舌頭、嘴唇燙傷起水泡，尼古丁如果不慎吞下去是有毒的，Juul 希望盡其所能阻止這種事發生，所以變更了設計，同時要求生產菸彈的包商開始執行變更。

他們講的都是實話，只是就那麼剛好，漏了 Juul 員工隱瞞多年的韌體與電路變更（公司消息來源信誓旦旦懷特有講到電路、感應器和韌體的變更，但是 FDA 的稽查報告並沒有提到他有講）。稽查員點點頭、做做筆記，然後做出回應；其中一人提醒，未獲 FDA 許可不准修改產品的規定也適用於包商，不過因為 Juul 的菸彈更新是為了安全理由，看來問題不大，「我們其實不覺得這有什麼問題，」一個稽查員說（根據消息來源的說法），「這部分我們必須等到 PMTA 再處理。」

總的來說，整個調查相當客氣，沒有出乎意料，沒有罪證確鑿，絕對不是隔週頭版標題那種爆炸性突擊稽查。看到有報導說 FDA「突擊」Juul 總部時，「坐在那裡的我們心想『天啊，看看這些標題』，」一位前高階員工回憶，對聳動的報導語氣嗤之以鼻，「『突擊』的結果是：什麼也沒發現。」

FDA 後來把「突擊」結果公布上網：NAI，查無違規情事（no action indicated）。「感謝這家公司的配合和效率。」稽查員在最後的報告中寫道，只是後來

《彭博新聞》在 2020 年有篇報導提及 Juul 有其他產品變更沒有揭露，FDA 隨即改口。FDA 發言人表示：「FDA 知道有其他指控指出 Juul 的產品有其他修改，這些修改在 2018 年調查時並沒有向 FDA 揭露，FDA 正在對這些指控進行調查。FDA 會嚴密監控零售商、製造商、進口商、經銷商是否遵守聯邦菸草法律與規定，並展開調查來確定是否有違法情事。」

即使 Juul 沒有揭露那些修改，FDA 那次現場稽查也不是完全一無所獲。FDA 把一些有意思的資料傳給了其他聯邦機構，包括聯邦調查局（FBI）和聯邦貿易委員會，以便那些單位想展開調查的話可以參考。更何況，FDA 現在手上已經有幾千份 Juul 內部文件。

FDA 現場稽查是高里布局長執導了幾個禮拜的一齣戲的第三幕。這齣戲是從 2018 年 9 月初開始，當時負責 FDA 菸草產品中心的米契．澤勒收到全國青少年菸草調查的數據，數據很難看。那份調查顯示，從 2017 到 2018 年，青少年吸電子菸的比例激增 78%；到 2018 年秋天為止，有將近 21% 的高中生說他們過去 30 天吸過電子菸，大約是 300 萬名青少年，比上一年多了 130 萬。

那些數字把高里布嚇壞了。他是真心相信電子菸有助於想戒菸的成人，但是他同時也是醫師、三個孩子的父親、倡導公眾健康的人，不能袖手旁觀什麼都不做，尤其新聞說學校為了阻止青少年吸電子菸不得不採取愈來愈激烈的手段——而且輿論風向是反對電子菸產業，特別是反對 Juul——費城有一所學校甚至禁止隨身碟，因為老師分不出隨身碟跟 Juul 的差別。整件事愈來愈失控。

拿到米契・澤勒那份調查結果不到幾分鐘，高里布就打電話到白宮，「讓他們知道這件事，也讓他們知道我接下來幾天必須採取相當積極的行動，」高里布說，「該有的許可我都拿到了。」

幾天後，9 月 11 日，高里布在馬里蘭州的 FDA 總部發表談話——這是他這波攻勢的第二幕。一開始他先重申相信電子菸是不想再吸紙菸的人一個重要的「出口匝道」，問題是，他接著說，電子菸現在卻變成一條更寬的、讓孩子通往尼古丁成癮之路的「入口匝道」，這是他始料未及的。「很不幸，現在我有充分理由相信幾乎已經達到疫情的等級，」高里布說，「我不輕易用『疫情』這兩個字，但電子菸在青少年之間已經幾乎是無所不在又危險的風潮，這股令人不安且加速成長的趨勢以及所導致的成癮問題，必須劃下句點，絕對不能容忍。我會讓各界看清楚，FDA 不會容忍一整個世代的年輕人尼古丁成癮，只為了讓成人可以不受限制地使用那些產品。」

就在那一天，他繼續說，FDA 就發出 12 封警告信函給販賣迎合青少年產品的公司，譬如外型像果汁包裝或糖果的電子菸，通知他們，要是他們不主動下架，FDA 就要祭出罰款、沒收產品等等一切可行的手段，讓他們的產品從市場上消失。另外，FDA 從那年春天開始就一直在進行祕密客計畫，揪出販售 Juul 給未成年的零售商，總共發出了 56 封警告信。現在，高里布宣布，FDA 要採取更進一步的動作。FDA 已經發出另外 1100 封警告信給繼續販售電子菸給孩子的商家，包括 Juul，其中已經有 131 家商店被迫為自己的不當行為付出罰款。

還有，高里布繼續說，FDA 也在認真研究如何規範整個電子菸產業比較好。才一年前，高里布給了電子菸公司延長時間準備 PMTA 申請，現在他考慮把時間收回來——對 Juul 這種靠加味菸彈賺錢的電子菸公司更悲劇的是，高里布說他認真考慮全面禁止加味產品。

最後，高里布向 Vuse、Blu、Logic、MarkTen、Juul 這五個電子菸品牌喊話，他認為他們是這波青少年疫情的元凶。「我警告電子菸產業一年多了，要求他們採取更多作為來遏止這股流行於青少年的趨勢，」高里布說，「在我看來，他們只把這些問題當成公關挑戰在處理，沒有認真思考他們的法律責任、公衛要求、這些產品所面臨的生存威脅，而風險來了。」現在他要求這五個品牌背後的公司高層 60 天內提出詳細的遏止青少年使用計畫，他還建議他們準備好接受 FDA 的調查和進一步行動。「我就直說吧，」高里布說，「一切都搬上檯面進行了。」包括沒多久就發現是衝著 Juul 而來的現場稽查，也就是第三幕。

9 月的 Juul 總部稽查過了幾週，凱文・伯恩斯和史考特・高里布進行了一次「建設性」的會談，討論 Juul 的青少年防範計畫，這是因應高里布的要求。伯恩斯敘述了一個充滿雄心的計畫，包括關閉 Juul 爭議多時的社交媒體網頁；更戲劇性的是，寧可犧牲占公司菸彈銷售三分之一的芒果口味，也要將芒果、綜合水果、黃瓜、焦糖布丁等菸彈從零售商店下架（Juul 決定薄荷、薄荷醇、菸草不算加味產品，所以仍在架上販售），想哈幾口水果、芒果、焦糖布丁、黃瓜口味的人只能上 Juul 網站購買，而網站只賣給 21 歲以上成人。從加味菸彈對 Juul 營收的重要性來看，這個動作不可謂不大。詹姆斯．蒙西斯後來說他「想不出有比這更具誠意、更積極主動的作為了」，但在外界看來可不是那麼積極主動。高里布不久前才警告整個產業他考慮以激進作為管制加味產品，而 Juul 高層馬上就想把這個決定塑造成是出於主動而不是被迫，這一招是很聰明沒錯，但稱不上積極主動，也不是憑空發生的。

2018 年漸入尾聲，Juul 的政治部門進入高速運轉，遊說者絡繹奔走於國會山莊，大力推動 Juul 對加味禁令、FDA 法規、《菸草 21》法的論據。「我們一定要保護這個產業。」伯恩斯這麼告訴他的遊說者。

FDA 的打擊行動在伯恩斯看來不只討厭，還可能終結他所認知的電子菸產業。看來，主動進攻才是 Juul 最好的防守。國會山莊每個議員，包括白宮那些立法者，應該都知道 Juul 對高里布的威脅不太高興，但是根據一位前遊說者表示，Juul 全場緊迫盯人的遊說方式並沒有產生伯恩斯希望的效果。「他們那些舉動討不到任何好處，也拿不到政策制定者的印象分數，」那位前遊說者說，「批評者還是繼續批評。」而且還讓人覺得 Juul 只是想規避聯邦監管。

伯恩斯那年秋天跟高里布會談還迴避了一件相當大條的事：Juul 和奧馳亞重回談判桌，而且已經談了幾個禮拜。這筆交易眼看就快敲定，但是伯恩斯避而不談。

奧馳亞執行長郝爾德・威拉德那年秋天也有跟高里布會面，但是也同樣絕口不提跟 Juul 的交易（奧馳亞發言人說：「奧馳亞是股票上市公司，基於審計重要性原則以及公開揭露的規定，不能事先討論可能的投資方案。」）威拉德 10 月底寫了一封信給高里布局長，說有鑒於青少年吸電子菸的最新數據怵目驚心，奧馳亞計畫從市場撤下其菸彈類電子菸，他在信中是這麼寫的：「雖然我們不認為我們的菸彈產品有出現青少年取得並使用的問題，不過我們也不想冒險助長問題。因此，我們將從市場撤下 Markten Elite、Apex by MarkTen 這兩個菸彈產品，直到取得 FDA 的銷售許可或是青少年使用問題獲得解決。」奧馳亞的非菸彈產品，譬如老式的仿真菸，還是繼續銷售，但只販售對孩子較不具吸引力的薄荷醇和菸草口味。

或許是想利用見面三分情的善意，Juul 團隊 11 月 5 日把他們首份青少年使用調查結果寄給 FDA。這份研究是去年夏天開始的，是湯姆．米勒檢察長的顧問團所建議，Juul 終於有見得了人的調查結果。調查了大約 1000 個青少年之後，Juul 相信 13 到 17 歲青少年只有 1.5% 用過 Juul，過去 30 天用過的人更是不到 1%，這樣的比例仍然是很龐大的人數（介於那個年齡的美國青少年有 2100 萬左右，就算只有 1% 也是 20 萬人以上），不過至少代表青少年吸 Juul 並不是普遍現象。

那份研究還發現，很多吸電子菸的孩子並不是使用 Juul，而是或明或暗打著 Juul 名號的廉價山寨版。對那份研究有第一手瞭解的前員工表示：「我們列了大約 40 個對手產品以及跟 Juul 相容的產品，都是受訪者說正在使用的前幾名。」這個結果當然跟某些地區的青少年感受到的狀況不一樣（他們說他們的高中幾乎每個人都在吸 Juul），但公司消息來源說這份結果反映一個事實：Juul 電子菸在低收入或有色人種社區的學校並不普遍。如同華府一位知情人士所說，Juul「激怒的是住在郊區的有錢白人」，但也不見得每個地方都是如此。

那份研究也發現，大多數習慣性使用 Juul 的青少年（相對於用於社交或很少使用的青少年），現在或以前就是吸菸者，這是 Juul Labs 的局部勝利，因為代表他們的裝置並不像大家所擔心造成那麼多新的尼古丁成癮者。「研究結果第一項就是有疫情存在，但那是『嚐鮮』疫情，」一個參與那份研究的人說；也就是說，Juul 的調查結果代表未成年吸電子菸大多只是偶一為之，就像大多數有喝酒的青少年也通常只在派對上喝醉（當然不能這樣類比，尼古丁的成癮性高多了，酒精對大多數人來說不會那麼容易上癮）。Juul 並不否認有青少年吸電子菸的問題（他們長期以來一直在處理憂心父母的電話、電郵、訴訟，知道青少年確實在上癮），但它的數據顯示情況可能更糟。不管怎樣，這份數據至少證明這股青少年吸電子菸的風潮並不是 Juul 或 Juul 一手造成的，而且大多數年輕人並不是每天吸好幾個菸彈。

公司出錢的研究很難符合科學研究的黃金標準（為了某種目的，數據是可能被動手腳的，所以香菸產業才會資助研究多年，以便轉移外界對他們產品的安全性真實存在的擔憂）；再說，Juul 的研究結果不僅跟聯邦單位的估算大不相同，也跟幾位獨立研究學者的結論不同。《菸草管制》（*Tobacco Control*）期刊 2018 年底刊登了一份研究，到 2018 年 5 月為止，15 到 17 歲曾經試過 Juul 的青少年有大約 9.5%，而根據真相倡議組織 2018 年 10 月一份調查（這個組織本身並不公允，因為他們是旗幟鮮明的反菸團體），15 到 17 歲試過 Juul 的青少年更是超過 15%（相比之下，2017 年抽過紙菸的青少年有將近 30%）。

雖然如此，Juul 的研究還是凸顯出支持電子菸的科學家提倡多年的論點：很多試過電子菸的孩子最後並沒有成癮，而且拿起這個產品的人以前也吸菸。紐約大學的大衛．艾布朗斯和瑞．尼烏拉（Ray Niaura）等科學家對 2018 年那份全國青少年菸草調查做了分析，他們認為 9 到 19 歲電子菸吸食者只有 4% 從未用過其他菸草產品（只是那 96% 的人到底是先拿起紙菸還是先拿起電子菸就不得而知了），重點是，艾布朗斯說，青少年吸電子菸雖然令人擔憂，但是跟青少年嘗試酒精、大麻、紙菸沒有什麼兩樣，應該也不至於抵銷電子菸對成人吸菸者可能的好處。艾布朗斯說，擔憂青少年吸電子菸是應該的，「但是上百萬紙菸菸民又該怎麼辦呢？」

高里布有沒有看過 Juul 寄來的那份研究、是不是覺得那份研究合理，他沒有做出任何指示。只是 Juul Labs 提交那份研究幾天後，他就把全國青少年菸草調查的數據對外公開。這份提到青少年吸電子菸增加 78% 的數據還附帶一份聲明，高里布在聲明中再次揚言要動用「所有可能的監管職權」防止孩子取得電子菸，誓言不讓電子菸給成人的希望優先於給孩子的威脅（這正是艾布朗斯所擔心的），「就算會使成人脫離紙菸的出口匝道變小，我們也必須關閉孩子通往尼古丁成癮的入口匝道，」他說，「這是我們必須做出的艱難取捨，才能防止這些產品落入孩子之手，才能對抗這場令人憂慮的疫情。」

同樣那天，他端出一項新的電子菸規範政策，以示不是說說而已。不出 Juul 所料，這項可能的新政策是禁止便利商店、加油站等未成年買得到的商店販售加味產品，只留菸草、薄荷、薄荷醇口味。高里布甚至考慮禁售薄荷醇香菸。看來他不在乎惹毛 Juul 和奧馳亞這家大企業（整個便利商店產業就更不必說了），也不在乎小型的電子菸公司被搞到關門大吉。青少年吸電子菸「從公衛角度來看，已經到了無法容忍的程度」，高里布說，而他首要且唯一的優先就是改變這種情況。

高里布拋出新法規想法的同時，Juul 和奧馳亞雙方高層距離敲定一筆可能重塑電子菸產業的交易也愈來愈近。文件幾乎已簽署，只是經過一年不計代價的成長，據說伯恩斯想榨取所有可能的回報。伯恩斯想要奧馳亞產品在便利商店的陳列空間，反正現在 MarkTen 用到的空間不多了，威拉德同意；伯恩斯想要取用奧馳亞的顧客資料庫，以便 Juul 可以直接向他們推銷，威拉德說沒問題；伯恩斯想在萬寶路香菸盒上替 Juul 的產品打廣告，威拉德說好。奧馳亞還答應不投資其他任何電子菸公司，也不開發自己的電子菸產品。

眼看就要拍板定案的時候，《華爾街日報》披露了這場長達一年半的談判。2018 年 11 月 28 日，《華爾街日報》報導奧馳亞正在跟 Juul 談判，討論收購 Juul「可觀但不過半的股份」。這篇文章在 Juul 的即時溝通平臺一傳開，Juul 總部立刻炸鍋。

有些員工不願相信這則新聞，很多人一想到要跟全國最大菸草公司合作就對 Juul 的未來深感不安，「大家都說：『我來這裡工作不是為了加入菸草大廠的。』」前員工回憶。在很多同仁心目中，Juul 是科技公司，不是菸草公司，亞當和詹姆斯早期跟日菸的交易已經是遙遠歷史，更何況現在的同仁大多跟那段歷史無關。很多同仁光是想到公司有可能跟傳統菸商同屬一個聯盟就氣噗噗，「Juul 的理念是『我們是不同的，他們是壞人，我們是好人。』」一位曾在奧馳亞工作的前員工說，拿奧馳亞的錢會讓這樣的形象蒙上陰影。

整個辦公室都在議論《華爾街日報》的報導，Juul 高管於是決定開個全員大會來安撫大家，但是伯恩斯並沒有向同事說明幾個月來跟奧馳亞的談判內容（這時已經快完成），反而一直迴避問題。根據前同事的回憶，整整一個小時左右，伯恩斯既不證實也不否認《華爾街日報》的報導，只是不斷兜圈子。他承認有幾家大菸廠表示對 Juul 有興趣，但他一再試圖淡化處理。伯恩斯和其他「高管跟同仁說：『那麼做沒有道理，我們為什麼要那麼做？』」一位參與那場大會的員工說，伯恩斯搬出 Juul 高居第一的市占率以及 150 億美元的估值，用這兩點來意指公司不需要奧馳亞或其他菸廠的支持。

不過，經過一個小時試圖消弭疑慮卻又不做任何否認，伯恩斯掀底牌了：「如果我們真的那麼做，一定很清楚我們要的是什麼」——也就是取得奧馳亞的顧客資料庫和零售陳列空間。聽在現場部分人耳裡，「如果我們真的那麼做」這句話等於默認《華爾街日報》的報導是真的：Juul Labs 認真考慮跟奧馳亞結盟。事實上已經結盟了。

2018 年 12 月初，奧馳亞宣布停掉整個 MarkTen 電子菸產線（聯邦貿易委員會後來指控這是 Juul 向奧馳亞提出的入股條件，兩家公司雙雙否認），威拉德在聲明中表示：「我們一直致力於為成人吸菸者提供低風險、創新的替代產品，包括電子菸，努力成為領導品牌，可是我們看不出這些產品有成為領導者的可能，我們認為現在是重整資源的時候了。」

幾天後全世界看懂他的意思了，奧馳亞宣布以128億美元收購Juul Labs 35%股份。根據雙方協議，奧馳亞將協助Juul的產品配銷、行銷、銷售、法規服務運作（或許最主要是協助起草提交給FDA的PMTA申請）。這筆交易以380億美元來計算Juul的價值，比年初已經很龐大的150億估值還高了一倍多，也因此，Juul Labs這家老是被FDA和媒體點名批判的新創，身價一下就高於Airbnb、Lyft、SpaceX等新創，兩個有聰明點子的史丹佛畢業生也一夕成為身價超過10億美元的富豪。

這筆投資也讓FDA局長高里布氣到跳腳，在他看來這筆交易是背叛。Juul Labs和奧馳亞的高層這幾個月都笑臉盈盈大動作做些FDA想看到的事。奧馳亞把菸彈產品從市場上下架，因為這種產品似乎是造成青少年疫情的元凶；伯恩斯則是大談Juul最新的青少年防範計畫，包括把Juul最有賺頭的加味產品從商店貨架上撤下。現在，高里布終於看到他們葫蘆裡賣的是什麼藥。

奧馳亞的威拉德坐在那裡大談要主動出擊防止青

少年吸電子菸，其實心裡很清楚他的公司再過幾個月就會入股全美電子菸龍頭，而那家公司販售的正是高里布視為元凶的菸彈類電子菸。Juul Labs 則是表面上強調要縮減商店販售給未成年的可能，私下卻在談判索求美國最大菸商的零售空間。「奧馳亞這筆交易至少有許多方面有違他們向 FDA 表達的意思以及他們的承諾。」高里布說。

根據瞭解這件事的內部人士表示，那是好聽的說法，高里布其實氣瘋了，覺得自己被當塑膠。要是他之前對 Juul 的態度算強硬了，那現在的他已經準備要開鍘，「他決定對 Juul 開戰，因為他覺得被耍了，你這是給史考特・高里布難堪。」那位內部人士說，而且沒有挽回餘地。

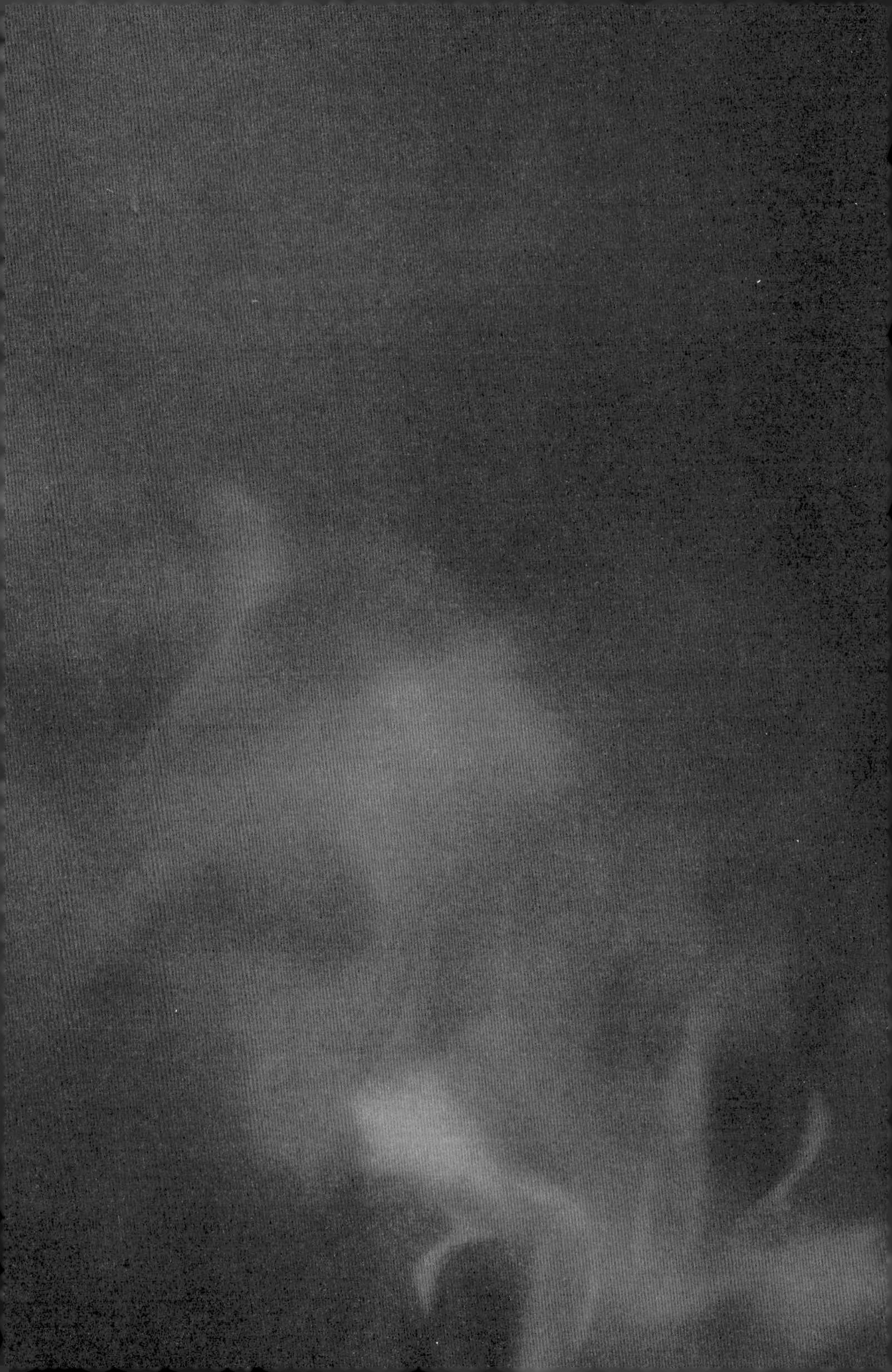

Part 3

煙消霧散

Chapter 15

發大財
（2018 年 12 月—2019 年 3 月）

走在舊金山街上，看到色彩繽紛、價值好幾百萬美元的維多利亞式連棟別墅，「杰克」總會納悶裡面都住著什麼樣的人，「看到買得起舊金山房子的人，你就會想：『這些人到底是做什麼的？』」他說。等到他 2018 年底進入 Juul Labs，他就知道答案了。

杰克在 2018 年 12 月開始面試 Juul 的工作，就是 Juul 跟奧馳亞的談判快談完的時候。他在 12 月中簽好合約，計畫耶誕假期後開始上班。然後奧馳亞交易就拍板了，裡面有高達 20 億美元是作為員工獎金之用，由於杰克已經算是 Juul 員工，所以他連辦公位子在哪都不知道就有資格在未來兩年領取薪資以外的 12 萬美元，「馬上就有一筆意外之財從天上掉下來，」他說，「真的是一大筆錢。」突然之間，在全美最昂貴的房市之一置產似乎沒那麼遙不可及了，科技錢能讓任何事化為可能，「人生就這麼改變了。」他說。

改變人生只是對杰克而言，對其他有拿到錢的員工來說，12 萬是拿最少的。20 億獎金是按照每個員工的職銜、股份、年資來分配，據說平均每人拿到 130 萬美元，只不過 130 萬是跟高階、資深員工平均的結果，他們在威拉德簽下合約的剎那就有好幾個百萬入袋。有幸從 Ploom 時代就進公司的 20、30 歲員工，突然有錢能買度假屋、跑車，能加裝游泳池、規劃奢華旅行，這是矽谷夢美夢成真，沒有人比詹姆斯、亞當和高管團隊更懂。

雖然確實的金額沒有報導，不過公司消息來源說詹姆斯、亞當、伯恩斯發了大財。亞當和詹姆斯當時各自持股不到 5%，不過已經足以讓他們躋身 10 億富豪，而且其中一人也展現億萬富豪的架勢。奧馳亞交易一敲定不久，詹姆斯就買下一棟數百萬美元、符合科技新貴身價的豪宅，有開闊的落地窗，還有可一覽舊金山美麗山景的陽臺。

協助 Juul 度過慘澹初期的股東也大豐收，據說每股分到 150 美元，「老虎全球投資公司」（Tiger Global Management）之類的大股東，就直接從奧馳亞給的 20 億拿走 10 億多，Juul 最後實際拿到的錢不到 3 億，那 20 億大多進了少數人的口袋，讓他們富到流油。

但是，雖然高層一片歡欣又有從天而降的財富，Juul Labs 的士氣卻是焦慮的，很多員工覺得被高層背叛。才一個月前，伯恩斯才站在全公司面前說 Juul 不需要菸草大廠的任何幫助，而現在，公司卻把 35% 的股份賣給全國最大菸廠。有人認為奧馳亞入股是背叛了 Juul 的初衷，代表 Juul 把道德骨氣都賣掉了，如果 Juul 當初問世是為了淘汰香菸，為什麼要向大菸商拿幾十億？很多員工彷彿大夢乍醒，「我不知道這是不是就是『戰敗』，」一個在奧馳亞入股的時候任職於 Juul 的人說，「不過我們以為我們是要消滅香菸產業的，結果卻接受奧馳亞入股，這不是我們想像的未來。」就算員工知道跟奧馳亞合作的道理何在（奧馳亞有龐大的資源和處理法規的經驗），這樣的結果還是吞不下去。

公司整個文化似乎會隨之改變。現在已經有個大股東和生意夥伴是大菸商了，Juul 再也不能假裝自己只是舊金山一家有創意的科技新創。「這件事很傷，因為你這麼久以來一直以小蝦米對抗大鯨魚自居，」法務團隊一位前員工說，「然後你卻跟那些財大氣粗的舊財團搞在一起，等於是說『我們現在也是當權派了』。」有些員工在新聞曝光後就辭職。「我不想替菸商工作，」一位遊說者說，他在奧馳亞的投資敲定沒多久就離開，「那有違我的初衷。」

也有不少員工非常樂意收下支票繼續前進，但是奧馳亞的投資會讓他們的日子更難過也是不爭的事實，至少在公共領域是如此。青少年吸 Juul 的負面新聞不斷湧現（CNN 在奧馳亞投資的消息曝光前幾天就做了一則新聞：「#Juul：社交媒體如何向下一代宣傳尼古丁？」），早就讓人很難每天昂首走進公司、對公司的願景充滿信心，似乎沒人在提那些使用 Juul 的成人，只想談電子菸造成的青少年疫情。「看到我們有這麼多負面報導……有點喪氣，」一位前員工說，「甚至到了大家不想上班的地步。」如今，奧馳亞的投資只是給記者、菸草防控團體和公眾更多的攻擊彈藥。

就在宣布與奧馳亞合作那天，Juul Labs 也試圖宣傳它自己資助的研究結果，有關成人吸菸者的成效。4200 個成人吸菸者購買 Juul 90 天後，有 56% 說至少一個月完全只吸電子菸，沒吸紙菸——成效很好，雖然是 Juul 自己委外的研究。但是這樣的研究結果完全淹沒於批評聲浪，批評 Juul Labs 跟菸草大廠的關係，批評 Juul 造成青少年電子菸疫情。「不管 Juul 再怎麼宣稱它很關心公眾健康都不會有人相信了，」CTFK 會長麥特・麥爾斯在那筆交易宣布當天就發表聲明說，「現在已經毫無疑問，Juul 就是青少年電子菸疫情的元凶，造成全美各地青少年和家庭深陷尼古丁成癮的掙扎。」

還有，如果外界對 Juul 的觀感繼續惡化，很難想像伯恩斯有辦法完成公司上市的夢想（這是很多員工多年的願望）。「股市一面倒看衰 Juul，」前員工說，「這種情況下不可能上市。」批評者早就把 Juul Labs 稱為「菸草大廠 2.0」，如今奧馳亞入股只會讓他們罵更凶。

奧馳亞入股的消息傳出後，伯恩斯盡其所能解釋轉圜，但他這是在打一場必輸無疑的戰役。套用紐約大學院長雪柔・希爾頓的話，菸草防制圈已經把這筆交易視為「Juul 的喪鐘」，把 Juul 已經破爛不堪的名譽撕得一點都不剩。伯恩斯在一份聲明中承認奧馳亞對 Juul 來說是「不太可能」、「看似反直覺的合作夥伴」，但是他強調，大企業的資源、跟吸菸者的連結，以及法規科學、銷售、行銷方面的知識有助於「加速讓吸菸者轉換到電子菸」。這話或許沒錯，但是反對 Juul 的人可不這麼認為；在他們看來，這筆交易正足以證明 Juul 高層根本不在乎健康，至少不像他們對金錢和權力那麼在乎。

沒有人比 FDA 局長更生氣，他一肚子火。他不喜歡難堪的感覺，對混淆視聽的容忍度也很低。有兩家他負責監管的公司剛剛繞過他，他不打算就這麼算了。2019 年 1 月接受《紐約時報》採訪時，他公開批評這兩家公司，他對《紐約時報》說：「Juul 和奧馳亞給 FDA 的信函和聲明當中，對於青少年疫情的原因做了非常具體的宣示，他們最近的行為和聲明顯然跟他們給 FDA 的承諾不一致。」

在高里布看來，Juul 和奧馳亞不只刻意掩飾他們的意圖和關係，還想暗中惡搞 FDA。Juul 一個月前才把加味菸彈從商店下架，說是為了呼應 FDA 所提的政策，一個月後卻接受一家大菸商的錢和零售貨架空間，這下要在商店販售它的其他商品更輕而易舉了。而奧馳亞呢？前腳才承認菸彈類電子菸是青少年疫情的禍首，後腳就去投資全國菸彈類電子菸的龍頭。這兩個決定都看不出有尊重 FDA 管轄權的味道。

高里布的同仁從頭到尾都不覺得 Juul Labs 團隊有特別真誠。Juul 高管會定期寄信給 FDA 官員，內容不外乎他們公司的青少年防範計畫、內部研究或打擊市場上山寨貨的努力，但是一轉過頭就在華府到處說 FDA 的壞話。高里布後來說 Juul 和奧馳亞是「最會得罪人的人」，繞過 FDA 直接去遊說議員。「我從來沒看過這樣的遊說，」一位資深的議員助理 2019 年告訴《野獸日報》（*Daily Beast*），「太誇張了。」

高里布說，特維．特洛伊是白宮一個固定的存在（他在加入 Juul 公共事務團隊之前，服務於衛生與公共服務部），「白宮流傳一則笑話說，特維根本就沒離開衛生與公共服務部，因為太常在那裡看到他了。」

但是這個笑話聽在高里布耳裡一點也不好笑，在他看來，Juul 一再的遊說是在貶抑 FDA 為了確保電子菸的安全和適當使用所做的努力。

高里布處於一個政治坩堝之中。一方面他必須面對跟議員關係緊密、背後有雄厚資金與人脈的反菸團體，譬如 CTFK、彭博慈善基金會、PAVE、美國肺臟協會，這些團體為了終結這場不成比例影響中上階級白人孩子的疫情，非常擅長動員議員（多半是民主黨）。「反電子菸團體的金主通常都是那群擔心自己的孩子或孫子吸電子菸的人。」UCSF 戒菸專家史蒂夫．施羅德說，所以這些團體往往鼎力支持對電子菸採取更緊縮的控管，像是限制加味產品、更嚴格規定電子菸的銷售場所或全面禁止，他們唯一且首要的優先就是讓電子菸遠離未成年，就算以電子菸為替代品的成人會因此更難取得也無所謂。以 CTFK 來說，這樣的意圖就直接寫在名稱上（Campaign for Tobacco-Free Kids，未成年無菸運動），所以阻止青少年使用尼古丁是他們存在的目的，只要是跟孩子有關的議題，一定是孩子擺第一。

似乎就是因為這些聲音，再加上青少年吸電子菸在文化上激起的公憤，高里布對電子菸的態度才變得這麼強硬。CTFK 會長麥特．麥爾斯說，他這些年常常跟高里布會面，一路看著他對電子菸的疑慮愈來愈深，「他的改變是，他意識到在行銷、尼古丁輸送方式以及口味方面，事實上存在著對青少年大為不利的因素。」高里布自己的說法則是：青少年吸電子菸的數字太觸目驚心，無法視而不見。

高里布也必須面對站在另一邊的右派議員，那些議員堅決反對他們視之為限制成人選項或可能危及電子菸小商家的政策，他們的優先排序比較接近宣揚減害的專家（兩者都主張提供電子菸給成人），只是出發點除了公共健康之外，還有經濟、反監管的論點。施羅德說，吸菸者往往是低收入者或是在華府無人代表，沒有資金雄厚的團體到國會山莊替他們發聲。

2019 年 1 月，北卡羅萊納州參議員理查．波爾（Richard Burr）——共和黨籍，2018 年收受奧馳亞 8 萬 7000 美元獻金——站在參議院議場要求高里布自己交出項上人頭。高里布才剛提出禁止薄荷醇香菸的想法，因為薄荷味對年輕人的吸引力可能比較大，波爾對這項提議大為震怒，認為禁止薄荷醇會剝奪美國人的自由選擇，也會造成各州稅收短少，「如果你覺得我的看法不完全正確、是不明智的，看在上帝的分上，拿起電話打給白宮總機，跟那位說要努力減少監管的總統說有個機關沒聽他的。」波爾在議場咆哮。

波爾這種議員往往最輕信菸商對 FDA 的不滿，只要他們引起的騷動夠大，就會傳回白宮，而白宮有 Juul 自己派駐的遊說者想方設法要跟政府官員交好，要是 Juul 成功說服川普總統相信高里布在電子菸議題太過分、造成外界對川普政府觀感不好，他們就得逞了。

即使是最順利的情況下，FDA 都還得打通好幾道關卡才能推動重大改革，因為 FDA 訂定的法規必須經過政府層層審核。「每次有人想來跟我們討論，不管是站在哪一方的國會議員，那些分歧的觀點都是我們必須處理的，」菸草產品中心的米契．澤勒說，「我只能說那是必然的。」也在菸草產品中心工作過的艾瑞克．林德布洛姆說：川普當上總統後，FDA 的工作更困難，「川普政府的敵意更深，那是個反監管的政府」，在那種氛圍下，不難想像 Juul 遊說者會觸碰到敏感神經。

在兩黨不斷拉鋸之中，高里布突然在 2019 年 3 月 5 日宣布辭職，震驚公衛圈。他說他會做到 3 月底，然後返回康乃狄克的家中，把時間留給妻子和三個年幼小孩。這項宣布引發種種揣測。高里布喜歡 FDA 這份工作是無庸置疑的，他曾經說「這是我做過最棒的工作」，但是卻做不到兩年就要走人。他在聚光燈下表現出色，推特發文頻繁，很少回絕記者的採訪邀約，完全不像 40 幾歲就想退下公職待在家裡的人，有人懷疑是不是川普逼他走，或者是不是監管電子菸的壓力太大，但是這些猜測他全都駁斥。他說每個禮拜從康乃狄克通勤到華府太折騰（每個星期一為了趕上六點的飛機，清晨三點就得起床），他堅持他是厭倦跟家人分隔兩地，「整個禮拜都待在華府，愈來愈孤單。」他說。

不管求去的原因為何，他還沒走，他以 FDA 局長身分做的最後動作之一是：要求凱文．伯恩斯和奧馳亞執行長郝爾德．威拉德到 FDA 總部來，解釋 2018 年底到底背著他發生了什麼。後來高里布形容這場會議「非常緊張」，他這話說得客氣了。

2019 年 3 月 13 日，伯恩斯、威拉德帶著各自的團隊，來到馬里蘭州銀泉市宏偉的 FDA 白橡木園區，園區內散落著 15 棟巨大的磚砌建築，整個看起來有如聯邦監獄一般，並不是最溫暖好客的會面處所，尤其那天早上 FDA 才宣布要再次更改 PMTA 期限，也就是電子菸公司要取得 FDA 批准必須提交的文件。

高里布要收回他剛上任時給電子菸產業的寬限期。FDA 決定把高里布給電子菸公司的四年準備時間縮短一年，加味產品廠商的申請期限從 2022 年 8 提前到 2021 年 8 月。對於同時要應付幾十個研究和幾百萬美元研究預算的公司來說（或是那種為了湊出一件像樣的申請而到處找錢的小公司），少了一年準備時間是很慘烈的，但是高里布似乎不在乎。他在一份媒體聲明說「青少年吸電子菸的問題惡化到疫情等級」是他更改期限的動機，最後他發出警告：「我們預計會有一部分加味電子菸產品不能再販售。」

那些話才剛說出口，高里布就跟伯恩斯、威拉德坐下來談。高里布身旁是他的高階部屬，包括菸草產品中心的澤勒，伯恩斯帶來他的法務長、法規長、公共事務長，威拉德也帶了他的高管團隊。在局長辦公室所在的磚砌建築裡，眾人圍著一張會議桌坐定，空氣中的緊張氣息清清楚楚。一陣寒暄客套之後，高里布直接進入主題。他非常生氣，而且要伯恩斯和威拉德知道他在氣什麼，於是他一個人滔滔不絕說了起來，情緒愈來愈激動，話語也像連珠砲愈來愈快。他已經沒什麼好損失的，也不需要保留。

「我在 FDA 打過交道的公司，沒有一家像你們這樣，」高里布劈頭就說，黑色眼睛盯著伯恩斯。「我們所監管的產業，沒有一個像你們這樣，一方面主動來報告說要跟我們合作解決重大的公衛問題，一方面又不斷繞過我們。你們根本沒有要跟我們合作的意思，連給我們一個機會跟我們好好往來都沒有，就直接去白宮抱怨我們的做法。沒有公司是這樣搞的。」他噼哩啪拉怒斥。

高里布的話在空氣中凝結。伯恩斯無話可回，這時候不管說什麼也改變不了高里布的認知。伯恩斯當下能做的就是閉嘴承受這位局長的言語砲火，盡力安撫他，等待這場會議結束，反正這個局長很快就會成為歷史了。

Chapter 16

道歉運動
（2019 年 3 月—7 月）

奧馳亞入股的消息傳出幾個月後，Juul 的輿論支持度跌到谷底，只有不到 10% 的受訪者對這家公司有好感——這是晨間諮詢公司（Moring Consult）2019 年 3 月做的調查。

過去替 Juul 做顧問的學者也不再回覆 Juul 員工的電話，不過也有人說他們還是有回，前提是談話內容不能留下任何紀錄。不斷有員工遞辭呈，只是隨時等著頂替的人也有好幾百個，大概是被 130 萬獎金的新聞吸引來的。

一位前遊說者說，就連其他電子菸公司也開始把Juul視為「害他們揹黑鍋的敵人」，因為是Juul造成FDA、媒體、國會對整個電子菸產業觀感不佳。電子菸產業「其實沒什麼人聞問，然後Juul出現了，」宇宙迷霧電子菸執行長羅伯．克羅斯里說，「Juul帶著高效率尼古丁裝置進來，大量年輕人開始使用，現在更是24小時占據新聞版面。」Juul是第一家家喻戶曉的電子菸公司，而且不是透過光彩的方式，同業自然會把FDA日益嚴格的規定怪到它頭上。

舊金山居民也很憤怒，有些住在Juul總部附近的人集結起來，要把這家公司踢出它目前占用、屬於市政府財產的土地。「我們要求舊金山港務局用一切可能的方法，矯治打在我們社區臉上的這記耳光。」當地一個顧問小組寫給舊金山港務局，對港務局允許一家菸草公司占用市府財產感到憤怒。去年夏天跑到Juul總部的那位憂心媽媽克莉絲汀．切森也在群眾之中，她從來沒有這麼憤怒過。

2019年初，切森開始跟梅芮迪絲．柏克曼往返電郵，就是那位看到Juul進入兒子學校就發起PAVE

（家長反對電子菸）的紐約市媽媽。切森和柏克曼的出身背景相近，兩人都有政治人脈，也都很熟悉自己所在城市的社交圈，她們知道這種遊戲是怎麼玩的，也有辦法讓人願意傾聽她們的訴求，兩人透過電郵集思廣益，想把 PAVE 的訊息放大到全國。這時的 PAVE 已經是急於協助小孩戒掉電子菸的家長求助的管道，幾位媽媽在東岸已經開始有影響力（柏克曼和幾個朋友在紐約市給家長開辦電子菸教育課程，一一回覆家長們絕望的信件，跟彭博慈善基金會和 CTFK 等反菸團體合作，還會定期寫信給議員，要求更嚴格立法監管電子菸），而西岸的加州也有切森這種有行動力的媽媽可以運用。

切森也開始一個一個去找鎮上認識的人，想利用當前這股席捲舊金山的反 Juul 動能。名單上剛好有市府監督委員華頌善（Shamann Walton）、切森和丈夫在舊金山募款活動上認識的市府律師長丹尼斯・赫雷拉（Dennis Herrera）。赫雷拉就住在 Juul 所在的舊金山多帕奇區，所以切森覺得或許有機會說服他認同菸廠不該開在他家後院。當時加州的立法者正在考慮一套法案，限制或禁止加味電子菸在加州販售，赫雷拉對

Juul 本身以及它在舊金山的存在有更多瞭解之後，更感興趣了。

「舊金山向來對各種議題無役不與，尤其當聯邦政府沒有作為的時候，」他說，「面對這種（聯邦監管）真空，我認為我們和其他州、地方責無旁貸，應該站出來保護我們的年輕人。」2019 年 3 月，赫雷拉宣布考慮推行一項比其他城市更激進的計畫，他要禁止銷售任何未經 FDA 核准的電子菸產品，加味和不加味都禁；也就是說，所有電子菸產品都在禁止之列，包括舊金山自己的 Juul Labs 所生產的。「舊金山從來不畏懼帶頭，」赫雷拉宣布這項計畫的時候說，「尤其事關孩子的健康與生命，我們當然更不畏懼。」

赫雷拉這番義正嚴詞並沒有嚇到凱文．伯恩斯和他的團隊，他們的消費者就更不用說了。他們從赫雷拉的禁令看到一個可能的未來：購買傳統香菸會比電子菸更容易。沒錯，青少年吸電子菸是個問題；沒錯，要等好幾年才能充分瞭解電子菸的長期健康影響，而現在已經出現令人憂心的初步關聯，心臟病、呼吸道問題、DNA 損傷等等，這些都需要進一步研究才能做定論。可是吸菸有害健康早就是人盡皆知的事，也已經是無庸置疑的定論，一味禁止電子菸而不對香菸做任何相應行動，這是一種倒退，即便是舊金山這種比較進步、吸菸人口比較少的城市。「『我們不讓你賣這個比較安全的產品，但是賣（香菸）這個國家頭號殺手完全沒問題』，這完全沒有道理，」波士頓大學公衛學院社區健康科學教授麥可．席格（Michael Siegel）博士說，「這等於是把這些產品監管到絕跡，白白浪費它們的潛在價值。」

「你這是留下一個產品，一個人類歷史上唯一最致命的合法產品，香菸，卻沒有（電子菸可買），」伯恩斯 2019 年接受採訪驚訝說道。感覺吸菸者再次被遺忘，立法者愈來愈大動作防止青少年吸電子菸的同時，不分青紅皂白就一竿子打翻一條船。

赫雷拉宣布後不久，艾希莉．古爾德連同 Juul 政府事務部、科學團隊的幾個同事來到舊金山宏偉的學院派風格市府大樓，到赫雷拉辦公室拜會這位市府律師長，希望在計畫進一步開展之前喊停。

在陽光灑落的赫雷拉辦公室，眾人入座木雕座椅之後，古爾德首先說明 Juul 的立場。「如果你這麼做，」她平和地說，「吸菸者就只能回頭抽紙菸。」

她認為，對很多成人吸菸者來說，電子菸是唯一能讓他們不再屈服於香菸渴望的東西，要是赫雷拉禁掉電子菸產品，只留香菸在市場上，那些人就會有故態復萌的危險，而想嘗試尼古丁的人所拿起的，也會是香菸，不是電子菸。她和她的團隊認為，比較好的策略是：取締賣電子菸給未成年的零售業者。只要不全面禁止，伯恩斯願意付錢幫舊金山每家商店安裝 Juul 正在實驗的一套新的高科技年齡驗證系統，店員掃描 Juul 產品的時候，商店的銷售系統就會鎖住，等到消費者拿出有效的、可掃描的政府身分證明才會解鎖。這套系統也不會讓任何人一次購買好幾個裝置或超過四盒菸彈，以免有人為了轉賣而大量採購。在全市安裝這套系統至少要花費 400 萬美元，但是伯恩斯願意買單，只要赫雷拉不全面禁止。

赫雷拉客氣地聽古爾德的說詞，但是顯然沒有被說服。根據也在會議現場的消息來源表示，「我沒有選擇」是赫雷拉聽完之後的回應。青少年吸電子菸已經變成敏感議題，他覺得他非回應不可，而且必須大動作，不管 Juul 喜不喜歡，禁令勢在必行。

Juul 對嚴厲批評已經習以為常，但是赫雷拉的禁令完全是另一回事。在 Juul 自己的大本營（全美最大城市之一）全面禁止電子菸產品，這不只是給 Juul 打一記耳光，也開啟一個不利的趨勢，要是其他城市起而效尤，Juul 的未來非常堪憂。不僅如此，這項政策還預示尼古丁法規的走向。如果立法者對控制青少年吸電子菸的渴望已經到了要把電子菸全面下架的地步，卻無視燃燒式香菸仍然陳列在每家商店的事實，這不僅對電子菸公司是個不好的徵兆，對於合法利用電子菸的成人來說也是。「我個人覺得這是在破壞成人用的東西。」以前抽丁香菸（clove cigarette）現在抽 Juul 的 49 歲使用者在禁令提出後接受訪問說，Juul「絕對是讓成人戒菸或減菸的好方法，現在這項禁令提出了，以後就麻煩了」。

不願任由禁令就這麼通過，「Juul 決定拿起武器對抗。」公司一個消息來源表示。

跟赫雷拉會面後不久，Juul 就開始挹注資金給一個名叫「電子菸合理監管聯盟」（Coalition for Reasonable Vaping Regulation）的團體，這個組織的宗旨是推動新的電子菸銷售標準，取代全面禁止。這個團體嚴格說來是獨立的，不過背後的金主是 Juul，他們只要收集到夠多的連署就能交付公投，讓舊金山選民在 2019 年 11 月的選舉以選票決定是否用這個聯盟的替代方案來取代赫雷拉的禁令。Juul 版本的政策是讓電子菸繼續合法在舊金山銷售，只是增加幾個條款來避免青少年使用：販售電子菸產品的商店必須有許可證，而且必須給每個人的購買數量訂出上限；對販售給未成年的商家施以更嚴格懲罰，而且電子菸只能在也販售香菸的商店販售。2019 年 6 月赫雷拉的禁令拍板定案的時候，Juul 投入於反對運動的資金已經有數百萬美元。

在 Juul Labs 部分同仁看來，就算赫雷拉的禁令真的立下惡例，反擊仍然是錯誤的決定。一位高階同仁記得他向同事強調：Juul「不該打這場仗，因為我們愈用力反擊，會被打得愈慘」。現在媒體對青少年吸電子菸的報導沸沸揚揚，再加上奧馳亞入股造成 Juul 名聲大壞，不管 Juul 做什麼都會被社會大眾懷疑有鬼，更別說那些立法者和監管人員。那位同仁認為，就算 Juul 的反立法沒有任何不妥，現在它只要反擊電子菸禁令，都會造成外界觀感不好。

在全美各地，奧馳亞入股似乎敲醒多年來對電子菸產業靜觀其變的監管人員和立法者。2019 年 5 月，一位聯邦法官裁定 FDA 必須加快規範電子菸的腳步，並且要求 FDA 將 PMTA 的申請期限提前到 2020 年 5 月 9 日，就在一年後。同樣在 5 月，北卡羅萊納州的喬許．史坦（Josh Stein）成為第一位起訴 Juul Labs 的州檢察長，理由是這家公司違反公平交易，刻意用搶眼廣告和時尚、隱密性高的裝置吸引未成年，使其成癮（Juul 後來否認起訴書中的種種指控，申請撤銷起訴但遭到駁回。根據 2021 年 1 月為止的消息，這起案件預計在 2021 年稍晚開庭審理）。在舊金山，反 Juul 的聲浪大到伯恩斯真的打算在市區買下一棟 28 層樓、數百萬美元的辦公大樓，以防市政府真的把 Juul 趕出 70 號碼頭。情勢看起來很不妙。有些員工認為，公司如果要走出輿論的泥淖，反擊是行不通的，發動全面的道歉攻勢是唯一的希望。

第一步是行銷打掉重練。光是 2019 上半年，Juul 就付了 1 億多美元給一家廣告公司，設計刊登中規中矩的廣告，跟蒸發廣告截然不同。每則廣告一開頭是一段字幕，警告尼古丁是會上癮的化學物質，接著螢幕會出現一個成人吸菸者，一看就知道不可能小於法定年齡那種，講述他或她從香菸轉換到 Juul 的經驗。「我是一天一包菸的 33 年老菸槍，」52 歲女子在一則廣告說道，坐在佛羅里達家裡的沙發上，身旁是五顏六色的抱枕，她形容轉換到 Juul「有如卸下重擔」。這則廣告沒有爭議、安全、枯燥，正是 Juul 早就該推出的那種，這家公司終於聽懂了，只是整整晚了三年。

不過行銷只是這張拼圖的一小塊。隨著 Juul 持續在華府遊說運作，幾個從政治角度切入的挽救方式也開始浮現。首先，凱文·伯恩斯還是認為《菸草 21》（將購買菸草年齡門檻調高到 21 歲）是最佳方法，能夠遏止青少年吸電子菸所造成的「存在危機」，而且，支持一項增加青少年購買 Juul 產品難度的政策，對 Juul 也是難得的公關勝利。「為了做對的事，為了防止未成年使用，我們非常樂意減少銷售或營收。」亞當 2019 年接受採訪時強調。

這招看起來是雙贏，尤其現在 Juul 可以選擇跟奧馳亞的策士合作，而奧馳亞的政治運作可是一臺運轉良好、價值數百萬美元的機器。雖然兩家公司的遊說預算是分開的（Juul 2019 年在遊說方面花了 430 萬美元，奧馳亞則是投入超過 1040 萬），不過外界普遍認為兩家公司所推動的事務的優先順序是一樣的，「看不出奧馳亞和 Juul 有什麼界線分別。」CTFK 發言人 2019 年告訴《紐約時報》。

兩家公司在 2019 年都對菸草 21 法案加倍支持力道。Juul 到春天已經花了 200 萬大打支持《菸草 21》的廣告，遍布全國的說客網也開始去找有可能願意促成《菸草 21》的立法者。

另一方面，根據熟悉 Juul 策略的共和黨說客，為了在華府取得亟需的民主黨支持，Juul 開始起用跟黑人社群淵源深厚的說客。他們的說詞有兩個部分：一是把電子菸禁令定位為可能衍生刑事問題，因為禁令會造成又一個惡習商品的使用視同犯罪；其次是讓黑人漸漸脫離跟菸草業之間漫長複雜的歷史。

話說 1950 年代有一份消費者偏好調查顯示，黑人比白人稍微偏愛薄荷醇口味的香菸（薄荷醇是薄荷裡面的化學物質）。接下來 20 年，布威菸草公司就特別鎖定黑人社區和刊物行銷它的 Kool 薄荷醇香菸，菸草業還捐錢給美國全國有色人種協進會（NAACP）和美國全國城市聯盟（National Urban League）等保障黑人權利的團體。因為有這些活動宣傳，到現在黑人抽薄荷醇香菸的比例仍然高出其他族裔很多，根據 CDC 的數據，黑人兒童和青少年的吸菸人口裡面有七成都選擇薄荷醇口味。

如果 Juul 能把自己塑造成逆轉損害的商品，為有色人種社群提供一個比薄荷醇香菸更安全的選擇，它就有機會贏得出身黑人區的左派民意代表的支持。這整套策略跟布威幾十年前的做法如出一轍，但被 Juul 說成是給亟需的社區提供的公衛干預。「我認為這麼做不適當嗎？是的，」那位共和黨說客說，「我覺得 Juul 是唯一這麼做的公司嗎？不是。」（Juul 對《野獸日報》發表的聲明表示，為了鼓勵成人使用電子菸、勸阻青少年使用，所有族裔都是它合作的對象。）

或許是吧，不過，Juul 打入黑人社群的企圖在它推動菸草 21 法案失利的同時也瞬間瓦解。2019 年 6 月，Juul 給田納西州的梅哈里醫學院（Meharry Medical College）提供 750 萬美元獎學金，這所醫學院是美國傳統黑人大學之一，沒想到反彈來得又急又快，社運人士指控 Juul 試圖讓新世代美國黑人尼古丁成癮。「Juul 心裡想的並不是非裔美國人的最大利益，」全美非裔美人菸草防範網絡（National African

American Tobacco Prevention Network）發言人告訴《紐約時報》，「事實是，Juul 是菸草產品，跟它的惡魔前輩沒什麼兩樣。」

同一時間，公衛團體開始反擊 Juul 和奧馳亞支持的佛羅里達、亞利桑那、維吉尼亞等州的《菸草 21》版本。他們說這幾州的版本充滿漏洞，有的漏洞是某些族群獲得豁免，像是軍人；有的是納入一些不利執行的條款（如果有執行條款的話），零售商如果販售給未成年被逮到也多半能脫身；有的是限縮了地方訂立更嚴格法律的可能，像是讓地方當局無法禁止某種菸草廣告或禁止銷售其他種類的加味菸草，也造成地方日後更難以通過更積極的立法。

伯恩斯否認 Juul 刻意要讓寬鬆立法通過，但也承認有些部分他也支持不下去。「我們一直很支持 21 法，支持非常乾淨的 21 法，」他 2019 年說，「有些州的 21 法附加了一些我們可以接受的部分，也有一些是我們不同意的。」譬如加味禁令，因為 Juul 堅持成人也需要用加味產品來戒掉香菸。Juul 非但不支持附加這些禁令的版本，它的政府事務團隊還會運作想法相近的立法者，聯手讓替代版本通過，甚至自己擬個新版本。

這種種介入和豁免斑斑可考，即使是支持《菸草21》的公衛團體也一逮到機會就抨擊 Juul。CTFK 發言人告訴公共誠信中心（Center for Public Integrity）：「菸商很擅長提倡或支持表面看起來很好但卻附加有害公共健康條款的法案，這比較像是一種公關策略，不是認真要防止青少年使用。」Juul 就連想端出最好的一面也會引爆怒火，這讓 Juul 內部有些人懊惱不已，他們是真心相信 Juul 的產品可以帶來改變。有一個前員工就說：「如果（公衛團體）想要的是沒有人抽菸、拯救生命，那我們跟他們的想法是一致的。」這位員工說，有時會覺得公衛團體只是想批評 Juul，不是想找出跟電子菸產業合作的方法。

Juul 的形象修復行動在 2019 年夏天擴及自家員工。有傳言開始流傳，Juul 高管把節慶派對預算拿來舉辦青少年防範訓練，強制所有員工參加。曾幾何時，Juul 看似勢不可擋往頂峰攀升的時候，節慶派對可是很盛大的，2018 那年就在舊金山巨人隊棒球場用一場盛大狂歡慶祝年終歲末，從那種盛況變成強制參加的青少年防範訓練課程，可想而知並不討好。「感覺大家都在敷衍，因為是不得不參加，不是真的想參加，」當時在 Juul 工作的員工說，「當時士氣爛爆，可以這麼說，『好棒棒喔，沒有節慶派對了，改成青少年防範課程』，就像蛋蛋被踢了一腳有苦難言的感覺。」

「很明顯沒有人想參加。」另一個員工回憶。那種感覺在所有人來到會場之後更加強烈。所有在舊金山的員工都接到指令，到普立茲克家族旗下一家凱悅飯店的宴會廳報到。節慶派對的預算看來都拿去買送給員工的 Juul「小禮物」，還有拿去印製的青少年防範手冊，其他就所剩無幾了。會議中心的食物很快就吃完，卻遲遲無法開始，因為伯恩斯困在鎮上另一頭的會議中；等到好不容易終於開始，Juul Labs 員工已經又餓又無聊又生氣。

在眾人不知情之下，人資主管隆重出場，員工們目瞪口呆看著她沿著宴會廳走道「飛奔」，背景音樂是嘻哈歌手圖派克．夏庫爾（Tupac Shakur）和德瑞博士（Dr. Dre）的〈加州之愛〉（California Love）——這是一首描寫加州派對的經典嘻哈歌曲，是圖派克犯下性侵在獄中度過 1995 年大半時間之後發行的。「在青少年防範會議上，搭配圖派克的歌出場，白得要命*，實在不恰當到靠北，」一個當時在場的員工說，「我真是驚呆了。」

雪柔．希爾頓，紐約大學那位全球公衛學院院長，看到的是 Juul 道歉運動公開的部分，她既同情又不屑。她是許多試圖把 Juul 導引到正途的公衛專家之一，因為她相信電子菸的潛力。她警告艾希莉．古爾德進入校園是糟糕的點子，她告訴古爾德和 Juul 其他高管，必須嚴肅看待電子菸在青少年之間的流行。她說，他們沒有聽她的勸告，仍然執意推動思慮不周的計畫，然後再付出代價。還有好幾位菸草防制專家有類似的故事可說。

Juul 現在之所以道歉，完全是因為之前輕忽理性思考。他們一開始用搶眼的廣告宣傳，然後籌辦教育性課程，對法規環境也不瞭解，現在又拿菸草大廠的錢發大財，無怪乎民眾沒有把他們產品的優點當一回事。「他們曾經是大受歡迎的公司，卻自己搞砸了，」

---

* 原文是 white as hell，white 在現代俚語中有傲慢、無知、殘忍的意思。

希爾頓說，「然後現在他們開始想挽回。他們後面這些防止青少年取得 Juul 的嘗試，應該在前面就要做的。」

就像希爾頓所說的，Juul 沒有辦法把潑出去的水收回來。這家公司的產品造就了全國最高公衛首長口中的青少年尼古丁成癮疫情，也激起另一個流行更廣的公眾嘲笑疫情，這兩個疫情都不容易解決，不過 Juul 還是決心試試看。

希爾頓記得，有一次接到古爾德和幾位 Juul 高管來電。「他們打電話給我，說『我們真的需要知道如何讓孩子遠離電子菸，因為有好多孩子對尼古丁成癮，』」，希爾頓說，「我說『是這樣的，我有壞消息要告訴你們：目前沒有治療方法。那是你們製造的問題，而且沒辦法修補。』」

電話那頭的高管們結結巴巴，她掛斷電話，從此再也不給他們任何意見。

Chapter 17

受審

（2019 年 7 月）

拉加・克里許納摩堤從來沒想過電子菸會是他關注的議題，這位伊利諾州眾議員的競選承諾是幫助中產階級、保護像他一樣的家庭——只求在美國找到立足之地活下去的家庭。克里許納摩堤的父母 1973 年從印度移民美國，當時他只有三個月大，辛苦掙扎是他的童年寫照。當年父親在紐約水牛城（Buffalo）唸工程，全家日子過得勉強，拚命在深陷經濟衰退的異國給自己建立一個新家。感謝「美國人極其慷慨」，他們熬過來了，對克里許納摩堤一家來說，那種慷慨以食物券和公共住宅的方式出現。雖然童年艱辛，克里許納摩堤在學校很用功，順利進入普林斯頓大學主修工程，畢業後做了幾年顧問工作後，他重返校園拿到哈佛法學院學位，這個學位後來轉化成公職，接著又轉化成 2016 年一場眾議員勝選。2017 年上任的時候，他立下保護辛勤美國人與其子女的目標，只是不確定這個承諾會以什麼方式兌現。

當這位三個孩子的父親不斷從同事那裡聽到、從新聞報導看到，有一家公司被指責是青少年對尼古丁上癮的禍首，他覺得有必要好好探究。結果，他瞭解得愈多就愈憂慮。他不敢相信有這麼多年輕人吸電子菸，不敢相信他們吸進了多少尼古丁，「因為我們自己也有小孩，因為這個東西，電子菸，在文化現象方面是超越我們的存在……我做了決定，『這是我們必須好好調查的問題，因為我手上有權力可用。』」克里許納摩堤說。

2019 年 6 月，他的團隊向 Juul 要來成千上萬頁的內部文件，希望多瞭解這幾位有人說是發明世界上最佳吸菸替代品的人，也有人說是讓幾十年的青少年禁菸進展倒退的人，端看你問的是誰。「讓我開始真正投入的，是審視這些文件。」克里許納摩堤說。他和團隊一一閱讀這些檔案，愈來愈感到懷疑。這家公司早期做的很多事（搶眼的蒸發廣告、社交媒體行銷、上市派對，甚至產品和口味的設計），似乎都是為了引誘年輕人，也就是它現在信誓旦旦強調不曾鎖定的族群。

克里許納摩堤想知道那些舊電郵和行銷計畫無法提供的答案。身為眾議院「經濟與消費者政策小組委員會」（Subcommittee on Economic and Consumer Policy）主席的他，決定舉行一場公聽會，直接問問他認為在幕後決定這一切的人：詹姆斯．蒙西斯（克里許納摩堤對另一個創辦人亞當．波文的興趣不大）。

詹姆斯一向是兩位創辦人當中出聲的那位，就是應對媒體那位，看來也是主導 Juul 的願景與方向的人，不論結果好壞。Juul 上市、Ploom 開始接受菸草大廠資金的時候，執行長都是詹姆斯，他也是接受採訪大談 Ploom 不是「搞社運的公司」、不在乎民眾改抽紙菸的人。最近他還開始吹噓 Juul 的成功，2019 年春天接受採訪說 Juul 的成功「是人類歷史上最好的公衛機會之一」。至於亞當，他大多在幕後，「我們不覺得（亞當）有什麼可以補充說的。」克里許納摩堤說。小組委員會的共和黨議員提議找 Juul 行政長艾希莉・古爾德替代亞當來答詢，克里許納摩堤決定讓古爾德有發言機會，但他想在宣誓之下當面詢問詹姆斯，這樣他就不能「把責任推給別人」。

克里許納摩堤的辦公室給 Juul 發出正式的公聽會通知後，Juul 提出執行長凱文・伯恩斯可以出席答詢，克里許納摩堤團隊拒絕。克里許納摩堤要的是詹姆斯，那個憑自己一雙手打造出 Juul 的人，要他一個人坐上拷問臺。公聽會排定在 2019 年 7 月 24 和 25 日舉行。

公聽會第一天，出場作證的是各種菸草防制專家與倡導者的意見，其中多位堅決反對電子菸，主要原因就是流行於青少年之間的 Juul 疫情。公聽會上唯一主張減害的專家是紐約大學的瑞・尼烏拉，他提出種種理由，試圖證明電子菸對成人吸菸者的潛力，但效果不大。這場公聽會「完全是照著劇本走的電視劇，」尼烏拉說，意味這只是一場反電子菸的宣傳大戲，「沒有一個民主黨議員問我問題，甚至連看我一眼都沒有吧。」

確實，兩個小時的公聽會大多是醫生和反菸人士在抨擊 Juul 和其他電子菸公司。強納森・威尼可夫博士（Dr. Jonathan Winickoff）——麻州總醫院（Massachusetts General Hospital）小兒科醫師，也是美國兒科學會成員——談到了電子菸對健康的風險，從尼古丁上癮到潛在的肺部疾病等等。

史丹佛的羅伯特・傑克勒則是提到 Juul 的早期行銷，他說「明顯是以年輕人為導向」，還回憶去年夏天他跟詹姆斯・蒙西斯的會面，就是傑克勒口中詹姆斯承認 Juul 上市廣告模仿香菸大廠廣告那次。「他感謝我們網路上那 5 萬張傳統菸商廣告的資料庫，」傑克勒告訴眾議會，「他說對他們設計 Juul 的廣告很有幫助。」

PAVE 的梅芮迪絲・柏克曼做了一番戲劇性陳述，關於 Juul 在全國孩子身上造成的影響，包括她自己的兒子卡列博（卡列博也出席作證，講述 Juul 人員前一年來到他的九年級教室的情形）。柏克曼懇求眾議會向 Juul 究責，為青少年尼古丁成癮負起責任，她嚴正地說：「這不是政治議題，而是道德問題，如果我們現在不採取行動，就得面對一整個世代都對尼古丁上癮的孩子，他們成了 Juul 這場實驗的白老鼠。」

當天現場有那麼多有影響力的醫生和反菸人士，但是最激動人心的證詞大概要屬一個名不見經傳的女性所發。芮・歐利里（Rae O' Leary）來自南達科他州一個小小的組織，名稱是夏安河蘇族部落無菸聯盟（Canli Coalition of the Cheyenne River Sioux Tribe），她本身是龜山奇普瓦族（Turtle Mountain Band of Chippewa），在 2009 年成立了這個無菸聯盟，協助夏安河蘇族部落（CRST）努力達成無菸生活，擺脫幾十年來猖狂的菸草濫用以及高比例的抽菸相關疾病。美國印地安原住民抽菸的比例遠遠高於其他族群，除了因為菸草屬於文化傳統，另一個原因是部落屬於主權國家（sovereign nation），不受美國大部分菸草法律和法規的約束。歐利里的工作就是扭轉這股趨勢。

來到眾議會作證的歐利里，重現那年某日的情景，話說那天她收到 CRST 部落長老一封神祕簡訊：「我想妳最好來一趟。」

歐利里連忙趕到她所知道的長老聚會所，在那裡，她看到幾名意外訪客——Juul Labs 的代表——他們正在推銷他們為原民部落設計的「轉換方案」（Juul後來向眾議會委員會說這套方案是給「21歲以上想戒紙菸的人」的選擇）。根據方案內容，Juul會用很大的折扣提供Juul裝置和菸彈給部落長老，再由長老免費發給想戒紙菸的成年族人。Juul代表還說，他們會建置一個入口網站，費用由Juul全部買單，加入方案者可以在網站上登錄自己的健康和抽菸習慣，追蹤改吸Juul的進度。Juul代表說，Juul光是啟動這項計畫就準備花60萬美元，還準備每個月花3萬美元左右維持計畫運作。歐利里在公聽會上告訴議員，有些長老聽了很感興趣，但她當場就嚇壞了。

這套推銷詞（跟Juul試圖打進黑人社群的說詞大同小異），歐利里完全不能接受，她告訴眾議員：「CRST可能在Juul看來是容易打進的族群，因為FDA不能在這裡執行菸草法規（因為部落是主權自治體），也不能公布我們的成人吸菸比例高達51%的報告，再加上我們有容易上癮的基因。也有可能他們找上CRST是看上我們年輕的人口，或是因為我們是全美國最窮的地方。」

在歐利里看來，這整件事有太多菸草大廠的影子。過去菸草大廠也利用部落自治以及部落跟菸草的文化關聯（很多部落把菸草奉為神聖植物），把香菸強迫推銷給美國原住民部落。菸商用盡一切方法想讓美國印地安人抽菸（提供折扣、送贈品、捐錢給部落做慈善），看在歐利里眼裡，Juul 在做一樣的事，只是用更巧妙的說詞、用更科技的商品。

她覺得，不管 Juul 的商品對 CRST 再怎麼有好處，都被這家公司的推銷做法抵銷了。「那有點像詐術，」歐利里接受採訪說，「很可悲。在菸草產業和電子菸產業眼中，我們是弱勢族群，是他們占便宜的對象。」（歐利里作證幾個月後，克里許納摩堤辦公室公布 Juul 內部文件，這家公司在 2018 年底到 2019 年初至少向其他七個部落做過類似的推銷。）就算以前沒有，現在這些全國最高立法者似乎已經相信 Juul Labs 是一家邪惡公司，試圖引誘全國最弱勢的族群染上尼古丁。也坐在公聽會上的參議員迪克・德賓，在最後陳述一語中的：「毫無疑問，現在跟菸草巨擘奥馳亞聯手的 Juul，就是這場疫情背後的黑手，即使他們來到這場公聽會擺出聖人模樣。」

7 月 25 日，前一天的證詞還迴盪在空氣中，詹姆斯·蒙西斯和艾希莉·古爾德已經踏進眾議會議事廳，輪到他們站在克里許納摩堤的委員會面前。詹姆斯先登場。他一個人坐在一張長長的桌子前，手邊有一本筆記本和一瓶水，一身剪裁合身的黑色西裝和領帶，下巴上的鬍子卻沒刮，黑眼圈藏不住，聲音粗啞，沒有命運掌控在自己手裡的氣勢，也沒有科技億萬富豪的神采，看起來就像一個即將被處死的俘虜。

但他沒有選擇，只能清清喉嚨開始發言：「謝謝，主席先生、委員會最資深的委員、尊敬的國會議員。我的名字是詹姆斯·蒙西斯。Juul Labs 是我和亞當·波文創立的公司，現在我擔任產品長。今天有機會在這裡向各位說明，我真的滿心感謝。從我和亞當邁開腳步往 Juul 這項產品前進的那一刻開始，我們就很清楚，我們的目標是改善成年吸菸者的生命。」這個開場白很像 Juul Labs 過去一年發出的每一份新聞稿，有道歉、有理念說明，還有懇求，懇求所有人相信他們所說，他們只是想做對的事。「主席先生，簡單來說，Juul Labs 並不是菸草大廠，」詹姆斯說，「我們是來消滅他們的產品，香菸。」

克里許納摩堤坐在詹姆斯正對面一個莊嚴的木製

高臺上，面無表情聽取詹姆斯的發言，等到詹姆斯一講完，克里許納摩堤馬上用五分鐘的提問定下基調。幾乎是立刻，他緊咬羅伯特．傑克勒前一天的說法，尤其是傑克勒指稱詹姆斯曾經感謝傑克勒彙整的菸草廣告，因為他和亞當設計 Juul 的行銷時從那些廣告獲得很大啟發。公聽會才剛開始幾分鐘，詹姆斯就不得不展開防守。

「我想，很可惜，傑克勒博士可能聽錯我的意思了。」他回答，遣詞用字小心翼翼，「事實上，他彙整的資料是很有用的資料。我和亞當唸史丹佛的時候，我們很想多瞭解菸草公司過去不好的作為，當時我們很想透過（傑克勒的）研究瞭解菸草公司到底做了哪些不好的事，以便知道經營事業有哪些是不該做的。」克里許納摩堤的表情和語氣都一副不相信的樣子，他的提問肯定不是詹姆斯所期待的，不過倒是很好的暖身。

議員連番上陣質問詹姆斯，從 Juul Labs 的口味、行銷、品牌包裝無所不問，詹姆斯一次又一次強調 Juul 絕對無意讓孩子使用它的產品，他從頭到尾只想給像他一樣的抽菸者一個更好的選擇。他這番話說得很好，但已經沒有幾年前那種神氣活現、充滿魅力的自負，他看起來被打敗，被壓制得服服貼貼。

偶爾，過去的詹姆斯還是會閃現。看到共和黨議員吉姆·喬登（Jim Jordan，委員會裡面少數讚賞 Juul 產品的議員之一）拋出救生艇給他，出聲支持 Juul 和其理念，他調侃回說：「來這裡可不是我喜歡的事，」然後好像突然想起他現在人在哪裡似的，馬上補一句：「但是我很高興來這裡。」偶爾，他也會用招牌微笑來回答，不過大致上完全沒有矽谷億萬富豪高高在上的氣息。不知不覺，他的地基開始出現裂縫。「我不覺得他的表現有達到平常的水準，」克里許納摩堤事後表示，「有些議員覺得他對某些事實有點馬虎。」

這種情況在詹姆斯答詢將近一小時後看得一清二楚。當時發問的是加州議員凱蒂·希爾（Katie Hill），她開始宣讀 Juul 2015 年跟勇氣創意集團簽的合約，就是保證給至少 280 個網紅免費試用品的那家行銷公司。Juul 高管事前準備給公聽會的一封信宣稱，Juul 從未動用正式的名人或網紅行銷，公司有史以來只付過錢給四個網紅。希爾當場向詹姆斯指出，那份合約直接打臉 Juul 高管的信件內容。

「呃⋯⋯我⋯⋯抱歉，」詹姆斯結巴起來，「我手上沒有那份文件。」

「你們回覆委員會的信件沒有提到這 280 個網紅，是不是有什麼原因？」希爾問道。

「很抱歉，我至少得先看一下那份文件。」他回答。

「這是你們提供給我們的欸。」她反擊。

「我們提供的文件太多了，」詹姆斯說，顯然慌了，「很抱歉。」

希爾繼續，一次又一次逼問這家公司是如何利用網紅的。要是沒有利用網紅，為什麼需要勇氣創意公司？為什麼內部文件要把有可能扮演 Juul 網紅的名人特別標注起來？「你剛剛才說，你們沒有傳統的名人或網紅方案，你現在還堅持這個說法嗎？」希爾問。

「聽起來我們進入了我不完全熟悉的領域，」蒙西斯回答，「所以，我，呃，非常樂意好好去研究。」

這段答詢很難堪，但不是唯一。有好幾次，詹姆斯對議員的提問都回說不記得、不知道，還有幾次說要問問部屬才知道。佛羅里達眾議員黛比．瓦瑟曼．舒茲（Debbie Wasserman Schultz）問到 Juul 裝置的溫控功能，詹姆斯也說不瞭解，感到不可思議的舒茲議員說：「你連這個都不知道，實在難以想像。」稍後，密西根議員拉希妲．特萊布（Rashida Tlaib）提醒詹姆斯：「如果你明明知道卻說『不知道』，這也是說謊。」民主黨議員似乎很高興有機會翻詹姆斯的舊帳，尤其加州眾議員馬克．德索尼爾（Mark DeSaulnier），他很不屑地大罵：「先生，在我看來，你是灣區最壞的示範。這裡不是讓你來徵求許可的，是讓你來請求原諒的。你什麼都不是，只是個毒品販子，而且還專門賣給年輕人。」

最後，德州共和黨議員麥克．克勞德（Michael Cloud）提起那個你知我知但人人避談的問題，他問詹姆斯，為什麼執行長凱文．伯恩斯沒跟他一起來接受答詢。答案當然是：Juul 有提出，但是被克里許納摩堤辦公室回絕了。但是詹姆斯回說不知道，這話應該不假。詹姆斯承認：「有些問題的答案要由凱文來回答比較確定，他也能說明得更清楚。」這話聽在部分議員耳裡大概覺得輕率不負責，堂堂創辦人，唯二從頭到尾都在的人之一，怎麼可能被這些問題問倒，一定又是在迴避閃躲。不過詹姆斯其實只是實話實說，他對 Juul 的內部運作還真的知道不多，畢竟他不當老大很久了。

輪到艾希莉．古爾德上場答詢的時候，情況也好不到哪裡去。議員拷問她有關 Juul 走進校園的事，那是她去年負責的業務。她強調所有電子菸課程都結束了，他們一聽到公衛專家警告說有不好的影響就喊停了。她的解釋是：「我們確實有聘請教育專家協助規劃課程來阻止孩子使用 Juul，後來我們接到反應說，這麼做的外在觀感不好；此外我們還收到一位公衛專家的意見，他告訴我們菸草公司過去的做法，那些做法我們原本並不知道。因為接收到這些訊息，我們就把課程停掉了。」

但是對克里許納摩堤來說，古爾德一開口沒多久就說出他要聽的話：「我不希望我的兒子接觸 Juul 的產品。我直接跟他們說過，說過很多次。」克里許納摩堤說他從這段話聽到一種認罪，證明古爾德和 Juul Labs 高管把自己的孩子照顧得好好的，不讓他們碰到自己公司的產品，但是並沒有把那份關愛擴大到全國青少年身上。

Chapter 18

瘟疫與恐慌
（2019 年 7 月—9 月）

丹尼爾．艾門特（Daniel Ament）會死，哈桑．內梅（Hassan Nemeh）醫師低頭看著病床上這個消瘦的 16 歲男孩，心裡很清楚。原本是運動健將的健康少年，現在癱軟躺在密西根兒童醫院病房，生命全靠一臺葉克膜（ECMO）撐著，由這臺機器接手他已經沒有作用的肺部功能。在這位服務於底特律亨利．福特醫院（Henry Ford Hospital）的胸腔外科醫生看來，丹尼爾很明顯所剩時間不多。肺臟移植可以救他一命，但是必須從兒童醫院轉到亨利·福特醫院才能動手術，而轉院過程必須拔除葉克膜幾秒鐘，這個少年脆弱的身體能不能撐過這幾秒鐘，內梅醫師一點把握都沒有。

但是內梅醫師能做的有限。即使用了葉克膜，丹尼爾也不見任何好轉，仍然一點一滴走向死亡，把他轉接上攜帶式葉克膜或許可以撐過到達亨利·福特醫院這幾英里路，這是唯一可行的解決方法，但也不保證成功。內梅和團隊知道，拔掉葉克膜再接上可攜式葉克膜的過程有八到十秒的空檔，這短短幾秒鐘都可能讓丹尼爾死去，他的肺就是這麼衰弱。「我們無路可走，」內梅醫師回憶，「只有移植一途。」

這個少年的故事要從 2019 年夏天說起，當時有個朋友把一個 Juul 忘在丹尼爾車上，被他留了下來。丹尼爾是運動員，長久以來一直刻意遠離電子菸，即使身邊同學從八年級就開始吸了。但是 2018 年底因為膝傷無法上場之後，他的主要動力就沒了，一個朋友把 Juul 忘在他的車子，他不知不覺就開始每天吸一次，接著每天吸好幾次，然後就沒停過，主要是吸 Juul 的尼古丁菸油，但是偶爾也會跟朋友使用含有

THC 的菸油（THC 是大麻裡面的精神藥物成分）。丹尼爾誓言等 2019 年秋天開學、越野訓練重新開始就戒掉，隨著高二暑假結束，他吸了最後一口。

升上高三第二天，他一醒來就頭痛、背痛、疲倦、發燒，但沒想太多，還是拖著身子去上學，深怕學期才開始就課業落後。但是隔天醒來還是一樣，他只好請假去看醫生，醫生告訴他可能是肺炎，然後就讓他回家。

回到家，他開始呼吸困難。2019 年 9 月 4 日，媽媽載他去亞森欣聖約翰醫院（Ascension St. John Hospital）掛急診，情況看來比肺炎更嚴重。他在急診室向醫生們吐露祕密，Juul、電子菸、THC，一五一十都說了。最後他只記得被帶到樓上病房，肺部開始衰竭。

丹尼爾之所以知道要提起吸電子菸的習慣，背後有一段曲折的過程，而源頭是威斯康辛兒童醫院（一家位於密爾瓦基的醫院）胸腔醫師琳恩．狄安德列亞（Dr. Lynn D'Andrea）幾個月前處理過的病人。她 2019 年獨立紀念日週末假期都在醫院的兒科加護病房工作，通常醫院這幾天會準備收治大量的酒醉受傷、庭院遊戲小意外、煙火灼傷的患者，然而出乎狄安德列亞醫師的預料，來了三個有詭異肺部損傷的青少年。

「三人送來的時候都有同樣的症狀：發燒、呼吸短促、胸部X光出現相當罕見的雙側肺炎，」狄安德列亞醫師回憶，「而且用抗生素都不見得好轉。」

努力想搞清楚怎麼一回事的她，回想起同事在夏初看到的兩個奇怪病例，非常類似她現在治療的三個年輕人。幾個健康青少年突然出現類似肺癌的嚴重疾病，而且都在夏天同一段時間，極為反常；更不尋常的是，用標準療法都沒有一個有效。於是狄安德列亞醫師決定給三個病人做支氣管鏡檢查，仔細看看他們的肺部。「一看就恍然大悟，」她說，他們的肺部看不出有肺炎，反而「有局部紅腫發炎，還有小小的灼傷痕跡。」他們的肺部看起來不像受到病毒或細菌的感染，比較像吸入有毒的東西而受傷。

狄安德列亞醫師知道她找到了，只是不太確定是什麼。拿到支氣管鏡檢查結果之後，她馬上衝上樓找同事，找兒科加護病房主任麥可·梅耶醫師（Dr. Michael Meyer），他人在四樓的加護病房，正要去查看她那三個年輕病人，還沒踏進病房就被狄安德列亞醫師攔下。「我要告訴你，這不是感染，」她說，語氣篤定，「我現在還不知道是什麼，不過我敢打賭一定不是傳染病，我們必須換個方向思考。」

梅耶醫師同意，這些病人的狀況完全不像典型的感染。胸部X光和電腦斷層掃描的結果都不正常，一般來說能有效治療肺炎的抗生素卻對這幾個病人沒效。如果兩位醫生的猜測沒錯，這幾個病人是因為暴露於有害物質才生病，那麼這個問題很可能不只存在於他們醫院，整個城市或整個州，甚至整個國家，都可能有某種東西正在讓人生病。

狄安德列亞醫師把病例上報給醫院醫療長，醫療長再通報威斯康辛衛生局（Wisconisn Department of Health Service），衛生局一對州內各醫療中心發出警報，馬上有幾家醫院回報有類似病例，大多是年輕成人和青少年，而且病人還在不斷湧入。

到 2019 年 7 月底，已經有十個肺部有不明傷害的年輕患者送到威斯康辛兒童醫院。狄安德列亞醫師還是不確定自己在跟什麼搏鬥，但是每送來一個病人她就多知道一點，最後她做出合理猜測，開始用類固醇治療，很多有毒物質引起的肺部疾病都是投以類固醇。這個療法似乎有效，只是這是矇對的，她還是不知道這些人到底怎麼了，萬一病因真是傳染病，用類固醇其實只會讓病情惡化。

「很不安，」狄安德列亞醫師坦承，「你不想為了幫助他們卻反而害到他們。」不過，愈多孩子送來威斯康辛兒童醫院，跟州內愈多醫生討論過，狄安德列亞醫師就愈確定這些孩子並不是罹患肺癌或其他任何感染。隨著時間過去，她和同事漸漸拼湊出一個樣貌：有辦法回答問題的病人都說，生病前一個月有吸電子菸，看來這是一個共同點。問題是，這麼嚴重的傷害是什麼產品造成的？原因是什麼？

「我希望我早一點發現的是，」狄安德列亞醫師的同事梅耶說，這個疾病很類似他 2000 年代初當實習醫師常看到的情況：誤喝燈油造成的傷害。當時，餐廳常用裝滿漂亮顏色燈油的蠟燭或燈來布置桌子，小孩子有時會把那個燈油誤認為果汁喝下去，他們通常馬上就吐出來，但是這種有毒的油就算只喝下一點點也會傷害肺部組織，造成呼吸困難。「隨著這件事逐漸發展，我也慢慢回想起當年的例子。」梅耶說，但是他在 2019 年 7 月當下還沒想到。

到了 8 月初，CDC 抽菸與健康辦事處（Office on Smoking and Health）負責將研究轉化為臨床的副主任布萊恩．金恩（Brian King），接到媒體詢問威斯康辛兒童醫院出現許多奇怪肺疾的事。金恩知道的不多，所以把那位記者轉給威斯康辛衛生局，然後就做他的事去了。沒多久，他又被打斷。

「才幾個小時的時間，」金恩說，「我們就開始聽到（威斯康辛州）多起疑似病例。」威斯康辛衛生局人員告訴金恩，威州各地醫院不斷有肺部出現奇怪損傷的民眾，沒有人知道到底是什麼，但是初步猜測跟電子菸有關。沒多久，伊利諾州也通報類似情況，這下金恩背脊坐得更直了。「一旦開始收到好幾個州通報相同的異常，就真的是爆發公衛危機的警鈴了。」金恩說。另外，源頭指向電子菸也更添疑竇。「電子菸的氣溶膠並不是無害的，這點我們一直都知道，」金恩說，「但是這次似乎不同於」CDC 擔心的那種長期風險。

2019 年 8 月 17 日，CDC 公開宣布正在調查「數起指向電子菸產品的肺部疾病」。從威斯康辛兒童醫院敲下第一記警鐘開始，6 月底到 8 月中，全美國總共有 94 例出現這種新的、費解的肺部損傷（CDC 最後命名為「電子菸或蒸發產品相關的肺部損傷」（E-cigarette or Vaping Product Use–Associated Lung Injury，EVALI）。根據 CDC，患者大多是青少年或年輕成人，雖然確切病因仍在調查中，但是矛頭都指向電子菸。

這則消息是媒體的興奮劑，該有的元素都有：一種戲劇性的神祕疾病，主要影響年輕人，很明顯是一個早就讓人恨得牙癢癢的產業所引起。在新聞報導和社交媒體之間，許多不幸罹患 EVALI 的人一夕變成網路紅人。在佛羅里達州，18 歲、2017 年在高中烹飪課開始吸 Juul 的錢斯·阿米拉塔，在推特放上他緊急手術後的肺部照片，到處瘋傳。在加州，18 歲的希瑪·赫爾曼（Simah Herman）在 8 月底也嚐到爆紅滋味。一張放在 Instagram 的照片累積將近百萬個讚，照片裡的她在插管數天後臉色蒼白地躺在病床上，手拿一張活頁紙，上面寫著：「我想發起拒絕電子菸運動。」

還有很多這類故事不為人知，只成為 CDC 不斷攀升的病例數字之一。8 月 23 日，CDC 說 EVALI 確診病例累計將近 200 例，有一例死亡，是伊利諾州一名成人。「伊利諾州這起不幸死亡更證實電子菸產品的風險不可小覷，使用者會暴露於多種我們至今對其危害仍所知不多的物質，」CDC 主任羅伯特．瑞德菲爾德博士（Dr. Robert Redfield）在死訊公布後的聲明中表示，「CDC 從電子菸問世就一再警告這些裝置存在已知與潛在的危險。」

凱文．伯恩斯感到很懷疑，Juul 前員工回憶。CDC 口口聲聲說不知道這些肺部傷害的原因是什麼，CDC 發言人也一再透過聲明和記者會強調，任何電子菸產品都可能有危險，但是在伯恩斯看來，很明顯問題不是出在 Juul 的產品。這些年下來，使用 Juul 電子菸的人已經有好幾百萬，從來沒發生過這種事。「如果（Juul）會導致某種致命肺炎，」伯恩斯在 EVALI 新聞爆發不久的員工會議上清楚告訴高管，「早就有大量死亡出現了。」

儘管如此，為了保險起見，伯恩斯還是要求科學團隊對 Juul 菸彈做徹底檢查，再次確認公司是清白的。於是，Juul 科學家對每一種口味和尼古丁強度都進行分析，尋找產品可能遭到汙染或異物入侵而導致

CDC 所說的肺部傷害的跡象，結果什麼都沒發現，根據瞭解這項測試的前員工所說。接著他們聘請外部實驗室檢驗競爭對手和黑市品牌製造的 Juul 相容菸彈，以防禍首就是這些被民眾認為是 Juul 生產的山寨品。「我們在這些產品當中有發現一些令人擔憂的東西，」熟知檢驗過程的消息來源說，「但是還不至於導致死亡。」

看起來，Juul 的菸彈和裝置並不是問題所在，甚至那些非法山寨品也不是。經過幾個禮拜的檢驗，Juul 科學家發了一封信給 CDC，詳述他們的檢驗過程和結果，並表示願意配合調查。

布萊恩・金恩承認 CDC 有收到那封信，但是他說 CDC 選擇不跟 Juul 合作。「其實幫助不大，」金恩說，再者，「從一開始……就很清楚，雖然有相當大比例的病人回報說有使用尼古丁產品，但是只用尼古丁的病人只有 15% 左右，（這種肺疾）顯然是 THC 產品所造成，而 THC 產品不見得出自電子菸大廠，包括 Juul。」

確實，CDC 和 FDA 早在 2019 年 8 月就有數據顯示，大多數病人是因為吸了含有 THC 的產品，不是因為吸了 Juul 那些電子菸公司所生產的尼古丁產品。確實有一些病人也有吸尼古丁（譬如密西根青少年丹尼爾．艾門特，他在成功移植雙肺後持續康復中），但是極少病人「只」吸尼古丁，絕大多數罹病之前都吸了 THC。雖然如此，聯邦調查人員還是遲遲不肯把矛頭單獨指向 THC。

CDC 在 8 月 23 日開記者會證實首例 EVALI 死亡時，記者一再詢問是否可能跟 THC 有關（THC 受到的監管甚至比尼古丁產品更少，非法購買的可能性也更大），CDC 當時已經有相當明確的數據，卻還是不願下定論。「調查人員還沒有確定有哪個產品或化合物跟所有病例有關。」CDC 的伊蓮娜．阿里亞思（Ileana Arias）在 8 月 23 日那場記者會上說。在調查確定之前，CDC 呼籲民眾遠離所有電子菸產品。（「我們是數據導向的機構，決策必須以數據為本。」金恩後來說，還說當時的數據並不足以做出評估。）

CDC 遲遲不願還清白，Juul 就擺脫不了麻煩。肺疾恐慌已經深入群眾，尤其是年輕人之間，散播速度之快，遠不是 CDC 和 FDA 無趣的公衛警告趕得上的。民眾陷入恐慌，害怕晚間新聞大肆報導的肺部傷害會發生在自己身上。後來一份研究顯示，EVALI 危機發生期間，「戒電子菸」等字眼在谷歌搜尋暴增近四倍。把自身經驗貼上網的青少年，譬如錢斯．阿米拉塔，被 Instagram 私訊給淹沒，都是發誓不再吸電子菸的人所傳來。「我收到幾萬封簡訊，完完全全瘋了，」阿米拉塔說，「我盡可能一一回覆，手機一直往下滑，滑不完，大部分都說要戒掉電子菸。」

這些都反映在 Juul 的財務報表上，「上面的數字一週週下滑。」一位高階前員工回憶。星期一早上通常是伯恩斯和高管們最盼望的時刻，因為追蹤香菸和電子菸銷售的尼爾森消費者報告（Nielsen Consumer Insights）就是這個時候出爐，幾年來他們都是看著香菸銷售穩定下滑、Juul 銷售持續成長，這代表民眾真的把紙菸換成電子菸，「然後（肺疾事件）爆發後，」那個前員工說，「紙菸銷售數字開始回升，Juul 出現負成長。」看來民眾正在拋棄電子菸習慣，只是不知道是娛樂性使用者乾脆完全戒掉，還是吸菸者回頭擁抱燃燒式紙菸，還是兩者都有。

2019 年 8 月底，伯恩斯答應面對鏡頭，接受《CBS 今晨》（*CBS This Morning*）主持人東尼．杜柯皮爾（Tony Dokoupil）專訪。身穿淡紫色鈕釦襯衫，一臉嚴肅，伯恩斯試圖替 Juul 辯解，把 EVALI 話題導引到 THC 產品。「大部分有具體細節的（病例）都說跟 THC 有關，」伯恩斯告訴杜柯皮爾，「那些報告的細節我們並不知道。要是有跡象證明有任何不良健康情形是跟我們的產品有關，我想我們一定會非常迅速採取相應作為。」杜柯皮爾顯然不以為然，他的回應充滿懷疑：「我不知道原來『大部分』病例都跟 THC 有關。」不過伯恩斯沒說錯，當時大部分病例都指向 THC；雖然如此，除了辯護或爭論，他也沒有什麼能說的，他有口難言。

當時的 Juul 已經是不受歡迎人物，進入校園、贊助獎學金、諮詢小組、遊說活動，每做一件自爆一件，被視為愚弄父母、讓孩子上癮的邪惡帝國。這些批評有些是罪有應得，但也夠殘酷，以致這家公司不管做什麼，不管是不是出於善意，都被用有色眼光看待。長時間下來，Juul 高層漸漸學會，置之不理是讓新聞平息的最佳方法。只不過這次怎麼就是平息不下來。

Chapter 19

違禁品
（2019 年 6 月—9 月）

泰勒．赫芬斯（Tyler Huffhines）在家鄉威斯康辛州帕多克湖（Paddock Lake）小有名氣。媽媽是房仲，這給了他們家一定的知名度，他自己則是威斯托夏中央高中（Westosha Central High School）美式足球隊主力。不過，真正讓他聲名大噪的，是他生意人的身分。2018 年春天，他還是 18 歲高中生，當地報紙記者寫了一篇文章讚揚他的創業能力，尤其是買賣高檔球鞋的能力：「但是他的商業模式可不只限於球鞋，任何東西他都願意買賣，只要有利可圖。」

沒想到那句話一語成讖。到 2019 年夏天，販賣 THC 據說已經是赫芬斯家的家族生意。根據後來調查人員的拼湊還原，泰勒和哥哥雅各（Jacob）組織了整個威斯康辛最大的 THC 販賣集團之一，兩兄弟的媽媽顯然也參與其中，據說她用別人名義租下布里斯托灣（Bristol Bay）一套公寓，讓泰勒作為販毒生意的基地。根據執法人員的說法，泰勒會僱用跑腿人開車到加州（大麻在那裡是合法的），把一罐罐 THC 蒸餾液載回威斯康辛州（大麻在這裡不合法），顯然把媽媽租來的公寓當作實驗室和工廠。泰勒僱了大約 12 個人，打卡上下班，時薪 20 美元，負責將 THC 加熱液化，然後用針筒把 THC 菸油注入電子菸筆的塑膠菸彈，再把這些菸彈分發給泰勒的藥頭大軍，由他們賣到基諾沙郡（Kenosha County）各地和其他地區。

2019 年 6 月其中一個藥頭被逮，父母在他的臥房發現一批 THC 菸彈和現金，交給了沃基肖（Waukesha）警方，調查人員說動他供出提供這些藥物的人，隨後展開一層層訊問，最後找上泰勒．赫芬斯。負責本案的刑警賈斯汀·羅（Justin Rowe），對泰勒展開追蹤，掌握到他做生意的地方。羅刑警在網路上找到那個地址的房屋照，跟泰勒的 Snapchat 貼文裡的房屋照片交叉比對，那間公寓的租客名字沒聽過，但是租屋手續經手人是寇特妮·赫芬斯（Courtney Huffhines），泰勒的媽媽。

2019 年 9 月 5 日，沃基肖警方突擊搜查那間公寓，查獲 3 萬多個裝滿 THC 菸油的菸彈、50 多個滿滿一公升 THC 蒸餾液的罐子、幾百盒菸彈成品。包裝上印的口味和品牌多達幾十種，不過 Dank Vapes 和 Cookie 出現的頻率最高。根據羅刑警的估計，這些東西的市價最起碼 200 萬美元以上。羅刑警隨後到赫芬斯兩兄弟家逮捕兩人時，又在泰勒臥房床頭櫃找到現金 4 萬 8000 美元、在雅各臥房搜出 1 萬 1000 美元以及一把裝了子彈的 AR-15 步槍。突擊搜索幾天後，警方查獲一個以泰勒·赫芬斯名義租下的貨櫃，滿滿都是更多更多的菸彈和包裝材料。

2019 年 10 月傳訊到案時，赫芬斯母子三人對所有指控一概否認，到 2020 年夏天也都不願認罪換取減刑。本案到 2021 年 1 月為止還未審理*。

赫芬斯販毒集團規模之大固然是不可能坐視不管的原因，但是羅刑警追查此案還出於另一個動機。他從線人那裡聽到幾個消息，說他們用了赫芬斯家販售的 THC 菸彈就進了醫院——赫芬斯家的律師說這種說法毫無根據。正值電子菸相關的肺疾在全美爆發，羅刑警有預感，阻斷這些產品的流通或許能救人。他並不知道為什麼吸了電子菸會生病，也不知道是怎麼生病的，但是他知道很可怕，他說：「這年頭已經不是把（大麻）花放在碗裡吸那麼簡單，現在吸這個東西有那麼多不同的方法，你不知道裡面到底放了什麼。」

肺疾危機的新聞爆開後，Juul 就被捲進媒體烽火之中。對很多人來說，Juul 幾乎已經是電子菸的代名詞，所以自然會懷疑 Juul 跟這場危機脫不了關係，畢竟就連 CDC 給這種新肺疾取的正式名稱都有「電子菸」字眼在裡面：電子菸或蒸發產品相關的肺部損

---

* 根據新聞報導，泰勒・赫芬斯在 2022 年 5 月承認其中兩項罪名，雅各・赫芬斯也與檢察官達成認罪協商。全案將在 2022 年 11 月宣判。

傷。對內行人來說，電子菸（e-cigarette）是指含有尼古丁的香菸替代品，而蒸發菸（vaporizer）則是吸食大麻用的。CDC 直接把疾病名稱冠上電子菸，似乎就是暗指 Juul 這些電子菸廠商可能是禍首。

但是，就像羅刑警的線人 2019 年夏天所說的，也如同 CDC 自己的數據所顯示的，許多生病的人並不是吸 Juul 或其他尼古丁電子菸，而是使用通常從非法管道購得的 THC。而且羅刑警說得沒錯，你很難知道藥頭和經銷者有沒有在 THC 菸油添加危險成分。Juul 高管關注快速成長的非法菸油與仿冒市場已經好一段時間，原因之一是廉價山寨品會搶走他們的市占率，原因之二是欠缺安全性與製造標準的電子菸產品可能會致人於病，搞壞整個產業的形象。「如果要談品牌維護，就一定要談到健康與安全性。」Juul 法務團隊前員工說，他們的工作就包括取締非法產品。這場肺疾危機看來正在把 Juul 的名聲拖下水，也是高管們最可怕的品牌維護惡夢。

到 2019 年夏天，有一種物質愈來愈頻繁出現於走私的 THC 產品之中：維生素 E 醋酸酯（vitamin E acetate，又稱維生素 E 乙酸酯），一種油性的合成維生素 E，常用於美容與食品。雖然聲譽良好的大麻電子菸產品，譬如 Juul 的姐妹品牌 Pax，沒有碰這個東西，但是有些經銷商常用。他們會一加侖一加侖買進維生素 E 醋酸酯溶液，跟少量 THC 蒸餾液混合，再分裝到菸彈。如果這種維生素 E 醋酸酯的品質是好的，價值很快就會顯現出來，用維生素 E 醋酸酯稀釋的 THC 菸彈能以未稀釋的價格售出——只不過前提是這個東西的品質要好。

THC 純液很濃稠，把菸彈翻過來能看到氣泡在溶液裡移動得很慢，像糖漿一樣；如果添加化學劑稀釋，通常氣泡的移動就會變快，代表混合物的品質較差，這種「氣泡移動測試」就是 THC 行家決定要不要購買的指標。不過有些維生素 E 醋酸酯溶液很濃稠，連行家都騙得過。據說是 2019 年維生素 E 醋酸酯供應商龍頭之一的 Honey Cut，在其網站（已停止運作）廣告說，維生素 E 醋酸酯可以「作為增稠劑，消除氣泡移動與滲漏」。Honey Cut 的競爭對手也不少，不過這些有開創能力的公司不是視而不見就是輕忽一個事實：維生素 E 醋酸酯如果口服或外用通常無害，但不是用來吸的，沒有人知道一天吸進肺裡幾十次是不是安全。

9 月 5 日，也就是威斯康辛警方突擊搜索泰勒・赫芬斯公寓那天，紐約州衛生署（New York State Department of Health）公布電子菸肺疾的新數據，其檢驗結果強烈暗示：受汙染的 THC 菸彈可能是問題所在。根據該署的檢驗，有 34 名紐約民眾生病前吸了摻有維生素 E 醋酸酯的 THC 菸彈。

「維生素 E 醋酸酯現在是本署調查電子菸相關肺疾的重點。」衛生署在新聞稿中宣布。這看來是一大突破，但是紐約州公布這份資料後的隔天，CDC 發新聞稿特別指出：有些產品裡面「並沒有」發現維生素 E 醋酸酯，「現在就斷定所有病例都有某一種產品或物質還言之過早」。紐約的發現很有說服力，但是 CDC 要公開歸咎於維生素 E 醋酸酯之前，必須先明確排除其他可能的原因才行，「我們不能根據傳聞來行事。」金恩說。

9 月一天天過去，美國每週都有幾十例新的 EVALI 確診，多到 CDC 不得不啟動緊急應變中心（Emergency Operations Center）。CDC 投入近 500 人進行調查，每天工作 16 到 18 小時，繼續尋找答案。

另一方面，又有幾起受到矚目的 THC 查獲案件登上整點新聞。9 月中旬，亞利桑那州警方在鳳凰城逮到兩個男子持有 1000 多個走私的 THC 菸彈；隔週，明尼蘇達州西北緝毒小組（Northwest Metro Drug Task Force）在庫恩拉匹茲（Coon Rapids）一處民宅起出將近 7 萬 7000 個非法 THC 菸彈；幾天後，維吉尼亞州警方突擊搜索韋恩斯伯勒（Waynesborou）一處住家，裡面除了其他毒品，還藏有 1000 多個 THC 菸彈。執法單位和公衛官員終於驚覺一個 Juul 和競爭對手多年來早就知道的事實：黑市和山寨品到處氾濫，形成一大問題。「我嚇到了，從公衛觀點來看，」明尼蘇達公共安全署官員布萊恩．馬夸特（Brian Marquart）說，庫恩拉匹茲大規模搜索行動就是他所屬單位所帶領，「很難知道裡面到底放了什麼。」

也很難知道是哪裡來的，調查人員很快就發現。一個障礙是這個國家如補丁一般的大麻法律。到 2019 年夏天的時候，已經有十幾個州將娛樂用大麻合法，有更多州將持有大麻除罪化或是允許大麻用於醫療。合法大麻的市場愈來愈大的情況下，所謂「灰市」（gray market）也跟著以倍數成長。從麻州到加州，到處都有能合法生產 THC 菸油的州，想大賺一票的藥頭要找人偷偷「走後門輸出去」給明尼蘇達或威斯康辛的買家（娛樂用大麻在這些地方仍然不合法），當然不難，馬夸特說。接下來那批貨拿到街上去賣之前又加了什麼東西，就不得而知了。

即便是大麻合法的州，法規也很複雜。FDA 不管大麻電子菸產品，卻管某些大麻衍生產品；緝毒局（Drug Enforcement Agency）也成了獨立科學家難以自行研究 THC 產品的原因。大麻被視為一級管制藥物（Schedule I drug），跟 LSD（迷幻藥）、海洛因同屬一類，所以研究人員需要取得特別許可才能從事研究。就算取得許可，也只能研究緝毒局批准的單位所提供的產品，而核准名單上只有一個：密西西比大學。也就是說，學術人員無法研究市面上那些 THC 菸油和濃縮液等衍生產品；意思就是，那些菸油和濃縮液的安全性幾乎沒有做過任何獨立研究。有些州確實有製造和安全的標準，要求 THC 公司遵守，但是這麼混亂的監管體系意味著這基本上沒有約束力，只是訴諸誠信的榮譽制。市場上那些貼有「經過實驗室檢驗」標籤的產品，很可能根本沒檢查過是不是真的經過實驗室檢驗，除非出問題。即使是大麻能在合乎安全標準的藥局合法販售的州，也經常有熱銷的黑市產品包裝得像是有經過廣泛檢驗，而其實根本沒有。執法單位就別提了，連消費者都往往不知道自己用的產品裡面是什麼。

供應鏈這麼錯綜複雜的情況下，CDC 很難確定這場肺疾危機究竟是哪個產品或品牌所導致，金恩說。CDC 調查人員問過每個 EVALI 確診者病發前 30 天用過哪個或哪些產品，很多人說用過 Dank Vapes（據說從泰勒・赫芬斯公寓搜出的包裝上也有這個名字），但是金恩和團隊進一步挖掘後發現，Dank Vapes 並不是一個品牌，而是「一系列非法品牌共同使用的商標」。藥頭把產品放進印有 Dank Vapes 的盒子裡（看起來夠專業，可以讓消費者以為自己買的東西至少是「類合法」），每個黑色的 Dank Vapes 盒子都印上一張圖，說明裡面是什麼 THC 口味，這些包裝看起來是出自同一家工廠，八成經過某種品管流程。盒子上甚至還說內容物是「全部有機」，但其實根本不可能知道盒子裡裝什麼，只有那個買進包材再裝入自家產品的供應商知道，「所以很難把受汙染產品的來源一個一個找出來」，金恩解釋。

但是在很多觀察者看來（不只是電子菸界，學術圈也是），CDC 對 EVALI 病因的緘默，超出一般的科學謹慎態度。聯邦機構本來就動作遲緩，喜歡規避風險也是可理解的，尤其是動見觀瞻的調查，但是在某些人看來，已經有愈來愈確切的數據證明維生素 E 醋酸酯或 THC 產品是問題所在，CDC 卻沒有任何人敲響警鐘，這很不尋常。FDA 在 9 月已經開始警告消費者特別注意 THC 產品，為什麼 CDC 不這麼做呢？就算 CDC 沒辦法縮小範圍確定是哪個供應商或品牌的問題，為什麼不要求消費者特別注意所有 THC 產品呢？為什麼不站出來說看來不是 Juul 這些尼古丁電子菸公司的錯？「我愛 CDC，那是我工作了一輩子的地方，」美國國家癌症研究院（National Cancer Institute）前官員湯姆．葛林（Tom Glynn）說，「但是我覺得他們花太久時間才承認（THC 產品可能是禍首）。在這個過程中，他們花太久時間妖魔化（尼古丁）。」

CDC 副主任金恩的辯解是，CDC 只是在做該做的調查，等待有高度把握的研究證實維生素 E 醋酸酯確實就是禍首。他說：「要說出一些假設或可能的原因很容易，但是要有數據佐證才行，要是你做的或說的跟數據不相符，你的可信度就沒了。」但是電子菸圈可不是這麼看，在他們看來，CDC 是在利用這場好像自己送上門的肺疾。CDC 多年來費盡心思想讓民眾（尤其是青少年）戒掉尼古丁電子菸（尤其是 Juul），如果最後是靠一場肺疾完成多年夙願，豈不是不幸當中的萬幸嗎？這麼好的危機何必白白浪費？

金恩強烈否認這種臆測，但是難以否認有涓滴效應（trickle-down effect）。到了 2019 年 9 月中旬，民調顯示，有六成三的美國人認為電子菸至少跟吸菸一樣危險。不管是不是 CDC 故意的，EVALI 的調查終於讓民眾戒掉電子菸。

Chapter 20

9 月結束再叫醒我（2019 年 9 月）

2019 年 8 月是電子菸產業的轉折點。根據 CDC 的數據，電子菸產品銷售從 2016 年 11 月到 2019 年 8 月成長了 300% 左右，從每個月賣出 560 萬個成長到 2200 萬個。但是隨著 EVALI 危機爆發，從 2019 年 8 月開始，銷售出現多年首見的下滑，後來還滑落到每個月賣不到 1500 萬個。有八成的電子菸商家都出現業績下滑，後來調查發現平均下滑 18%。身為產業龍頭的 Juul，當然也被突來的變化重創。雖然 Juul 產品並沒有直接涉入這場肺疾，但是肺疾危機所引爆的拙劣公關就足以把這家公司的盈餘拖下水，更何況還有監管單位持續不斷的檢視以及部分加味產品下架造成的財務打擊。在 2019 年 9 月截止的財務季度，Juul 的營收跌到 6 億 700 萬美元，少於上一季的 7 億 4500 萬美元。

但是 EVALI 危機帶來的後果不只是財務方面。這場危機也在議員之間掀起一波新的反電子菸熱潮，而這一波會讓 2019 年 9 月變成 Juul 有史以來最難熬的一個月。2019 年 9 月 4 日，密西根州長葛蕾琴．惠特默（Gretchen Whitmer）開出第一槍，宣布她的政府計畫全面禁止加味尼古丁電子菸產品。她在聲明中表示：「身為州長，保護孩子是我的首要任務。而現在，電子菸公司利用糖果口味誘使孩子染上尼古丁，利用誤導說詞大肆宣揚這些產品很安全，這些亂象在今天要劃下句點了。」這有如舊金山電子菸禁令再度重現，只是這次是擴大到整個州。對 Juul 來說，流失密西根大部分營收並不是最大問題，Juul 承受得住；最大的問題是，這家公司很清楚，禁令會帶動更多禁令。

9 月 9 日，惠特默的宣布幾天後，FDA 就給 Juul 發了一封警告信。警告信是受監管公司最不想從 FDA 那邊收到的東西之一。根據 FDA 網站，收到這種信就代表「嚴重違反 FDA 規定」。Juul 的情況是，FDA 看了眾議會夏初聽證會的證詞之後，相當確定 Juul 偷偷推銷自己的產品比香菸安全——沒有向 FDA 申請並取得許可，菸草公司是不能做這種事的。至於其他違規情節，FDA 引述 Juul 一個代表進入校園所做的疑似言論（譬如：Juul 產品「百分之百安全」），以及凱文・伯恩斯在公開信保證 Juul 可以提供「不燃燒且沒有香菸相關危害」的尼古丁。FDA 在警告信中表示：要是伯恩斯沒有在 15 個工作日提出矯正該公司違規推銷的詳細計畫，Juul 有可能面臨「民事罰鍰、產品扣押、和／或禁制令」。

這封信本身就夠嚇人了，但是兩天後，川普總統又加碼。9 月 11 日，川普在橢圓辦公室（Oval Office）向全國發表講話，他說太太梅蘭妮亞（Melania）非常關心電子菸給美國年輕人帶來的損傷。兩人的兒子拜倫（Barron）當時 13 歲，比他還小的孩子已經在吸電子菸，而且有幾百人因此病重，第一家庭說他們對這個問題很重視。「我們不能讓民眾生病，」川普在白宮表示，「不能讓我們的孩子受到這種影響。」

他的解決手段很激烈。阿力克斯・阿札爾（Alex Azar），川普的衛生與公共服務部長，宣布他的部門（FDA 隸屬於其下）正在拍板定案一項政策，要把所有加味電子菸產品全面從市場撤下，只留菸草口味，加味產品必須等到通過 FDA 審核才能再上市。在川普的指示下，FDA 等於決定全面禁止加味產品，除非取得 FDA 的認證背書，而審核過程動輒要一年以上。Juul 早就停止在店面銷售加味菸彈，但是線上銷售還在，芒果和薄荷仍然是遙遙領先的暢銷口味，菸草口味則是墊底；如果加味菸彈完全停賣，Juul 八成以上的菸彈銷售和每年數百萬美元的銷售額，就會像吐出的煙霧一樣消失。而還在店面銷售加味菸彈的品牌，像是 Vuse 和 NJOY，也不得不把大部分菸彈撤出市場；幾百家小型菸油廠商也幾乎得全面停產，除非取得 FDA 許可，而大家都知道這是不可能達到的目標。

川普禁掉加味產品的誓言一出，洩洪水門馬上一個個打開。9 月 15 日，紐約加入密西根州，禁止加味尼古丁電子菸產品；9 月 19 日，一個跨黨派小組跟 PAVE、CTFK 等團體聯手提出聯邦立法，禁止加味電子菸，對電子菸產品課徵新稅；接著是麻州，在 9 月 24 日禁止所有電子菸產品，尼古丁和大麻都禁；沒多久，羅德島、蒙大拿、華盛頓、奧勒岡、加州也採取類似行動。這場肺疾點了一把火，讓各州議員一個個都跳了起來，衛生單位發布關切聲明已經不夠，議員們要電子菸完全消失。

但是這個仰賴加味產品銷售的產業，並不打算不戰而降。從蒙大拿州到羅德島州，全國各地的獨立電子菸店東和顧客站出來響應一個號召：「我們是電子菸民，也是手中有一票的選民」（We Vape. We Vote.）。他們要向白宮和各州議員傳達一個訊息：不要忘了成人電子菸民的存在，這群人充滿熱情，這群人很憤怒。「『我們是電子菸民，也是有投票權的選民』讓人回想起這個群體早期的精神，」無煙替代品消費者倡導協會的茱莉・沃斯娜說，她說的是電子菸民在網路留言板交流的那些日子，「是這些小商家促成的，他們絕對是這個群體的命脈，他們服務了好多好多人。」有幾家電子菸商家和擁護電子菸團體甚至控告禁售加味產品的州，認為禁售政策給商家造成過度負擔，會迫使許多商家倒閉。電子菸組織票是真真實實存在，而且聲音很大。

Juul 對這些抗議大多做壁上觀，它自己舊金山總部的情況就夠它受的了，每天都有新的危機冒出來。「坦白說，有點像集體歇斯底里，」當時的客服部員工說，「你進公司上班，然後發現『天啊，今天又怎麼了，又被誰禁了嗎？』」每多一個州禁售，Juul 員工的工作量就愈多，為了避免違反新政策，他們必須火速更新網站、電商平臺、客服政策、Juul 供應商指引，累死人了，尤其做這麼多卻總覺得做什麼錯什麼。「想想我們 2019 年 9 月經歷的那堆狗屁倒灶，」另一個前員工說，「（眾議員）拉加．克里許納摩堤把我們當成成就他個人志業的墊背。整個社會沒有信任，只有一場電子菸疫情，我們跌到谷底。」

海外有更多問題蠢蠢欲發。伯恩斯一直深信海外市場是公司未來之所繫。 2019 年 7 月，才幾個月前接受採訪時他還堅持「三、四年後，這家公司有五成的營收會來自美國以外，看看香菸菸民的分布就知道」，說完立刻跳起來，在會議室白板上大略寫出預測數字，「我們不是在創造一個產業，我們是在遷徙一個產業。」

只是，這場遷徙並不順利。伯恩斯很快就發現，在美國行得通的，在海外不一定行得通，而 EVALI 危機只有讓情況雪上加霜。接連播了幾個月的恐慌新聞以及丹尼爾．艾門特這種青少年差點死於 EVALI 的可怕故事，造成全世界的電子菸銷售都下滑。「美國打個噴嚏，」Juul 前行銷主管庫特．桑德雷格說，「全世界就感冒。」

歐洲和亞太地區本來應該是 Juul 的未來，但是感覺每個市場都碰到問題。就算沒有 EVALI，很多國家本來就沒有美國那種電子菸文化。「改變消費者心態是場硬仗，因為很多歐洲人並不覺得抽紙菸有什麼問題。」熟知 Juul 海外行銷的前員工說。在法國和西班牙等國家，抽菸的社會接受度比在美國高，民眾並沒有跑到電子菸這邊來。

而在其他地區，譬如中國，Juul 的問題是找不到繞過當地法規的方法。伯恩斯和團隊很清楚，把 Juul 產品賣到中國的獲利龐大，因為全世界有將近三分之一的菸民都在那裡；但這也是一個巨大挑戰，因為國營的中國菸草（China National Tobacco Corporation）幾乎把所有競爭對手壓得死死的。不過，伯恩斯和團隊打死不退，「凱文把進入中國看成 1944 年的諾曼第登陸。」公司消息來源打趣說。財務團隊有些人認為他瘋了，「我以前就說了：『那是個白日夢，你打不進中國的，沒有人辦得到。』」曾在奧馳亞工作的前高階員工回憶。

不過，Juul 的亞太團隊認為他們找到後門。他們在中國以另外一家公司為名，在國營電商巨頭阿里巴巴的網站上架 Juul 產品，也在網路上直接向消費者銷售。這個平臺在 9 月初上線運作，一時之間 Juul 似乎真的成功了。

然後，突然什麼都沒了。推出不到幾天，Juul 產品就不能在阿里巴巴販售，借殼公司的網域名稱也被關掉。根據員工所知，中國官方發現 Juul 在中國透過線上銷售，就把整個關了。

「阿里巴巴一下架，中國其他電商網站馬上跟進，」那位財務同仁說，「中國要的是中國版的 Juul，所以不希望 Juul 進來而且成功。」（順帶一提，Juul 前任化學家刑晨悅後來自創的電子菸產品在中國很受歡迎，名稱是「喜霧」。）Juul 同仁不敢置信。為了為中國上市做好準備，公司高管多聘了人，還要原有員工加班，結果落得一場空。經過一個月的禁令、抗議、訴訟、熬夜，員工們受夠了。Juul「有新創那種『先做再說，反正以後再請求寬恕』的獨特氛圍，」歷經中國那次失敗的前員工說，「但是 Juul 是一家企業，它忘了菸草不能那樣搞。」

另一方面，Juul 也力圖刺激已經上市一年卻仍然死氣沉沉的英國業績。這家公司原本預估進軍英國第一年會賺進 1 億 8000 萬美元——畢竟英國是一個對電子菸這麼友善的國家，連有些醫院都有賣電子菸——結果卻只賺了 3000 萬美元左右，一個原因是英國規定菸油的尼古丁上限是 1.7%。這不就是渦輪（那個為了產生更多煙霧而設計的菸彈）存在的原因嗎？Juul 經營團隊「相信渦輪會是歐洲生意的救星」，公司消息來源表示，還投入數百萬美元研發。所以，大家都不懂，為什麼渦輪 2019 年在英國（以及德國等國）上架後，銷售還是遠低於預期。

答案很簡單，也很令人火大。根據公司消息來源，渦輪上市前，一直沒有人願意徹底測試它所帶來的滿足感是不是真的勝過 Juul 原版菸彈。監管單位要求的測試有做，Juul 員工也做了自我測試和市場研究來評估吸引力，但是對於這款菸彈的主要賣點——可以讓低濃度尼古丁菸油的滿足感大於 Juul 原版菸彈——並沒有做過嚴謹測試；要是有做，他們就會發現 Juul 科學團隊 2019 年發現的事。

話說 Juul 科學家 2019 年招募 200 多人做了一份臨床對照研究，比較渦輪、原版菸彈和香菸。研究團隊先給參與者明確指示，包括每種產品吸幾口、每口間隔多久等等，然後監控參與者血液中的尼古丁濃度，看看每種產品的尼古丁濃度最高能達到多少、要花多久時間達到。透過這種對照測試，Juul 科學家可以經由跟 Juul 原版菸彈的對比，近身觀察渦輪的使用體驗。

如果是好一陣子沒用 Juul 原版菸彈的人，頭幾口會特別嗆，但是接下來就會緩和。渦輪菸彈則比較一致，不會有頭幾口那種強勁的「刺激」，這種一致性在公司內部被視為好事，但是沒有尼古丁滿足感跟原版菸彈相去不遠這種事。更換菸彈的芯（更別說還丟了大概 1000 萬美元於產品研發），效果並不如這家公司想像，Juul 科學家們不敢置信。

「沒有任何一個人做確認，問說：我們『真的』有做過這個研究？我們『真的』確定有比較好？」一個瞭解測試情況的公司來源說。史上最慘的一個月再添一筆挫敗，而且這個月還沒結束。

2019 年 9 月 25 日早上，一封電郵傳到 Juul Labs 所有員工的收信匣，信上說凱文．伯恩斯不再是 Juul Labs 執行長。還沒做滿兩年的他，要離開了，接替者是過去長期擔任奧馳亞高管、現在是 Juul Labs 運籌長（Chief Growth Officer）的 K. C. 克羅思韋特（K. C. Crosthwaite）。這個消息令人震驚。

「每個人都很不安，因為大家對這個從奧馳亞來的人其實所知不多。」當時的員工說。何況，如果已經很不高興 Juul 接受菸草大廠的投資，當然不可能喜歡讓一個出身菸草大廠的高層來掌管自己的公司。只是，他們知道的時候已經來不及了。員工們一早醒來收到這封電郵，不到幾個小時，Juul 就發布正式聲明，宣布伯恩斯辭職、克羅思韋特接任。

伯恩斯在那份聲明中表示：「我一直不停地工作，把一家小公司變成跨國企業，所以幾個禮拜前決定現在是離開的好時機。」員工有聽出他話裡的意思。「執行長如果下臺，」公司消息來源說，「絕對不是出於自願的。」伯恩斯的情況就是如此，很多人這麼認為。

這個 9 月是 Juul 最慘的一年裡面最慘的一個月，而伯恩斯不幸正好是這段時間的最高負責人；中國事件、渦輪菸彈在歐洲不走運、肺疾爆發、電子菸禁令，當然還有還沒結束的青少年電子菸疫情。或許真的是伯恩斯自己求去，不過局勢演變至此，也由不得他不走。

「公司成長到超過執行長能力所及，這是司空見慣的事，」Juul 初期股東雷夫．艾森巴赫說，「他們（上任時）完全符合公司需求，然後過了一、兩年就不符合公司當下的需求。」伯恩斯把 Juul 的成長推到超光速，將年營收從 2 億美元增加到 13 億，不到兩年就將公司估值增加一倍以上，這些沒有人能否認；但是他反反覆覆、脾氣暴躁，而且目光短淺，除了眼前的目標，看不到其他；還有，在他治下，這家公司嚴重觸怒監管單位。Juul 和奧馳亞這種公司——隨時處於嚴格聚光燈下的公司，需要沉穩的執行長，而這正是克羅思韋特可以提供的。

如果要畫出美國典型生意人的肖像，一定極為酷似克羅思韋特。這位出身奧馳亞的高管，穿上畢挺西裝一派安適自在，棕色頭髮修剪得短短的。40 幾歲的他，銳利的藍色雙眼四周才剛開始冒出皺紋，說起話很像在唸媒體培訓手冊，很少語出爭議，完全迥異於個性鮮明、不拘禮節、動不動就罵人、常常穿著牛仔褲和足球夾克在總部走來走去的凱文·伯恩斯。「K. C. 本質上是個無趣的人，」前員工說，而這似乎就是原因所在，「你不希望這些人有任何個性，你一點也不希望他們上新聞。」克羅思韋特會是房間裡的大人，幫忙 Juul 矯正自己，贏回監管單位和美國大眾的信任。

當然啦，他在奧馳亞累積了 20 多年的大量監管知識也有幫助。多年來 Juul Labs 一直是科技公司多過菸草公司，現在董事會終於承認，要在「監管」這座鯊魚池存活下來，需要有人具備菸草大廠的組織專業；隨著 FDA 的 PMTA 申請期限逐漸逼近，這家公司禁不起再出差錯。伯恩斯被撤換一週後，這家公司再加碼，起用喬·穆瑞洛（Joe Murillo）出任法規長

（Chief of Regulatory Affairs），又一個出身奧馳亞的高管。「從此一切都變了，整個方向都變了，」伯恩斯下臺後不久就離職的員工說，「變成是奧馳亞在保護自己的投資罷了。到了這個地步，我知道（這家公司）已經不再是 Juul 了。」

Chapter 21

接管
（2019 年 9 月—2020 年 3 月）

菸草界有個玩笑話：奧馳亞的律師多到氾濫，根本就是一家剛好有生產香菸的律師事務所。在 K. C. 克羅思韋特接管後不久，Juul 也開始有這種感覺。

才接手不到幾個禮拜，克羅思韋特就接連做出幾個大動作的商業決策。首先，他幾乎全面喊停 Juul 產品廣告，還公開承諾不再向白宮進行任何跟 FDA 監管有關的遊說。接著，他撤銷 Juul 為了翻轉舊金山電子菸禁令所做的種種投入，即使已經投入 1800 萬美元於遊說工作。然後在 10 月中旬，他搶在 FDA 的加味產品禁令之先，主動決定停止線上銷售 Juul 的水果、甜點口味，只留薄荷、菸草、薄荷醇。光是芒果一種口味就占了 Juul 菸彈銷售的三分之一，所以這個決定釋出的訊息是：為了贏回 FDA 的信任以及修復 Juul 的名聲，克羅思韋特什麼都願意做，就算必須損失大把營收也在所不惜。

克羅思韋特急著為「改進後的新版」Juul 塑造乾淨形象，動作之快，員工看得目瞪口呆。他做的每個決定似乎是以「會不會在華府或 FDA 惹出事端」為標準，結果反而造成文化傷害。「塵埃並沒有因為管理階層大搬風而落定，」一個 Juul 前員工 10 月中旬在 Blind（一個給科技業員工使用的匿名爆料平臺）寫道，「看來接下來一年都要『硬著頭皮』度過。」謹慎行事本來就不是 Juul 的文化，而克羅思韋特卻是個只照規矩走的人，由他掌權，顯然有很多要改變。

克羅思韋特和法規長穆瑞洛加入後不久，就中止行之多年的計畫和制度，凡是有可能招來監管單位非難的，一律停止。公司會給內部自行測試產品訂出一套規定，不准再用孩子氣的忍者龜名字給產品取綽號；還有，至少目前不會再開發連接電子菸裝置的app，即便已經投入多年時間和精力。「喬、K. C. 和團隊的想法是，（這個 app）從法規的角度來看是個超級複雜的東西，需要有更多時間和資源、跟監管單位更多溝通，才適合進一步探索下去。」公司消息來源解釋。

有些旁觀者說，詹姆斯對這些轉變似乎很掙扎。那個 app 是他多年來鍾愛的計畫，雖然一直有人警告尼古丁用量監測和「最佳吐霧」功能會被視為是在製造成癮機制。至於那些忍者龜綽號則是這家公司殘存的早年痕跡。從這些改變或許能以小窺大：克羅思韋特和其人馬的勢力已經大於詹姆斯和少數從 Ploom 時代就在的員工。曾經在奧馳亞和 Juul 都待過的前員工說：「奧馳亞想安插自己的人馬，並且由這些人來經營（現在還是這麼想）。」這對創辦人的自尊來說可不好受。「詹姆斯不希望這家公司的文化傳承被抹煞殆盡。」另一個前員工說。

到這時，詹姆斯和亞當當年跟員工站在撞球檯邊喝啤酒的情景已經不復記憶，一個原因是兩位創辦人的友誼已經倒退到看起來就像「隨時準備離婚的夫妻」，這是前員工的形容。Juul 如今幾千名員工當中，有跟兩位創辦人真正說過話的已經不多。

前員工說，兩位創辦人都愈來愈抽離，而克羅思韋特更加速這個趨勢。

2019 年 10 月，克羅思韋特把詹姆斯和亞當移出「長」字輩隊伍（原本一個是產品長，一個是技術長），調到「創辦人辦公室」（理論上兩人還是會給他和團隊提供建議）。這個舉動釋出的訊息一點也不隱晦，這是（又一次）降職，只是冠上一個漂亮名稱。「美其名說是『創辦人辦公室』，其實是個笑話，」公司消息來源說，「就好像在說『你走了，再見。』」消息來源說，詹姆斯比亞當更難接受這個消息，亞當自從奧馳亞投資案敲定後就更少參與公司的日常。「反正他已經準備要走了，」知道內情的人這麼說亞當，「他的自尊心沒那麼強。」

針對這次調職，有些消息來源說很順利，但是認識詹姆斯的人都猜他很受傷。主動退出是一回事，「被退出」又是另一回事。「詹姆斯對他的公司該如何經營有很強烈的意見。」一個消息來源說，他很習慣對高管們頤指氣使，就算不再每場會議都參加。他或許已經不是那個實際做日常決策的人，但他仍然是創辦人，仍然是董事成員，仍然是那個想出點子創造出幾十億美元公司的人，「最後，來了 K. C.，房間裡的大人，我相信詹姆斯一點也不喜歡這樣。」前員工說。

其他高管比亞當和詹姆斯更慘。以奧馳亞為首的新管理團隊繼續清理門戶，到 2019 年 10 月，行政長艾希莉・古爾德、財務長提姆・丹納赫（Tim Danaher）、行銷長克雷格・布拉莫斯（Craig Brommers）一個個都走了。大約同一時間，Juul 宣布到年底要裁掉 500 人，也就是克羅思韋特所謂的「必要的重開機」。克羅思韋特說，公司不再採取凱文・伯恩斯時代那種不計代價的擴張，現在的重點只有一個：「取得在美國與全世界營運的執照」，沒有別的。接下來公司一切作為都是為了調整這艘船的方向，挽救 Juul 僅存的聲譽。

不過，就算是最精心安排的計畫也會失敗。2019 年 10 月底就是如此，只因為一個叫做西達爾・布雷札（Siddharth Breja）的男子。布雷札 2018 年加入 Juul，擔任全球財務資深副總，2019 年 3 月遭到解僱，原因為何則要看你問的是誰。根據 Juul 人資部門和布雷札上司的說法，單純是因為他的工作表現不如預期。

但是布雷札有另一番說法。他在 10 月 29 日向 Juul 提起告訴，主張他遭到不公平解僱，原因是他把 Juul 菸彈的品質問題說出來。他的訴狀把 Juul 描繪成目無法紀的公司，不顧公眾安全，由凱文・伯恩斯這個滿嘴髒話、脾氣暴躁、自稱是「國王」的執行長掌控大權。布雷札的訴狀所描繪的世界裡，伯恩斯的統治是訴諸恐懼，曾經在高管會議上大吼：「告訴那個他媽的混蛋，如果他敢挑戰我的決定，我就把他拖出去，用獵槍打死他。」

在這種公司文化底下，布雷札宣稱他仍然兩度在不同場合挺身對上伯恩斯，直言他對 Juul 產品的顧慮。他說第一次是 2019 年 2 月一次高管會議上，他得知有經銷商退回一批沒賣掉的菸彈，這批菸彈已經出廠一年，品質和味道可能已經不如公司所標榜，但是據說伯恩斯仍然下令再拿去賣。布雷札宣稱他出聲反對，認為這批菸彈不該再出售，而且未來每一批都應該標上「賞味期限」或「有效期限」。根據訴狀內容，伯恩斯馬上回他：「我們有一半的消費者是邊喝酒邊吸的白痴，誰他媽的會去注意菸彈品質？」

那次事件才過一個月，布雷札據說又得知一個問題：有一整批大約百萬個薄荷菸彈遭到汙染，但是高層不想回收。布雷札出聲表達他對這批菸彈在市面上流通的擔憂，據說他的上司告訴他「不要忘了對公司的忠誠」，還說回收會給公司帶來無法承受的財務與公關難題。根據訴狀所述，一個禮拜後布雷札遭到解僱。

Juul 一位發言人說布雷札的指控「毫無根據」、「不值一駁」，伯恩斯也透過發言人否認說過那些話。不意外，這起爆炸性訴訟一提出就迅速席捲各大新聞版面。到這時候，記者們報導愈演愈烈的肺疾已經好幾個月，CDC 對於肺疾原因也仍然三緘其口，難道 1500 多個美國人莫名其妙吸了電子菸就生病的原因就寫在布雷札的訴狀裡？

但是布雷札的訴狀內容也有問題（2019 年 12 月，訴訟提出兩個月後，布雷札的律師提出解除委任的申請；到 2021 年 1 月為止，這個案子仍朝向仲裁方向進行）。訴狀從頭到尾都沒有具體指出這批菸彈可能是怎麼汙染的、被什麼東西汙染；另外，瞭解此事的 Juul 前員工也說，這是把一件確實發生的事給曲解了。根據那位員工的說法，Juul 的薄荷菸彈確實發生過問題，但是並不是布雷札所說的那樣。

話說 2019 年春天，「有一批薄荷菸油混合得不均勻。」那個員工說。這批菸彈就像高中理化課拿出來的東西，不同密度的液體層層分明。那個員工回憶：「大家都很困惑『是不是壞掉了，怎麼一回事？』，但是送去做完整的（毒物）檢查卻是正常的。」確實，根據 BuzzFeed.News 新聞網站搶先取得的文件（發生於布雷札提起告訴之前幾個月），英國的布洛騰實驗室（Broughton Laboratories）檢驗了這批菸彈，結論是只有外觀有問題，「不會對任何正常使用所產生的危險物造成影響」。根據 Juul 的紀錄，跟這批百萬菸彈相關的投訴只有 143 件，而且沒有任何嚴重傷害或死亡。

根據這些檢驗結果，這批菸彈跟 EVALI 有關係的可能性非常低，但是布雷札的說法已經傳開，登上全美各大報的醒目版面。不管公不公平，這起訴訟坐實了 Juul 是一家目無法紀、不計後果的公司，只在乎利潤，而這正是克羅思韋特急欲擺脫的名聲，他絕不會容許這種醜聞發生。

布雷札提出告訴後，CDC 對於 EVALI 的調查也終於快要完成。11 月初那天，CDC 研究人員布萊恩．金恩接到那通電話的時候，人在加拿大渥太華（Ottawa）機場。地方衛生單位自從 EVALI 爆發就開始收集肺部液體樣本，希望透過檢驗這些樣本找出可能導致這種肺部傷害的外來物質，其中有 29 個樣本送到 CDC 做進一步分析。CDC 做了六種以上的毒物檢測，最後結果就如同金恩那天在渥太華幾場收到的，CDC 調查人員在每個樣本裡面都發現一種物質：維生素 E 醋酸酯，也就是很多 THC 違禁品都有的危險添加物。「那真的是整起調查的轉捩點。」金恩說。CDC 科學家連夜把檢驗結果寫成報告，隔天就交由 CDC 內部一份醫學期刊發表，2019 年 11 月 8 日公布於網路上。「這是非常關鍵的消息，所以我們向大眾公開，沒有任何隱瞞拖延。」金恩說。

但是到了這個時候，大眾已經聽了幾個月「所有電子菸產品都可能不安全」，已經讀到 Juul 菸彈疑似遭到汙染，已經聽到川普總統說要禁止加味電子菸產品，可能也已經知道印度和中國嚴格限制或完全禁止電子菸產品的銷售，而主要原因就是 EVALI 恐慌。傷害已經造成。「你已經看過 16 歲孩子全身插滿管子的照片和『青少年吸電子菸住院』的標題，回不去了。」Juul 前行銷主管庫特．桑德雷格說。

看在 Juul 內部員工眼裡，EVALI 調查一啟動就感覺人人都樂於把 Juul 產品歸類為有害物，如今證據愈來愈強烈指向 THC 違禁品，卻沒有人明確還給 Juul 一個清白，他們就算站在屋頂上大喊 Juul 無辜也沒有人會聽。CDC 還是繼續警告消費者其他產品仍有可能是肺疾原因，也還是繼續提醒消費者有人發病之前是吸尼古丁；媒體對維生素 E 醋酸酯的報導也不像當初 EVALI 還是個神祕新疾病時那麼多。「我們在等新聞出來，結果從頭到尾都沒有新聞回過頭說不是 Juul 造成的，」當時銷售部門的員工說，「接著川普又揚言撤下所有電子菸……這一切都對我們銷售團隊的業務影響很大。這個地方很令人沮喪，這裡的文化感覺快完蛋了，必死無疑。」

到這個時候，「Juul 其實已經沒有文化可言，」2019 年加入 Juul 的前客服員工說，「以前有，還只是個小辦公室、還在手工填充菸彈的時候有，大家談起那段時期都有滿滿的懷念。」但那個年代顯然已經過去，到了 K. C. 克羅思韋特接手的時候，員工平均在 Juul 只待半年，一個原因是人員流動，一個原因是那年稍早瘋狂徵人，最高峰有 4000 名員工之多。Ploom 和 Pax 年代的老臣差不多都走了，不是自己走就是被逼走，而且走的時候也把一部分舊文化帶走了，也就是創新的、以顛覆香菸產業為志的新創精神，只剩西裝畢挺的奧馳亞高管和 PMTA 法規。要是有任何文化留下，那位客服人員說，那就是「在週末喝個爛醉或是做任何能釋放壓力的事，因為工作操翻了」。

K. C. 克羅思韋特過於一絲不苟而顯得呆板的領導風格並沒有幫助。11 月初，川普的衛生與公共服務部還在權衡禁止加味電子菸的可能性，克羅思韋特就決定主動先把 Juul 的薄荷菸彈從市場下架，就像他上個月撤下水果與甜點口味一樣。根據報導，薄荷口味這時已經占 Juul 菸彈銷售的七成，因為芒果或其他甜點口味下架後，愛用者便轉移陣地到薄荷口味。自砍營收是克羅思韋特向 FDA 發出又一個信號，代表他是認真的，Juul 不只會遵守更嚴格的口味規範，還會自己先動手，就算規定還沒下來。

克羅思韋特說要進行的裁員也在 11 月展開。辦公室籠罩一片陰霾，同事都在猜誰是下一個被砍的人。人人自危，沒有人是安全的；主管會被裁，他們的主管也會被裁。「如果前一晚收到電郵要你在什麼時間出現在什麼地點，你心裡就有數：『唉，中了，』」也在那波遭到解僱的員工說。 11 月那幾個禮拜就有 600 多人被解僱，被叫去見一個部門主管和一個人資主管，由這兩個主管向他們說明離職協議、要求他們簽署一份保密協議，再把他們送出公司。「很殘酷，」那個被裁的員工說，「很多人哭，震驚又難過生氣。」

手下幾百個員工面臨裁員之際，亞當自己也做了決定：是時候該走了。公司消息來源說，早在他和詹姆斯被貶到創辦人辦公室之前，他一隻腳已經踩在門外。亞當本來就不喜歡聚光燈照在身上的感覺，而 Juul 現在正是天天在新聞上演的一齣大戲的焦點，打造一家公司曾經是「輕鬆好玩」的事，那種感覺已經不再。

每天似乎都有新的危機出現。雖然 CDC 比較斷定受汙染的 THC 產品可能是 EVALI 背後的原因，但是議員還是一竿子打翻整個電子菸產業，制定整個產業全面適用的加味產品禁令。加州和紐約州的檢察長也剛起訴 Juul，主張 Juul 製造上癮機制，讓人對他們強烈的菸彈成癮，而且故意誘使青少年染上尼古丁（Juul 對這兩項指控都予以否認，截至 2021 年 1 月為止，這兩起訴訟都朝向法庭審判發展）。有好幾個學區受夠了青少年在校園吸電子菸所帶來的負擔，也對這家公司提起告訴，有些最後還合併成跨區訴訟。那年秋天，奧馳亞以加味產品禁令和肺疾等意外挑戰為由，減記 45 億美元的投資。這個損失可不小，亞當和詹姆斯躋身 10 億美元俱樂部還不到一年，就被踢出門外。

兩人也已經不是當年碩士班的麻吉，經營美國最有爭議的新創公司幾年下來，友誼已經被持續不斷的壓力磨光了。詹姆斯還在 Juul 撐著，為了保留這些年胼手胝足打造的成果而努力著。可是亞當已經準備好了，他還有不少錢，隨時可以帶著錢離開，是該說再見了。

現在公司是克羅思韋特和他的團隊在掌權，要偷偷溜走不被發現很容易。 2019 年 11 月，亞當展開長期旅行，前往妻子成長的阿根廷，他希望孩子們看看媽媽的家鄉，順便離開舊金山幾千英里也是不錯的。他簡單收拾幾件行李就帶著家人離開，只告訴有必要知道的人，一如他的行事作風。亞當「踮著腳尖走了，然後就人間蒸發。」同事說，蒸發得不留一絲痕跡。

川普總統在橢圓辦公室承諾將加味產品從市場全面清除之後，就完全沒有動靜，看在拉加．克里許納摩堤眼裡（就是主導 7 月那場 Juul 聽證會的伊利諾州眾議員），這整件事像是一場精心策劃的阻撓。FDA 過這麼久都還沒介入規範電子菸，給人似曾相識的感覺。

克里許納摩堤很確定他知道怎麼一回事：那些高舉「我們是電子菸民，也是手中有一票的選民」的抗議，再加上菸商遊說者的拜訪，動搖了川普。這位總統害怕失去電子菸圈的支持，尤其眼見 2020 連任選戰即將開打，所以他想方設法要擺脫自己幾個月前才提出的加味產品禁令。在克里許納摩堤看來，這整個過程已經「川普化」。他氣炸了，「我覺得反對青少年電子菸疫情的選民遠遠更多，只是他們是沉默的。」他說。他相信想保護孩子免於尼古丁成癮的美國人才是大多數，只是被少數非常大聲、非常憤怒的電子菸擁護者掩蓋了。2019 年 12 月，克里許納摩堤決定再辦一場聽證會，瞭解那群聲勢浩大的少數人如何動搖 FDA，但是這回坐在拷問席的人不是詹姆斯．蒙西斯，而是米契．澤勒，FDA 菸草產品中心的主任。

澤勒在 2019 年 12 月 4 日被送到克里許納摩堤的委員會面前，他的證詞似乎證實了克里許納摩堤最擔心的事。身穿一襲跟花白頭髮很速配的灰色西裝，澤勒證實 FDA 已經擬好清除市面上所有加味產品的政策，而且 10 月就已經交給聯邦當局審查，可是接下來就停滯不前，原因出在澤勒一再宣稱的、FDA 與白宮都有參與的「平行」（parallel）政策討論——貴為 FDA 菸草產品中心負責人的澤勒，在討論中的發言卻是「無足輕重」。「（關於政策何時出爐）我無法給出明確的答案，只能透露已經進行中的討論會繼續進行。」他在聽證會上告訴委員會。澤勒不願透露白宮裡面是誰在主導這些平行討論，但是克里許納摩堤嗅得出來，八成是總統想埋葬這個他自己在 9 月特別要求的政策，所以把他自己的 FDA 排除在外。澤勒「話裡的意思是這不是他管得到的地方，」克里許納摩堤說，「這種情況非常令人沮喪，而且讓我覺得，這已經不是公衛或科學問題，而是政治問題。」（被問到克里許納摩堤的理解是否正確時，澤勒說：「有一些討論我沒有參與。」）

就在 2019 年耶誕節之前，川普給電子菸產業送上禮物。他並沒有像幾個月前所承諾，清除市面上所有加味產品，而是把菸草合法購買年齡提高到 21 歲（不只是電子菸，所有菸草產品都是）。從政治的角度來看，這大概是這個政府所能做的最安全決定。首先，至少滿足了健康團體的部分要求，他們支持菸草 21 政策已經多年，雖然輸掉加味電子菸這個戰場很不高興，但是讓青少年拿不到香菸、雪茄和電子菸至少可稍獲安慰。再來，電子菸產業也很高興，他們長久以來就在大力遊說以菸草 21 取代加味禁令。而最大的意義是對川普而言，菸草 21 安撫了「我們是電子菸民，也是手中有一票的選民」群眾，在這群人眼中，加味禁令是最下下策，對企業和成人菸民都是。

新年過後沒多久，FDA 就給川普政府的菸草 21 政策做了補充：「有鑒於青少年使用電子菸已達疫情程度，再加上某些產品廣受孩童歡迎」，FDA 宣布全面禁止 Juul 這種菸彈類電子菸的水果、薄荷、甜點菸油。這些菸彈類公司現在只剩菸草和薄荷醇口味能合法販售，而從未在青少年之間流行起來的笨重、填充式開放系統電子菸則不在此限，拋棄式產品也是。經過多年檢視，FDA 終於對 Juul 這種產品下重手。

對克羅思韋特想塑造的新公司來說，情況看來不妙。少了水果口味或薄荷菸彈可販售，再加上 EVALI 的影響以及好幾個州禁止電子菸，Juul 2019 年第四季的營收大約 1 億 5700 萬美元，遠低於第二季 EVALI 爆發之前的 7 億 4500 萬。2020 年 1 月，奧馳亞再減記 40 億美元的投資，理由是 EVALI 造成持續虧損，以及電子菸產業遭到全面檢視。才一年的光景，Juul 的估值就從 380 億美元暴跌到 120 億，這對一家曾經勢不可擋的公司是驚人的損失。

奧馳亞高層對這種情勢的失望也說得直白。「我對 Juul 的財務表現感到非常失望。」奧馳亞執行長郝爾德．威拉德 1 月底告訴《華爾街日報》，他還說，根據新的協議，奧馳亞不再協助 Juul 的行銷或零售經銷，會集中全力準備 Juul 提交給 FDA 的 PMTA；國際擴張計畫也踩緊急煞車，Juul 撤出南韓、紐西蘭等國。他的言下之意很清楚：取得美國的 PMTA 授權是這家公司首要且唯一的任務，要是沒有取得 FDA 放行，整個 Juul 實驗就會灰飛煙滅。亞當和詹姆斯所打造的一切看來就要瓦解崩潰，而亞當甚至不在現場目睹，只剩詹姆斯。

這些年來，詹姆斯一步步失去他對 Juul 的掌控。先是被拔掉執行長頭銜，由董事會接手，接著先是屈就於泰勒．高德曼之下，然後是凱文．伯恩斯。如今更被貶到「創辦人辦公室」，沒有實質貢獻可言，只剩象徵意義。他的 app 胎死腹中，Juul 僅存的一絲文化也奄奄一息。他所建立的公司已經不是他的。

2020 年 3 月某個星期四，詹姆斯．蒙西斯給全公司同仁發了一封訊息。「走過這段痛快的 15 年旅程，幾經思量，我決定是該離開 Juul Labs，從董事會卸任，」他寫道，「這些年很美妙，做這個決定並不容易。」他還說他希望花更多時間陪家人、追求新的興趣。最重要的是，他寫說，他會珍惜 Juul 創造的貢獻：「當我聽到某個戒掉燃燒式香菸的成人說他或她很感謝我們的產品，這是我最自豪的時刻。」

從外人的角度看，詹姆斯的離開或許是又一個矽谷創業家拿到豐厚報酬就走人，去尋找下一個痛點來解決或下一個產業來顛覆。但是對於目睹這家公司後來這幾年轉變的人，詹姆斯的決定是必然的結果。奧馳亞以及現在掌管 Juul 的奧馳亞前高管，都希望他走，這樣他們才能用他們覺得適合的方式經營公司。詹姆斯跟碩士班麻吉一起打造的公司已經不復存在，就像亞當和詹姆斯兩人的友誼一樣，在投資人、記者、監管單位多年的壓力下慢慢磨光了。現在這家公司已經是企業的形狀，掌控在穿西裝、有法律學位的人手裡。永遠比較沉默寡言、跟任何人或任何事都不曾太靠近的亞當，比詹姆斯更早做好準備承認這點；詹姆斯則是一直緊抓不放，從頭到尾都不願承認。「並不是詹姆斯自己決定離開的，他是被邊緣化的，」一個前高階主管說，「他最後踏上的是一條必然的路，一條從他被拔除執行長職務那一刻就鋪好的路。」

詹姆斯離開的消息靜悄悄的。他宣布的前一

天，世界衛生組織宣布 COVID-19 擴散，一種新的冠狀病毒橫掃全世界，一場大規模疫情。詹姆斯退出 Juul 的消息傳到報社和通訊社的同時，舊金山和紐約市正在準備實施全面的、史無前例的「就地避難」（shelter-in-place）命令，以避免病毒擴散。每個人嘴上談論的、所有新聞媒體報導的，幾乎都是新冠病毒疫情，整個美國的目光都被這件事吸走了，全國癱瘓於壓力、恐懼、入迷之下，所以，詹姆斯．蒙西斯離開自己從無到有打造的公司的消息，幾乎淹沒在 COVID-19 新聞海之中，只有最密切關注 Juul Labs 和菸草大廠的人會說幾句。

亞當包袱收一收走人，幾個月後，詹姆斯也走了，Juul 的轉型就此完成。這家奠基於兩個研究生企圖心（改變尼古丁吸食方法）的公司，已經跟當初它企圖顛覆的產業糾纏一起；這兩個以創新方式擺脫抽紙菸習慣的人，已經被一開始賣成癮產品給他們的高管給取代；這兩個成功打造裝置誘使人們遠離史上最致命消費產品的朋友，日後不會以公衛救星的姿態被懷念，而是被當成販賣成癮產品的商人。Juul 如火花竄起五年後，詹姆斯．蒙西斯和亞當．波文棄船而去，帶著他們的錢和狼藉名聲而去，徒留這個世界揣想：到底是他們公司的錯誤搞垮了這個本來有望成為史上最創新的公衛工具，還是打從一開始就只是煙霧彈。

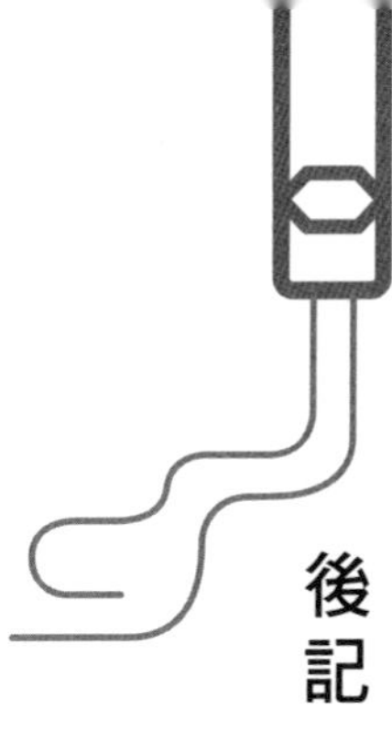

後記

詹姆斯·蒙西斯和亞當·波文設計出可說是史上最棒的電子菸。結構美麗、使用性強、科學上精細講究的Juul，可能是第一支真正有機會擊敗燃燒式香菸的電子菸。Juul破解了不點火就能冒「煙」的密碼，而且用的是人們抗拒不了的方法，菸民只要看一眼就能察覺Juul跟之前那些低科技電子菸的差別。

「我一看到Juul的產品就很驚喜。」原本有抽菸習慣的Juul前員工說。可媲美紙菸的興奮感、剛剛好的喉韻（throat hit）、時尚的外型，「跟菸草大廠那些產品比起來，Juul好太多了。」那位前員工說。Juul資助的研究估計，大約一半左右的成人菸民拿起Juul 90天內，會完全轉換到Juul；這個數字如果經過獨立研究證實，就代表Juul的功效確實高於尼古丁口香糖、尼古丁貼片，甚至勝過其他電子菸。

在不屬於 Juul 經營的實驗室，電子菸相關的科學辯論還是一如以往熱烈。電子菸是不是真的能幫助菸民永遠戒掉紙菸、電子菸經過幾年或幾十年會對人體有什麼影響，仍然沒有定論。考科藍（Cochrane）對 50 篇電子菸研究做了分析，2020 年 10 月公布，研究結論是：如果有 100 人使用電子菸戒菸，其中 10 人可能會成功。*這個數字並不大，但是已經高於使用其他尼古丁替代物的 6 人、只靠醫療人員協助的 4 人。而且放大規模來看，10 人在公衛角度而言是相當多的。以最新的估計數字來說，光是美國就有 3400 萬成人吸菸者，每年有至少半數人會嘗試戒菸，如果考科藍的分析數字是對的，那就會有 170 萬人用電子菸成功戒菸。最近 CDC 的數據也顯示，過去一年成功戒菸的美國成人當中，大約四個就有一個是使用電子菸。

但也不是沒有可議之處。電子菸就算比香菸安全，也不代表就是安全。已經有小型、初步的研究發現，電子菸跟可能致癌的 DNA 病變有關聯，雖然還沒有具體證據。觀察研究也顯示電子菸可能會增加心臟病發風險，不過，這個主題最著名的論文之一——UCSF 的史丹頓．葛蘭茲教授是共同作者——在 2020 年 2 月遭到退回，原因是審查者對數據有疑慮，認為不足以證明葛蘭茲教授的結論。另一方面，2019 年有另外一份研究（共同作者也是葛蘭茲教授，他在 2020 年夏天退休）發現，電子菸雖然對肺部不好，但是造成的傷害確實小於紙菸。大部分專家，就連那些致力於對抗青少年吸電子菸的專家，也同意電子菸的危害小於傳統香菸，尤其如果短暫使用的話；只是到底危害小多少、使用多短時間不會有健康危險，目前還沒有共識*。有些專家甚至認為 Juul 有可能效果特別好。

「這個產品（Juul）有許多功能和特點對於想

---

* 根據考科藍官方網站所述，其研究結果是「基於少數研究，且某些研究的數據差異很大」。此外，JAMA Network Open 一份長達兩年的最新研究指出，利用電子菸戒菸的效果可能適得其反，重染菸癮的機率高出 8.5%。

*所謂「電子菸比紙菸的危害小」相關減害論述，並非國際共識。由於電子菸屬於新穎產品，需要有更多的時間來研究和觀察，才能更全盤瞭解它對人體健康的影響；在此之前，科學家和醫學界無法百分百斷定電子菸優於傳統紙菸。臺灣衛生福利部則明確警告「使用任何形式的菸品都有害健康」。

戒菸的人確實很重要，」馬切伊．戈涅維奇說，他是羅斯威爾帕克綜合癌症中心研究電子菸的學者，「主要因素是尼古丁的傳輸，很快速；尼古丁含量高，使用方便。」另外，這個裝置的溫控設定能把危險副產物的產生減少到最低，強勁的菸油可以減少吸進的蒸氣總量（吸進的毒物和化學物也跟著減少），肺部不必吸進那麼多就能達到滿足。這些設計元素對使用者來說雖然很細微，對科學家卻很重要。「如果從人口觀點來看，Juul 和其他電子菸可能可以救命。」安迪．陳（Andy Tan）說，他在賓州大學教授健康傳播，也研究 Juul 和其他電子菸。

但是詹姆斯和亞當，以及他們後來在 Ploom、Pax、Juul 的後繼者，從一開始就犯了錯。他們把 Juul 行銷成眾人垂涎的東西，而不是可能救人命的公衛手段；他們在外界對青少年濫用的憂慮開始上升時並沒有採取果斷作為；他們重蹈歷史覆轍，踏上菸草大廠鋪成的道路，推出搶眼廣告、派代表進入校園，最後還接受美國最大香菸製造商的幾十億美元；他們試圖在華府建立勢力與影響力，卻激怒手握他們生殺大權的監管單位；他們迷失於成功與財富的追求，在這輛火車滑出軌道時從未用力踩煞車；他們的短視不僅導致青少年成癮疫情，也引來大眾的放大檢視，而且 Juul 能不能從後者恢復還在未定之天。

2021 年 1 月寫這篇後記的時候，已經有 39 個州的檢察長在調查 Juul 的銷售與行銷做法；有超過 100 個學區以造成青少年成癮為由提告 Juul，其中很多訴訟還在走司法程序；有幾百件跟 Juul 有關的成癮、個人傷害訴訟已經串連起來，交到加州一個聯邦地方法院，預計 2022 年展開論辯；聯邦貿易委員會也提起行政訴願，指控奧馳亞同意關閉自己的電子菸品牌以換取入股 Juul Labs 35% 是違反反托拉斯法（Juul 和奧馳亞對此雙雙否認），聽證會排定於 2021 年召開；另一方面，證券交易委員會（Securities and Exchange Commission）也在檢視奧馳亞有沒有把投資 Juul 的風險清楚警告股東。奧馳亞一再減記投資，導致它現在持有的 Juul 的股份只值 16 億美元，遠低於 2018 年底入股 Juul 所支付的 128 億；如果再繼續減少到 12.8 億以下，奧馳亞將不再受同行競業條款的約束，可自行發展電子菸品牌。

奧馳亞這筆轟動一時的投資很可能加速了 Juul 的衰亡，把 Juul 已經備受懷疑的名聲跟全世界最受鄙視的產業綁在一起。當初 Juul 吸引奧馳亞的因素（超高人氣與優越品質），也是讓奧馳亞這筆投資變成定時炸彈的原因。從 Juul 躍上電子菸市場龍頭那一刻起，它就成了整個產業的門面、恥辱、全部。「說到底，任何產品只要夠好，想嘗試用這個產品來戒菸的成人快速增加，這個產品就勢必會吸引一定數量的青少年，」美國電子菸協會會長葛瑞．康利說，「不可能有個完美的減害產品不會對部分青少年產生某種吸引力。」

Juul 是史上第一個好到引起轟動的產品，也因此成為第一個讓青少年成群結隊嘗試的產品。而因為它搶眼的廣告以及進入校園、青少年防範的失策，「Juul（Labs）讓反電子菸團體的工作變得更容易，這是其他公司做不到的。」康利說，不過從許多方面來看，它的命運是它的成功造成的。

Juul Labs 的競爭對手也不完美，但是並沒有引來同等程度的檢視。Vuse、Blu、NJOY 也賣菸彈，也在電視和社交媒體做廣告，也製造孩子可以在班上使用的小小的、時尚的蒸發器。Vuse和Blu背後也有菸草大廠在支持，可是，FDA、國會、公衛人士、學者、公眾盯上的是Juul，把它視為「公衛頭號敵人」。

Juul的故事也不能不提到政治。遊說和政治議程，不管是出自Juul還是出自反對Juul的公衛團體，決定了公眾對電子菸的理解。青少年成癮成了大聲疾呼反對Juul的原因（很合理也可以理解），甚至因此很容易忘記確實有很多成人是靠Juul的產品來戒菸。如果成人菸民跟那些熱衷於保護孩子的團體一樣有那麼多盟友在國會山莊，情況可能就會有所不同。

現在的問題是：Juul的名聲會不會連累它取得在美國銷售所需的FDA許可。2020年9月底，被新冠疫情耽擱的PMTA申請截止月分，FDA已經收到幾千份申請，Juul也在2020年7月遞交等待多時的申請。Juul的申請內容包括Juul裝置以及尼古丁強度3%和5%的薄荷醇、菸草菸彈，總共110份研究，長達12萬5000頁，這是Juul七個部門、120 個員工多年的科學成果，耗資數百萬美元。

從 2020 年 9 月 9 日申請截止日算起，FDA 有一年的時間決定 Juul 蒸發器是否「適合保護公眾健康」，也就是說，是危害較大還是好處較多。到 2021 年 1 月為止，FDA 還沒做出決定。電子菸到底是拯救數百萬條人命、淘汰傳統香菸的利器，還是會把一整代人帶向尼古丁成癮和未知的健康危害，答案取決於你問的是誰。真相可能介於兩者之間，被雙方的政治攻擊和誇張言詞給模糊，誰也不知道 FDA 會做出什麼決定*。

「如果 Juul 取得 PMTA，那它會很驚險地活下去。」參與 PMTA 申請彙整的前員工說。這家公司對自己的產品和假設很有信心，但是青少年吸電子菸的數據（也許殺傷力更大的是這幾年對青少年吸電子菸的公共辯論和憤怒），可能會成為它的致命傷。PMTA 通過與否，可能取決於 FDA 願不願意忽視它對抗多年的青少年疫情，而把重點放在 Juul 對成人菸民的潛在好處。

有跡象顯示青少年疫情已經退燒。CDC 在 Juul 提出 PMTA 申請後不久公布的數據顯示，2020 年美國吸電子菸的國高中生比2019年減少了將近200萬，大概是因為口味禁令、EVALI爆發後留下的恐懼、新冠疫情導致購買減少。這些數據同時也顯示，美國青少年的喜好變了。2019年使用一次性、拋棄式電子菸的高中生只有2%左右；到了2020年卻有超過四分之一，單單一年就成長了1000%，令人瞠目結舌。

跟所有流行事物一樣，Juul的風光時刻似乎結束了。根據報導，全美國高中廁所裡，孩子們現在用的是Puff Bar*等品牌的拋棄式蒸發器。Puff Bar跟Juul蒸發器一樣，也是纖細、時尚的長條形，會讓人聯想到隨身碟，不過有一系列顏色以及會讓反

---

* FDA在2022年6月下令Juul Labs將旗下所有電子菸產品下架，理由是這家公司不僅未能提供充分證據，連它提出的內部研究都「互相矛盾」。Juul隨即提出緊急上訴，表示這會對該公司「造成無法彌補的傷害」；一天後，聯邦上訴法庭裁決暫緩執行該命令。2022年7月，FDA稱「Juul的申請存在獨特的科學問題，需要進行額外評估」，允許Juul Labs在上訴期間持續在市場銷售產品，但並不撤銷該禁售令。

* FDA在2020年7月禁止Puff Bar電子菸銷售，該公司後來改用合成尼古丁（synthetic nicotine）在2021年2月重返市場。FDA在2022年3月被賦予對合成尼古丁的監管權，根據6月的新聞報導，Puff Bar此前鑽漏洞的行為可能面臨FDA查處。

菸團體臉紅的口味，包括「藍色蔓越莓」和陽光黃的「香蕉冰」等等。Puff Bar 的尼古丁含量為 5%，衝擊感不輸 Juul，但是一支可吸 400 口只賣 12 美元，是很多青少年負擔得起的價錢。PAVE（家長反對電子菸組織）的梅芮迪絲．柏克曼 2020 年初告訴全國公共廣播電台：「Juul 差不多已經是老玩意了，不再是青少年的最愛。」

現在存在的 Juul Labs 並不是原本應該存在的 Juul Labs。在某個平行時空，也許亞當、詹姆斯和他們的團隊並沒有放行蒸發廣告，也許他們沒有在 Instagram 做廣告也沒有招攬網紅，也許他們更努力阻止青少年購買他們的產品及上網發文，也許他們沒有走進學校和原民部落，也許他們沒有惹毛 FDA 局長史考特．高里布，也許他們在奧馳亞來電的時候掛了電話，也許他們身邊有會更用力提出異議的人、有瞭解監管這塊領域也知道犯錯會招來什麼麻煩的人，也許他們有聽從專家的話，也許他們有說服世界相信他們創造 Juul 是真的出於正當理由。

但是在這個真實存在的時空，Juul 只是一個前途大好但在每個轉彎都失策的產品、一個出色創新但現在有一部分掌控在從過去到現在都以替股東賺錢為第一優先的菸草大廠手中。把 Juul 搞到這步田地的人，現在沒有一個留下來目睹它通過 FDA 的終點線。

詹姆斯．蒙西斯仍然住在舊金山；亞當．波文大部分時間都找不到人，只保留含糊不清的「顧問職」；理查．孟比住在紐約市；凱文．伯恩斯是一家製藥公司的總裁兼營運長；艾希莉．古爾德替一家永續食物新創提供諮詢；青少年防範主管茱莉．韓德森在網路上幾乎沒有公開足跡；郝爾德．威拉德，奧馳亞那個拚命想拿下一部分 Juul 的執行長，2020 年春天染上 COVID-19 康復後退休了；就連 Juul 本身也不一樣。2020 年春天，這家在舊金山土生土長的公司整個打包，把總部搬到華府，顯然是為了遠離（物理上和象徵意義上都是）以迅速和顛覆見長的灣區文化。

Juul 創造者現在只能看著克羅思韋特和他從奧馳亞來的團隊繼續裁減 Juul 員工、迴避媒體聚光燈、一次又一次保證要重新獲得公眾信任。2020 年，這家公司撤出國際市場，包括法國、西班牙、奧地利、葡萄牙、比利時、南韓，預計還會退出更多市場。2020 年 9 月，克羅思韋特又裁掉 1000 名員工，大約是 Juul 員工的一半。這家公司全盛時期有 4000 名員工，到 2020 年 12 月只剩 1100 人左右，留下來的人也隨時會走，「吞抗焦慮藥丸像在吞 tic tac 涼糖一樣。」一名員工在匿名爆料社群 Blind 寫道。

此時此刻，關於電子菸的安全與功效，疑問跟答案還是一樣多。但是有一件事是確定的：這些年所面對的許許多多決定，Juul 團隊做錯的頻率太高。當然一定有不管 Juul 做什麼都難以改變既定想法的時候，但是至少亞當有意識到情況可以有不一樣的發展。2019 年一次訪談中，他承認蒸發廣告是錯誤，也承認對於奧馳亞入股的懷疑是合理的，「有很多事我會採取不同的做法。」他說。想到那些所有的事，他說，就好像「打開潘朵拉盒子，落落長一大串；一定有做得更好的空間，每一步都有」。

他和詹姆斯的意圖是否良善已經不再是重點，一次又一次，他們的意圖淹沒於 Juul 高層的作為與不作為，導致這個全世界最佳電子菸臭名滿天下，也因此難以對公眾健康產生創辦人和員工一再宣稱想要的效果。從家長、老師、監管單位、議員、反菸團體，甚至是小型電子菸公司，Juul 成了眾矢之的；它未來注定要面對過去的遺毒，而輸家是菸民。

「錯失了大好機會，從董事會到管理團隊，再到現在就快淪為奧馳亞的二線產品，」一個高階前員工說，「除了破產，我想不出還有更糟的結果。這是悲劇無誤。」

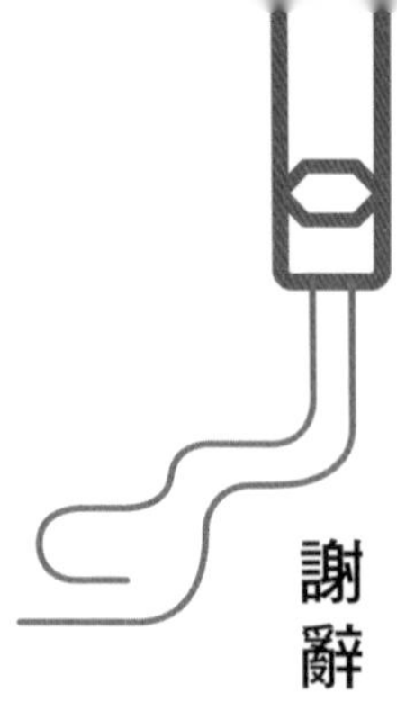

謝辭

首先，要謝謝接受我採訪的每一位，不吝分享時間、精力、專業，因為有各位的敘述，這本書才得以躍然生動。

非常謝謝我聰明敏銳的經紀人 Becky Sweren，她從第一天就看到這本書的未來，我找不到比她更稱職的、一路看望的牧羊人。我有道不完的感謝，謝謝她和 Aevitas 團隊，包括 Allison Warren、Shenel Ekici-Moling、Nan Thornton。

Becky 的諸多貢獻之一就是替這本書找到最好的歸宿：Henry Holt 出版公司。Amy Einhorn 和整個 Holt 團隊第一時間就展現極大熱情，我永遠感謝 Paul Golob 把我帶進團隊。謝謝 James Melia 以及我的編輯 Kris Jenner，她給這本書做了無數次改進，以從未消退的風趣幽默和幹勁活力進行編輯。還要謝謝 Christopher O'Connell、Maggie Richards、Caitlin O'Shaughnessy、Marian Brown、Lori Kusatzky，以及幕後所有為這本書付出的人。

其中一位是 Barbara Maddux，她是天生的事實查核高手。知道有這麼一位仔細、小心翼翼的人跟我共事，我有好幾次都覺得好險有她。

《時代》雜誌的同事也是催生這本書有功的人。謝謝 Mandy Oaklander，她是第一位鼓勵我寫電子菸的人，也給我的初稿提供很多寶貴意見；謝謝 Elijah Wolfson，他毫不遲疑挪出時間給我支持；還有 Alice Park、Jeffrey Kluger、Charlotte Alter，他們無私分享寫書經驗，以及 Annabel Gutterman 和 Melissa Chan，他們在 Slack 的留言逗得我樂不可支。

我的好友也值得我致上深深謝意。Madeline Bilis 在 Meredith 餐館的興奮之情，讓我覺得我好像真的能寫出這本書，她在初稿上寫的精采眉批也讓這本書增色更多。Kristen Gray、Nicole Chenelle、Molly Donahue——新罕布夏州最優秀的人——依舊讓我很慶幸我年少就有這麼好的交友品味。Tom Minieri 頂著攝氏 32 度的天氣在威廉斯堡（Williamsburg）到處探尋最美麗的門廊。還有 Emily、Jordan、Matt、Chris、Andrew、Kev、Owen，他們在 Zoom 視訊會議討論電子菸的次數已經多到可以得獎了。

父母從小教我熱愛閱讀寫作，也因此改變了我人生的軌跡，沒有他們的愛、支持、鼓勵，我什麼都做不到，包括這本書。對不起，你們以前試圖「編輯」我的時候，我一直帶給你們痛苦。Dustin，謝謝你成為最好的榜樣，在壓力中仍奮力提升、保持冷靜。我愛你們。

最後，我對 Arthur 道再多感謝都不夠，他多次阻止我做傻事，但在最重要時刻鼓勵我放膽寫這本書。謝謝他一直以來都相信我、相信這本書，謝謝他讓我盡情吐露每一絲焦慮和念頭，最重要的是，謝謝他在我很確定自己受害於一宗電郵駭客事件的時候沒有離開。沒有他，我就少了一隻腳。

注釋

序幕

p.30

「我的名字是……」: *Examining Juul's Role in the Youth Nicotine Epidemic: Part II, Hearings Before the Subcommittee on Economic and Consumer Policy of the Committee on Oversight and Reform*, 116th Cong., 5 (2019) [hereafter: Examining Juul's Role in the Youth Nicotine Epidemic: Part II] (testimony of James Monsees).

「詹姆斯仍然一身……」: *Examining Juul's Role in the Youth Nicotine Epidemic: Part II*.

p.31

20 位員工：CNBC, "How Juul Became a $15 Billion Giant," video, YouTube, September 11, 2018,https://www.youtube.com/watch?v=3odfavdF07g&list=LL2BWlbMnIWq3F1ZdymJcqZA&index=299.

估值一舉突破百億美元：Zack Guzman, "Juul Surpasses Facebook as Fast.est Startup to Reach Decacorn Status," Yahoo Finance, October 9, 2018, https://finance.yahoo.com/news/juul-surpasses-facebook-fastest-startup-reach-decacorn-status-153728892.html.

380 億美元的帝國：Angelica LaVito, "Tobacco Giant Altria Takes 35% Stake in Juul, Valuing E-cigarette Company at $38 Billion," CNBC, December 20, 2018, https://www.cnbc.com/2018/12/20/altria-takes-stake-in-juul-a-pivotal-moment-for-the-e-cigarette-maker.html.

窮研究生：Sophie Alexander, "Juul Founders Are Crowned Billionaires as Altria Takes a Stake," Bloomberg, December 19, 2018, https://www.bloomberg.com/news/articles/2018-12-19/juul-founders-poised-to-be-crowned-billionaires-with-altria-deal.

p.32

到 2019 年底："2019 National Youth Tobacco Survey Shows Youth E-cigarette Use at Alarming Levels," infographic, U.S. Food and Drug Administration https://www.fda.gov/media/132299/download.

「這種說法」: "Altria Makes $12.8 Billion Minority Investment in JUUL to Accelerate Harm Reduction and Drive Growth," news release, Altria Group, December 20, 2018, https://investor.altria.com/press -releases/news-details/2018/Altria-Makes-128-Billion-Minority -Investment-in-JUUL-to-Accelerate-Harm-Reduction-and-Drive-Growth /default.aspx.

Chapter 1 抽菸不必點火

p.38

「站在……外頭」: John Biggs, "Smoke Up: An Interview with the Creator of the Ultracool Pax Vaporizer," *Tech Crunch*, June 18, 2012, https://techcrunch.com/2012/06/17/an-interview-with-the-creator-of-the-ultracool-pax-vaporizer/.

p.39

「我們兩個也算聰明人」: Gabriel Montoya, "Pax Labs: Origins with James Monsees," Social Underground, https://socialunderground.com/2015/01/pax-ploom-origins-future-james-monsees/.

「安靜寡言、腦筋靈活」: Laurie Collier Hillstrom, *The Vaping Controversy* (ABC-CLIO, 2019), 102.

「最聰明的」: "Pomona College Top Questions," Unigo, https://www.unigo.com/colleges/pomona-college/reviews/what-is-the-stereotype-of-students-at-your-school.

p.40

「從小……」: Juul Labs, "Juul Labs Founders' Story," video, YouTube, February 27, 2019, https://www.youtube.com/watch?v=J1pTToByIHE.

就讀波莫納期間：“Zero Gravity Plane on Final Flight," NASA, Octo.ber 29, 2004, https://www.nasa.gov/vision/space/preparingtravel /kc135onfinal.html.

Sigma Xi：Adam Bowen, LinkedIn profile, https://www.linkedin.com /in/abowen/.

p.41

「一直跟著詹姆斯」: Juul Labs, "Juul Labs Founders' Story."

「十幾歲的時候」: Juul Labs, "Juul Labs Founders' Story."

「我討厭香菸」: Juul Labs, "Juul Labs Founders' Story."

p.42

「詹姆斯是……」: James Monsees, LinkedIn profile.

大約一年後：James Monsees, LinkedIn profile.

兩人的外表：Pax Vapor (@PaxVapor), "Today is our 10 year anniversary. It has been an amazing journey and we are so grateful to all of you for supporting us through our evolution," Instagram post, March 15, 2017, https://www.instagram.com/p/BRrMWUKh0xZ/.

P.43

「都喜歡解決」: "Big Vape," Season 1, Episode 2, *Broken*, directed by Sarah Holm Johansen, 2019, Netflix, https://www.netflix.com/title /81002391.

「原本兩人選定的主題」: David H. Freedman, "How Do You Sell a Product When You Can't Really Say What It Does?," Inc., May 2014, https://www .inc.com/magazine/201405/david-freedman/james-monsees-ploom-ecigarette-company-marketing-dilemma.html.

「想丟掉香菸」: J. R. Hughes et al., "A Meta-analysis of the Efficacy of Over-the-Counter Nicotine Replacement," *Tobacco Control 12*, no. 1 (March 2003): 21–27, http://dx.doi.org/10.1136/tc.12.1.21.

p.44

「但是他們討厭……」: Juul Labs, "Adam and James' Thesis Presentation," video, YouTube, February 27, 2019, https://www.youtube.com/watch?v =ZBDLqWCjsMM.

「亞當和詹姆斯開始……」: Freedman, "How Do You Sell a Product?"

p.46

「葛蘭茲把這些文件」: "Truth Tobacco Industry Documents: His.tory," University of California, San Francisco (website), https://www .industrydocuments.ucsf.edu/tobacco/about/history/.

大和解協議：“Master Settlement Agreement,” Public Health Law Center, https://publichealthlawcenter.org/topics/commercial -tobacco-control/commercial-tobacco-control-litigation/master -settlement-agreement.

p.47

「對亞當和詹姆斯的意義」: "Master Settlement Agreement."

p.48

「我們手上有這麼……」: Montoya, "Pax Labs."

1960 年代初：Naomi Oreskes and Erik M. Conway, "What's Bad Science? Who Decides?" in *Merchants of Doubt* (New York: Bloomsbury Press, 2010).

這股不安："History of the Surgeon General's Reports on Smok.ing and Health," Surgeon General's Reports on Smoking and Tobacco Use, Data and Statistics, U.S. Centers for Disease Control and Preven.tion (website), https://www.cdc.gov/tobacco/data_statistics/sgr/history /index.htm.

p.49

「香菸一點燃……」: Combustion happens when: "Glossary: Combustion," Philip Morris International (website), https://www.pmi.com/glossary-section/glossary / combustion.

「與其讓吸菸者……」: Stanton A. Glantz, John Slade, Lisa A. Bero, Peter Hanauer, and Deborah E. Barnes, *The Cigarette Papers* (Berkeley: University of California Press, 1996), 74–77, http://ark.cdlib.org/ark: /13030/ft8489p25j/.

p.50

艾利斯的團隊：Stephan Risi, "On the Origins of the Electronic Ciga.rette: British American Tobacco's Project Ariel (1962–1967)," *American Journal of Public Health* 107, vol. 7 (July 2017): 1060-67, https://ajph.apha.publications.org/doi/10.2105/AJPH.2017.303806.

「很快就開始……」: Lynn T. Kozlowski and David B. Abrams, "Obsolete Tobacco Control Themes Can Be Hazardous to Public Health: The Need for Updating Views on Absolute Risks and Harm Reduction," *BMC Public Health* 16, no. 432 (May 2016), https://doi.org/10.1186/s12889-016 -3079-9.

p.51

麥克・羅素：Michael Russell: Michael Russell, "Low-Tar Medium-Nicotine Ciga. rettes: A New Approach to Safer Smoking," *British Medical Journal* 1, no. 6023 (June 1976): 1430–34, https://www.bmj.com/content /1/6023/1430.

接下來幾年：L. E. Rutqvist, B. Mattson, and T. Signomk.lao, "Cancer Mortality

Trends in Sweden 1960–1986," *Acta Oncologica* 28, no. 6 (August 1989): 771–75, https://doi.org/10.3109 /02841868909092306; Paolo Boffetta et al., "Smokeless Tobacco and Cancer," Lancet Oncology 9, no. 7 (July 2008): 667–75, https://doi.org/10 .1016/ S1470-2045(08)70173-6.

p.52

美國公共衛生局：Ronald Andersen and Ross Mullner, "Assess.ing the Health Objectives of the Nation," Health Affairs 9, no. 2 (Summer 1990), https://doi. org/10.1377/hlthaff.9.2.152.

雷諾："Who We Are," R.J. Reynolds Tobacco (website), https://rjrt.com/transforming-tobacco/.

Premier：Robert K. Jackler et al., "Global Marketing of IQOS: The Philip Morris Campaign to Popularize 'Heat Not Burn' Tobacco," Stan.ford Research into the Impact of Tobacco Advertising, February 21, 2020, http://tobacco.stanford.edu/tobacco_main/ publications/IQOS _Paper_2-21-2020F.pdf.

「木炭一點燃」: Glantz et al., *Cigarette Papers*, 76–77.

p.53

測試小組：Douglas C. McGill, "'Smokeless' Cigarette's Hapless Start," *New York Times*, November 19, 1988, https://www.nytimes.com/1988/11/19/business/smokeless-cigarette-s-hapless-start.html.

「網路上還有不少資料」: Yoav Nir, *Game Changing Innovation* (N.p.: Charte, 2018), https://www.google.com/books/edition/Game_changing_innovation/wIJHDwAAQBAJ?hl=en&gbpv=1&dq=game+changing+innovation&printsec=frontcover.

Accord：Jackler et al., "Global Marketing of IQOS."

p.54

「借助尼古丁貼片戒了菸」: "Big Vape."

2004 年：Barbara Demick, "A High-Tech Approach to Getting a Nicotine Fix," *Los Angeles Times*, April 25, 2009, https://www.latimes.com/archives/la-xpm-2009-apr-25-fg-china-cigarettes25-story.html.

p.55

208 美元："Chinese 'E-cigarette' Helps You Stub Out the Habit," Reuters Life!, May 9, 2007, https://www.reuters.com/article/us-china-cigarette/chinese-e-cigarette-helps-you-stub-out-the-habit -idUSSP23039020070509.

全新品牌：Seung Lee, "Juul Labs Co-founders Say They're Working Toward a World Without Smokers," *Mercury News*, September 12, 2018, https://www.mercurynews. com/2018/09/12/juul-labs-co-founders-say-theyre-working-toward-a-world-without-smokers/.

p.56

「這場 18 分鐘的……」: Juul Labs, "Adam and James' Thesis Presentation."

Chapter 2 一個產業的誕生

p.62

「……的朋友……」: Biggs, "Smoke Up."

p.63

「我們本來以為……」: Freedman, "How Do You Sell a Product?"

「詹姆斯……接受邀請」: Nathan Chan, interview with James Monsees, Foundr, podcast audio, September 24, 2015, https://foundr.com/james -monsees.

哈索・普拉特納設計學院：Biggs, "Smoke Up."

弄了個臨時工場：Allison Keeley, "Vice Made Nice?," *Stanford Magazine*, July/August 2012, https://stanfordmag.org/contents/vice-made-nice.

「我第一次……」: Juul Labs, "Juul Founders' Story."

p.64

2007 年 2 月：Email from Ploom cofounder Adam Bowen to Stan.ford alumni Listserv, subject line: "Investment opportunity: high volume consumer product company," sent February 20, 2007.

「到處」: Keeley, "Vice Made Nice?"

沙丘路：Davey Alba, "How Sand Hill Road Became the Main Street of Venture Capital," Wired, October 24, 2017.

p.65

第一筆成功募資：Their first victory: "About Sand Hill Angels," Sand Hill Angels (website), https://www.sandhillangels.com/about.

「他們說」: "Fast Facts," Data and Statistics, Smoking & Tobacco Use, U.S. Centers for Disease Control and Prevention (website), https://www.cdc.gov/tobacco/data_statistics/fact_sheets/fast_facts/index.htm.

口香糖和貼片：Hughes et al., "A Meta-analysis of the Efficacy of Over-the-Counter Nicotine Replacement."

p.66

「有個投資人上車」: "Global Asset Capital," Global Asset Capital (website), http://gacapital.com/.

康伍德口嚼菸草公司："Reynolds American Will Buy Conwood for $3.5 billion," *Memphis Business Journal,* April 25, 2006, https://www .bizjournals.com/memphis/stories/2006/04/24/daily13.html.

p.69

「能成事的人」: James Monsees, "Adam gets things done," LinkedIn recommendation for Adam Bowen, February 7, 2007, https://www .linkedin.com/in/abowen/.

「詹姆斯愛喝咖啡」: Adam Bowen, "James loves coffee," LinkedIn recommendation for James Monsees, February 7, 2007, https://www .linkedin.com/in/jamesmonsees/.

「亞當……在推特寫下」: Adam Bowen (@adambowenSF), "Having a muffin," tweet, November 13, 2008, https://twitter.com/adambowenSF/status /1004133520.

「馬克・魏斯……父親」: Benjamin Wallace, "Smoke Without Fire," New York, April

26, 2013, https://nymag.com/news/features/e-cigarettes-2013-5/.

p.70

「只需把……」: Delighted Robot, "NJOY Electronic Cigarette," video, YouTube, January 16, 2008, https://www.youtube.com/watch?v =9XUD9lwgQYQ&feature=emb_title.

「一波媒體報導」: Charlie Sorrel, "Smokes on a Plane: NJOY Electronic Cig.arettes," Wired, June 5, 2008, https:/www.wired.com/2008/06/smokes-on-a-pla/.

2009 年 4 月：U.S. Customs and Border Protection, "The Tariff Classifi.cation of a Nicotine Inhaler and Part from China," Ruling NY M85579, August 22, 2006.

p.71

「家庭吸菸防制」: "Tobacco Control Act of 2009," Public Health Law Center (website), https://publichealthlawcenter.org/topics/special -collections/tobacco-control-act-2009.

「也因為這項法案」: "Tobacco Product Marketing Restrictions" (pdf), Tobacco Control Legal Consortium, July 2009, https://www.publichealthlawcenter .org/sites/default/files/fda-2007-3.pdf.

p.72

「FDA 如果決定……」: "A Deeming Regulation: What Is Possible Under the Law" (pdf), Tobacco Control Legal Consortium, April 2014, https://regulatorwatch.com/wp-content/uploads/2016/03/DEEMING-REGULATIONS-EXPLAINED-2014.pdf.

p.73

「根據電子菸界的傳言」: Michael Grothaus, "Trading Addictions: The Inside Story of the E-cig Modding Scene," *Engadget*, October 1, 2014, https://www.engadget.com/2014-10-01-inside-story-e-cig-modding-uk .htmlhttps://www.engadget.com/2014-10-01-inside-story-e-cig-modding -uk.html.

「一個小小……社群」: "Historical Timeline of Vaping & Electronic Cigarettes," Consumer Advocates for Smoke-Free Alternatives Association (website), http://www.casaa.org/historical-timeline-of-electronic-cigarettes/.

「他們也互相傳播」: Murray Laugesen, "Safety Report on the Ruyan E-cigarette Cartridge and Inhaled Aerosol" (pdf), Health New Zealand Ltd., October 30, 2008, https://www.researchgate.net/publication/237451220_Safety_Report_on_the_RuyanR_e-Cigarette_and_Inhaled_Aerosol.

2008 年："Marketers of Electronic Cigarettes Should Halt Unproved Therapy Claims," news release, World Health Organization, September 19, 2008, https://www.who.int/mediacentre/news/releases/ 2008/pr34/en/.

p.74

2009 年："FDA Warns of Health Risks Posed by E-cigarettes" (pdf), U.S. Food and Drug Administration Consumer Updates, Consumer Advocates for Smoke-Free Alternatives Association (website), https:// www.casaa.org/wp-content/uploads/FDA-Press-Release-2009.pdf.

「包括紐澤西在內的州」: "Historical Timeline of Vaping & Electronic Cigarettes."

p.75

頂尖公衛團體：Smoking Everywhere Inc. and Sottera Inc. v. Food and Drug

Administration, case no. 10-5032, United States Court of appeals for the District of Columbia Circuit, brief of *Amici Curiae* from the American Academy of Pediatrics, American Cancer Society, American Cancer Society Cancer Action Network, et al., filed May 24, 2010.

2010 年 12 月："Sottera Inc. v. U.S. Food and Drug Administration /Smoking Everywhere Inc. v. U.S. Food and Drug Administration (2009)," Public Health Law Center (website), https://www .publichealthlawcenter.org/content/sottera-inc-v-us-food-and-drug -administration.

p.76

「甚至沒有任何一條聯邦法律……」: Dorie E. Apollonio and Stanton A. Glantz, "Mini.mum Ages of Legal Access for Tobacco in the United States From 1863 to 2015," *American Journal of Public Health* 106, no. 7 (July 2016): 1200–207, https://doi.org/10.2105/AJPH.2016.303172.

裝在一個盒子裡：Samara Lynn, "Blu E-cigs Review," *PCMag*, July 30, 2013, https://www.pcmag.com/reviews/blu-e-cigs.

從五種口味的尼古丁菸彈挑選一個扣進去：Sparky, "Blu cigs Electronic Cigarette Review," Electronic Cigarette Review, http://www.electroniccigarettereview.com/blu-cigs -electronic-cigarette-review/.

p.77

「他是對的」: "Activities of the E-cigarette Companies," in National Center for Chronic Disease Prevention and Health Promotion, Office on Smoking and Health, *E-cigarette Use Among Youth and Young Adults: A Report of the Surgeon General* (Atlanta, GA: Centers for Dis.ease Control and Prevention, 2016), chap. 4, https://www.ncbi.nlm.nih .gov/books/NBK538679/.

p.78

「運作一上軌道」: SmartPlanetCBS, "A Smarter Way to Smoke?" video, YouTube, November 5, 2010, https://www.youtube.com/watch?v =NI4d5NzK-HY.

p.80

「ModelOne 外型」: Daniel Terdiman, "Stanford Grads Hope to Change Smoking Forever," CNET, May 13, 2010, https://www.cnet.com/news/stanford-grads-hope-to-change-smoking-forever/.

p.81

「誰會想費事」: Alex Norcia, "JUUL Founders' First Marketing Boss Told Us the Vape Giant's Strange, Messy Origins," Vice, Novem.ber 5, 2019, https://www.vice.com/en/article/43kmwm/juul-founders-first-marketing-boss-told-us-the-vape-giants-strange-messy-origins.

「這給人的觀感……」: Freedman, "How Do You Sell a Product?"

「ModelOne 最後只賣了……」: Freedman, "How Do You Sell a Product?"

p.82

「我記得他們招聘我的時候」: Norcia, "JUUL Founders' First Marketing Boss Told Us."

Chapter 3 救兵

p.86

里亞斯．瓦拉尼和其他股東：“Form D—Notice of Exempt Offering of Securities,” issued by Ploom Inc. to the United States Securities and Exchange Commission, May 5, 2011, https://www.sec.gov/Archives/edgar/data/1520049/000152004911000001/xslFormDX01/primary_doc.xml.

「2011 年，傑太日煙……」: Japan Tobacco International, “Innovative Partnership for Ploom and Japan Tobacco International: JTI To Take Minority Share in Ploom,” news release, December 8, 2011, https://www.jti.com/news-views/newsroom/innovative-partnership-ploom-and-japan-tobacco-international-jti-take-minority.

p.87

「一家……上市公司」: Japan Tobacco Inc., *Annual Report* 2011 (pdf), June 24, 2011, https://www.jti.com/sites/default/files/global-files/documents/jti-annual-reports/ar-2011annual-report-2011.pdf.

「詹姆斯曾經接受訪談說……」: Montoya, “Pax Labs.”

「說得詩意滿滿」: Josh Mings, “Ploom ModelTwo Slays Smoking with Slick Design and Heated Tobacco Pods,” SolidSmack, April 23, 2014, https://www .solidsmack.com/design/ploom-modeltwo-slick-design-tobacco-pods/.

p.88

「詹姆斯和亞當忙於……」: Japan Tobacco International, “Innovative Partnership.”

p.89

250 美元的裝置：Freedman, “How Do You Sell a Product?”

「沒有明言鼓勵……」: Freedman, “How Do You Sell a Product?”

p.90

獨角獸便便：“Unicorn Poop—Rainbow Sherbet E-Juice by Drip Star E-Liquid,” Vapes.com, https://www.vapes.com/products/drip-star -unicorn-poop-eliquid.

p.91

「他們也開始調整……」: Caroline Chen, Yue-Lin Zhuang, and Shu-Hong Zhu, “E-cigarette Design Preference and Smoking Cessation,” *American Journal of Preventive Medicine* 51, no. 3 (2016): 356–63, https://doi.org/10.1016 /j.amepre.2016.02.002.

p.92

「……取笑我」: Katoo, “I get made fun of by smokers. I get made fun of by non-smokers. Why do they do that?,” post on the E-Cigarette Forum, December 31, 2008, https://www.e-cigarette-forum.com/threads/why-do-people-make-fun-of-it.4865/#post-76268https://www.e-cigarette-forum .com/threads/why-do-people-make-fun-of-it.4865/.

「有過半……」: “56% Favor Legalizing, Regulating Marijuana,” Rasmus.sen Reports, May 17, 2012, https://www.rasmussenreports.com/public_content/lifestyle/general_lifestyle/may_2012/56_favor_legalizing _regulating_marijuana.

科羅拉多州和華盛頓州：Aaron Smith, “Marijuana Legalization Passes in Colorado, Washington,” CNN Business, November 8, 2012, https://money.cnn.com/2012/11/07/

news/economy/marijuana-legalization-washington-colorado/index.html.

「加入十幾個……」: "Legal Medical Marijuana States and DC," Britannica ProCon, https://medicalmarijuana.procon.org/legal-medical-marijuana -states-and-dc/.

Ploom 的所在地："Medicinal Marijuana Law," Sacramento County Public Law Library, https://saclaw.org/articles/marijuana-laws-in -california-edl/.

p.93

莎拉・理查森：Chan, interview with James Monsees.

啤酒杯：Pax Vapor (@PaxVapor), "Happy Weekend. Love, Emerald," Instagram post, May 25, 2013, https://www.instagram.com/p/ZwMa6JxqIB/.

大盤玉米片：Pax Vapor (@PaxVapor), "#Pax #beer #nachos. Have a great weekend!," Instagram post, September 6, 2013, https://www .instagram.com/p/d8DxMARqEC/.

時報廣場：Pax Vapor (@PaxVapor), "Hey Ploomers, it's contest time! Tag your best #PloomWithAView #Pax pic and we'll pick a winner Thursday morning. Creativity #FTW," Instagram post, June 11, 2013.

「筆電上的……」: Pax Vapor (@PaxVapor), "Jonesin' for the new Anchorman 2 trailer? Join us on Facebook.com/ploomroom for the link!" Instagram post, June 19, 2013, https://www.instagram.com/p /awEH5axqCG/.

「……標籤」: Pax Vapor (@PaxVapor), "#LadiesWhoPax #CultureCol.lide," Instagram post, October 11, 2013.

p.94

「贊助音樂節」: Brad Stone, "Ploom's E-cigarettes, Vaporizers Use Real Tobacco," *Bloomberg Businessweek*, December 22, 2013, https:// www.sfgate.com/business/article/ Ploom-s-E-cigarettes-vaporizers-use -real-tobacco-5086773.php.

「不同於大多數」: Stone, "Ploom's E-cigarettes, Vaporizers Use Real Tobacco."

p.95

「我吸很多尼古丁」: Mario Schulzke, "James Monsees—Co-founder and CEO of Ploom," IdeaMensch, April 11, 2014, https://ideamensch.com /james-monsees/.

「接受……訪問時」: "How Ploom Is Disrupting Big Tobacco," video, 20to30, July 24, 2014, http://20to30.com/video/james-monsees-how-ploom-and -pax-are-disrupting-big-tobacco/.

「……將近……」: Stone, "Ploom's E-cigarettes."

p.99

「獲得……不少」: Mings, "Ploom ModelTwo Slays Smoking."

「抽紙菸的人口」: "Adult Cigarette Smoking Rate Hits All-Time Low," news release, U.S. Centers for Disease Control and Prevention, Novem.ber 26, 2014, https://www.cdc.gov/media/releases/2014/p1126-adult -smoking.html.

「香菸銷售……邏輯上……」: U.S. Federal Trade Commission, *Federal Trade Commission Cigarette Report for 2018* (pdf), 2019, https://www.ftc.gov/system/files/documents/reports/federal-trade-commission-cigarette-report-2018-smokeless-tobacco-report-2018/p114508cigarettereport2018.pdf.

p.100

「電子菸的興起」: "Economic Trends in Tobacco," Fast Facts and Fact Sheets, Data & Statistics, U.S. Centers for Disease Control and Prevention (website), https://www.cdc.gov/tobacco/data_statistics/fact_sheets/economics/econ_facts/index.htm.

「外型很像……」: "Breaking News: R.J. Reynolds Vapor Launches 'VUSE' Digital Vapor Cigarette," CStore Decisions, June 6, 2013, https://cstore-decisions.com/2013/06/06/r-j-reynolds-vapor-launches-vuse-digital-vapor-cigarette/.

同年：Sonya Chudgar, "Altria to Launch MarkTen E-cigarette in Indiana," *AdAge*, June 11, 2013, https://adage.com/article/news/altria -launches-markten-e-cigarette-indiana/242043.

「靠著好幾百萬美元」: Jennifer Cantrell et al., "Rapid Increase in E-cigarette Advertising Spending as Altria's MarkTen Enters the Mar.ketplace," *Tobacco Control* 25 (2016): 16–18, http://dx.doi.org/10.1136 /tobaccocontrol-2015-052532.

p.101

「Ploom 的菸草彈」: Juul Labs, "Juul Founders' Story."

p.102

「最後寫出一份……」: Thomas Perfetti, "Investigation of Nicotine Transfer to Mainstream Smoke, I. Synthesis of Nicotine Salts," R.J. Reyn.olds Division of Chemical Research (1978), 1–17.

p.103

2013 年夏天：Chenyue Xing (Chenyue X.), LinkedIn profile, https://www.linkedin.com/in/chenyuexing/.

p.104

「……可明顯看出」: Chris Kirkham, "Juul Disregarded Early Evidence It Was Hooking Teens," Reuters, November 5, 2019, https://www.reuters.com /investigates/special-report/juul-ecigarette/.

Chapter 4 樂量

p.110

丙二醇："Propylene Glycol in Food: Is This Additive Safe?," Healthline, March 2, 2018, https://www.healthline.com/nutrition /propylene-glycol#TOC_TITLE_HDR_3.

p.112

「……一個成員……」: In Re: Juul Labs Inc. Marketing, Sales Practices and Products Liability Litigation, Plaintiffs' Amended Consolidated Mas.ter Complaint (Personal Injury), Case no. 19-md-02913-WHO, United States District Court, Northern District of California, San Francisco Division, filed June 18, 2020, [hereafter: In Re: Juul Labs Inc.], pp. 46–47.

p.113

邢晨悅：Kirkham, "Juul Disregarded Early Evidence."

p.114

「……專利申請……」: Adam Bowen and Chenyue Xing, "Nicotine Salt Formulations for Aerosol Devices and Methods Thereof," U.S. Patent 9,215,895 B2, filed October 10, 2014, and issued December 22, 2015.

「在這過程中意外發現」: Bowen and Xing, "Nicotine Salt Formulations."

p.118

「……發現可以」: Jamie Brown, Emma Beard, Daniel Kotz et al., "Real-World Effectiveness of E-cigarettes When Used to Aid Smoking Cessation: A Cross-Sectional Population Study," Addiction 109, no. 9 (September 2014): 1531–40, https://onlinelibrary.wiley.com/doi/full/10.1111/add.12623.

「並不覺得……是可滿足……」: Jessica K. Pepper, Kurt M. Ribisl, Sherry L. Emery, and Noel T. Brewer, "Reasons for Starting and Stopping Electronic Cigarette Use," *International Journal of Environmental Research and Public Health* 11, no. 10 (September 2014): 10345–61, https://www.mdpi .com/1660-4601/11/10/10345.

「並沒有完全戒掉」: Youn O. Lee, Christine J. Hebert, James M. Nonne-maker, and Annice E. Kim, "Multiple Tobacco Product Use Among Adults in the United States: Cigarettes, Cigars, Electronic Cigarettes, Hookah, Smokeless Tobacco, and Snus," *Preventive Medicine* 62 (May 2014): 14–19, https://doi.org/10.1016/j.ypmed.2014.01.014.

p.121

「口味誘人的」: Matt Richtel, "E-cigarette Makers Are in an Arms Race for Exotic Vapor Flavors," *New York Times*, July 15, 2014, https:// www.nytimes.com/2014/07/16/business/e-cigarette-makers-are-in-an -arms-race-for-exotic-vapor-flavors.html.

「聯邦政府所做的……」: "Trump Administration Combating Epidemic of Youth E-cigarette Use with Plan to Clear Market of Unauthorized, Non-Tobacco-Flavored E-cigarette Products," news release, U.S. Department of Health and Human Services, September 11, 2019, https://www.hhs.gov/about/news/2019/09/11/trump-administration-combating-epidemic-youth-ecigarette-use-plan-clear-market.html.

「更值得注意的……」: Center for Tobacco Products, "Youth Tobacco Use: Results from the 2014 National Youth Tobacco Survey," infographic (pdf), U.S. Food and Drug Administration, http://www.smchd.org/wp -content/uploads/NYTS_YouthTobaccoUse_508.pdf.

「還有研究認為」: Natalia A. Goriounova and Huibert D. Mansvelder, "Short- and Long-Term Consequences of Nicotine Exposure During Adolescence for Prefontal Cortex Neuronal Network Function," *Cold Spring Harbor Perspectives in Medicine* 2, no. 12 (December 2012): https://www.ncbi.nlm.nih.gov/pmc/articles/PMC3543069/.

「必須……不能……」: Ren. A. Arrazola et al., "Tobacco Use Among Middle and High School Students—United States, 2011–2014," *Morbidity and Mortality Weekly Report* 64, no. 14 (2015): 381–85, https://www.cdc.gov /mmwr/preview/mmwrhtml/mm6414a3.htm.

p.123

「電子菸是個……」: Wendy Koch, "FDA Announces Rules Restricting E-cigarettes and Cigars," USA Today, April 24, 2014, https://www.usatoday.com/story /news/nation/2014/04/24/fda-e-cigarette-rules/8050875/.

「NJOY 買下……顯眼的……」: Wallace, "Smoke Without Fire."

「這家公司……大打廣告」: Mark J. Miller, "NJOY Takes Advantage of Non-Regulated E-cig Market with Super Bowl Activation," brand-channel, January 30, 2014, https://www.brandchannel.com/2014/01/30/njoy-takes-advantage-of-non-regulated-e-cig-market-with-super-bowl -activation/.

「Blu 也打了……」: Regine Haard.rfer et al., "The Advertising Strategies of Early E-cigarette Brand Leaders in the United States," *Tobacco Regulatory Science* 3, no. 2 (2017): 222–31, https://doi.org/10.18001/TRS.3.2.10.

「甚至……創了……」: Joshua Brustein, "A Social Networking Device for Smok. ers," *New York Times*, May 10, 2011, https://www.nytimes.com/2011/05 /11/technology/11smoke.html.

「參議員砲轟」: *Aggressive E-cigarette Marketing and Poten.tial Consequences for Youth, Hearings Before the Senate Committee on Commerce, Science and Transportation*, 113th Cong. (2014) (statement of Senator Richard J. Durbin).

p.124

「我不知道」: *Aggressive E-cigarette Marketing and Potential Conse.quences for Youth, Hearings Before the Senate Committee on Commerce, Science and Transportation,* 113th Cong. (2014) (statement of Senator John D. Rockefeller IV).

p.125

「FDA 也終於……公布……」: "Deeming Tobacco Products to Be Subject to the Federal Food, Drug, and Cosmetic Act, as Amended by the Family Smok.ing Prevention and Tobacco Control Act; Regulations on the Sale and Distribution of Tobacco Products and Required Warning Statements for Tobacco Products," a proposed rule of the U.S. Food and Drug Adminis.tration, April 25, 2014.

「FDA 則是搬出研究」: Emily Baumgaertner, "The FDA Tried to Ban Flavors Years Before the Vaping Outbreak. Top Obama Officials Rejected the Plan," *Los Angeles Times*, October 1, 2019, https://www.latimes.com /politics/story/2019-10-01/vaping-flavors-obama-white-house-fda.

「13 萬 5000 則回應」: "Deeming Tobacco Products to Be Subject to the Federal Food, Drug, and Cosmetic Act, as Amended by the Family Smoking Prevention and Tobacco Control Act; Restrictions on the Sale and Distribution of Tobacco Products and Required Warning Statements for Tobacco Products," a rule of the U.S. Food and Drug Administration, May 10, 2016.

p.126

「不開玩笑，我現在……就覺得……」: Ben Sims, "Hi, my name is Ben Sims, I'm 42, married, and finally after many failed attempts, a non-smoker . . . ," comment on U.S. Food and Drug Administration proposed rule, Regulations.gov, June 12, 2014.

p.127

「事實上，……拿下……席次之後」: Thomas Burton, "Dick Durbin, Longtime Anti-Smoking Advocate, Turns Sights on Vaping," *Wall Street Journal*, Sep.tember 23, 2019, https://www.wsj.com/articles/longtime-anti-smoking-advocate-durbin-turns-sights-on-vaping-11569237667.

2010 年：“Campaign for Tobacco-Free Kids Honors Sen. Richard Durbin for Three Decades of Leadership in Fighting Tobacco’s Devastat.ing Toll,” news release, Campaign for Tobacco Free Kids, May 12, 2010, https://www.tobaccofreekids.org/press-releases/2010_05_12_champion.

「……等名人」: Emily Lowe, “10 More Celebrities Who Vape,” *Ashtray Blog*, https://www.ecigarettedirect.co.uk/ashtray-blog/2014/08/10-more -celebrities-who-vape.html.

《牛津英語詞典》: Oxford University Press, “VAPE Is Named Oxford Dictionaries’ Word of the Year 2014,” news announcement, November 18, 2014, https://global.oup.com/academic/news/book -announcements/woty14?lang=en&cc=de.

Chapter 5 酷孩

p.130

「……拿到 MBA 之後」: Richard Mumby, LinkedIn profile, https://www.linke -din.com/in/rpmumby/.

P.131

「……汗名不少」: Nicola Fumo, “Pax Has Brilliantly Positioned Itself as Fashion’s Vaporizer,” Racked, October 13, 2015, https://www.racked.com /2015/10/13/9514363/pax-vaporizer.

p.132

2014 年 12 月：Commonwealth of Massachusetts v. Juul Labs Inc. and Pax Labs Inc., Superior Court Department of the Trial Court, filed February 12, 2020, p. 8.

p.133

「Juul 所帶來的……」: Cult Collective, “Creative Platform” (PowerPoint presen.tation, Cult Collective pitch meeting, Calgary, Canada, December 2014).

「沒有不會變的東西」: Cult Collective, “Creative Platform.”

p.134

「貝里是……」: “Photographer Steven Baillie ‘The Purveyor’: Learn More About ‘The Model Hunter,’” *ISO 1200*, April 19, 2012, http://www .iso1200.com/2012/04/photographer-steven-baillie-purveyor.html.

「曾經歷練」: Steven Baillie, LinkedIn profile, https://www.linkedin .com/in/steven-baillie-50b15a50/.

「他的攝影作品盡是……」: Steven Baillie, Tumblr profile, https://stevenbaillie .tumblr.com/.

p.135

「有個攝影網站」: “Photographer Steven Baillie: ‘The Purveyor.’”

2006 年：Baillie: John Bowe, “The Mail-Order Bride,” GQ, April 2006.

p.136

情緒板：Steven Baillie, “The Vapors” (PowerPoint presentation to Juul Labs and Pax Labs, 2015).

p.137

紐約潮流人士：The People of the State of California v. Juul Labs Inc. and Pax Labs Inc., and Docs 1–100, Inclusive, Complaint for Permanent Injunction, Abatement, Civil Penalties, and Other Equitable Relief, Superior Court of the State of California, County of Alameda, November 18, 2019, p. 18.

「貝里另外做了……」: Steven Baillie, "Thoughts on Casting . . ." (Power-Point presentation to Pax Labs, 2015).

「抽菸人口大多是」: Elyse Phillips et al., "Tobacco Product Use Among Adults—United States, 2015," *Morbidity and Mortality Weekly Report* 66, no. 44 (2017): 1209–15, https://www.cdc.gov/mmwr/volumes/66/wr /mm6644a2.htm.

「一個關鍵的需求是」: In Re: Juul Labs Inc., p. 107.

p.138

「出了死忠電子菸圈」: In Re: Juul Labs Inc., p. 107.

《華爾街日報》: Holly Finn, "Vice's Lame New Devices," *Wall Street Journal,* April 5, 2013, https://www.wsj.com/articles/SB100014241278873 23646604578400423620541936.

「商業內幕」: Wallace, "Smoke Without Fire."

p.139

「這家公司向記者宣傳時」: In Re: Juul Labs Inc., p. 107.

p.140

「溫姬身穿……」: Commonwealth of Massachusetts v. Juul Labs Inc. and Pax Labs Inc., p. 15.

p.141

「……頗有微詞」: In Re: Juul Labs Inc., p. 110.

p.143

「這筆交易」: "JTI Acquires 'Ploom' Intellectual Property Rights from Ploom, Inc.," news release, Japan Tobacco International, February 16, 2015, https://www.jti.com/our-views/newsroom/jti-acquires-ploom-intellectual-property-rights-ploom-inc.

p.144

到 2015 年："In Debate Over Legalizing Marijuana, Disagreement Over Drug's Dangers," U.S. Politics & Policy, Pew Research Center, April 14, 2015, https://www.pewresearch.org/politics/2015/04/14/in-debate-over-legalizing-marijuana-disagreement-over-drugs-dangers/.

p.147

上市前一年：U.S. Department of Health and Human Services, "Trump Administration Combating Epidemic."

「電子菸廠商……」: Letter from Senator Richard J. Durbin et al. to U.S. Department of Health and Human Services Secretary Sylvia Bur-well, March 11, 2015. 79 The party was: "Events with Jack," Jack Studios, https://www.jackstudios .com/events/.

Chapter 6 蒸發

p.155

「賓客可以……擺拍」: "We Got #Vaporized: Inside the JUUL Launch Party," Guest of a Guest, June 16, 2015, https://guestofaguest.com/new-york/events/we-got-vaporized-inside-the-juul-launch-party.

p.156

活動團隊："We Got #Vaporized: Inside the JUUL Launch Party."

「更別說……」: *Examining Juul's Role in the Youth Nicotine Epidemic: Part II,* Exhibits 1–30, pp. 27–28.

「《Vice》……讀者……」: "Vice Digital Media Kit" (pdf), Vice (web.site), January 2016, https://upload-assets.vice.com/files/2016/01/15 /1452894236compressed.pdf.

p.157

莎拉・理查森：Sarah Richardson (sarahinsf), LinkedIn profile, https://www.linkedin.com/in/sarahrinsf/.

勇氣創意集團："We Don't Study Culture, We Live It," Grit Creative Group, http://gritcreativegroup.com/#/about.

20 個網紅：*Examining Juul's Role in the Youth Nicotine Epidemic, Part II*, Exhibits 1–30, pp. 27–28.

p.158

「……太好玩」: Erin Brodwin, "Silicon Valley E-cig Startup Juul 'Threw a Really Great Launch Party' to Launch Its Devices, Which Experts Say Deliberately Targeted Youth," Business Insider, September 4, 2018, https://www.businessinsider.com/juul-e-cig-startup-marketing-appealed-to-teens-2018-7.

「這場派對」: In Re: Juul Labs Inc., p. 107.

p.159

「大城市以外地區」: Commonwealth of Pennsylvania v. Juul Labs, Inc., Notice to Defend, in the Court of Common Pleas of Philadelphia County, Pennsylvania, filed February 10, 2020, pp. 24–25.

「只有 15%」: Ahmed Jamal et al., "Current Cigarette Smoking Among Adults—United States, 2005–2015," *Morbidity and Mortality Weekly Report 65*, no. 44 (2016): 1205–11, https://www.cdc.gov/mmwr/volumes/65 /wr/mm6544a2.htm.

「在都會區」: *Examining Juul's Role in the Youth Nicotine Epidemic, Part II,* Exhibits 1–30, pp. 26–28.

p.160

「通常是嫵媚動人的年輕女子」: The People of the State of New York by Letitia James v. Juul Labs Inc., Supreme Court of the State of New York, County of New York, submitted November 19, 2019, p. 15.

「莎拉・理查森……簽下……」: *Examining Juul's Role in the Youth Nicotine Epidemic, Part II*, Exhibits 1–30, pp. 26–28.

「我忍不住脫口說」: Julie Creswell and Sheila Kaplan, "How Juul Hooked a Generation on Nicotine," *New York Times*, November 23, 2019, https://www.nytimes.com/2019/11/23/health/juul-vaping-crisis.html.

p.161

「@juulvapor 是……」：Paul (@ppthomps), "@juulvapor is the best, most satisfying #ecig I've tried. Great product! Only $50 too! #juul," tweet on Twitter, June 10, 2015, https://twitter.com/ppthomps/status /608612624931131394.

「Juul 短短一個禮拜」：Aaron Souppouris, "Juul is the e-cig that will finally stop me from smoking (I hope)," *Engadget*, June 3, 2015, https://www .engadget.com/2015-06-03-pax-labs-juul-e-cigarette.html?ncid=rss _truncated.

「《連線》有篇報導」：David Pierce, "This Might Just Be the First Great E-cig," Wired, April 21, 2015, https://www.wired.com/2015/04/pax-juul-ecig/.

p.162

「我們掀起了不可思議的……」："Launching a New Product to a Competitive Category," Cult Collective.

「《廣告年代》有篇文章……」：Declan Harty, "Juul Hopes to Reinvent E-cigarette Ads with 'Vaporized' Campaign," *Ad Age*, June 23, 2015, https://adage.com/article/cmo-strategy/juul-hopes-reinvent-e-cigarette-ads-campaign/299142.

p.163

2015 年 7 月：State of Hawai'i v. Juul Labs Inc. et al., Complaint for Per.manent Injunction, Civil Penalties, Damages, and Other Equable Relief; Demand for Jury Trial; Summons, in the Circuit Court of the First Cir.cuit, dated June 29, 2020, p. 91.

p.164

「所傳達的」：In Re: Juul Labs Inc., p. 126.

p.165

「如果家長當時」：Commonwealth of Massachusetts v. Juul Labs Inc. and Pax Labs Inc., pp. 16–18.

「更何況眼球」：Commonwealth of Massachusetts v. Juul Labs Inc. and Pax Labs Inc., Complaint, p. 60.

「Juul 推出的時候」：In Re: Juul Labs Inc., p. 136.

「大部分州……18 歲」：Apollonio and Glantz, "Minimum Ages of Legal Access for Tobacco in the United States from 1863 to 2015."

p.166

「系統也有……」：The People of the State of California v. Juul Labs Inc. and Pax Labs Inc., and Docs 1–100, Inclusive, Complaint for Permanent Injunction, Abatement, Civil Penalties, and Other Equitable Relief, Superior Court of the State of California, County of Alameda, November 18, 2019, p. 44.

p.167

「沒多久」："Statement from FDA Commissioner Scott Gottlieb, M.D., on New Enforcement Actions and a Youth Tobacco Prevention Plan to Stop Youth Use of, and Access to, JUUL and Other E-cig.arettes," news release, U.S. Food and Drug Administration, April 23, 2018, https://www.fda.gov/news-events/press-announcements/statement-fda-commissioner-scott-gottlieb-md-new-enforcement -actions-and-youth-tobacco-prevention.

「推出不久」: Kirkham, "Juul Disregarded Early Evidence."

p.168

諧星史蒂芬・柯博：*The Late Show with Stephen Colbert*, "Vaping Is So Hot Right Now," video, YouTube, October 7, 2015, https://www .youtube.com/watch?v=PMtGca_7leM.

世界衛生組織：Charlotta Pisinger, "A Systematic Review of Health Effects of Electronic Cigarettes" (pdf), Research Centre for Prevention and Health for the World Health Organization, Decem.ber 2015, https://www.who.int/tobacco/industry/product_regulation/BackgroundPapersENDS3_4November-.pdf.

p.169

英格蘭公共衛生署：A. McNeill et al., "E-cigarettes: An Evidence Update. A Report Commissioned by Public Health England," August 2015, https://www.gov.uk/government/publications/e-cigarettes-an -evidence-update.

麥克・彭博：Eliana Dockterman, "A History of Bloomberg Bans: Smoking, Trans Fats, and Now Maybe Styrofoam," *Time*, November 24, 2013, https://nation.time.com/2013/11/24/smoking-transfats-and-now-maybe-styrofoam-a-history-of-bloomberg-bans/.

Chapter 7 降職

p.175

早在 Juul 上市之前：In Re: Juul Labs Inc., pp. 151–55.

「如果 Juul 能進到……貨架上」: Kirkham, "Juul Disregarded Early Evidence."

「這個產業」: Jidong Huang et al., "Vaping versus JUULing: How the Extraordinary Growth and Marketing of JUUL Transformed the US Retail E-cigarette Market," *Tobacco Control* 28 (2019): 146–51, http://dx .doi.org/10.1136/tobaccocontrol-2018-054382.

「……比起傳統菸業」: Grand View Research, "U.S. Tobacco Market Size, Share & Trends Analysis Report By Product Type (Cigarettes, Smoking Tobacco, Smokeless Tobacco, Cigars & Cigarillos), Competitive Land.scape and Segment Forecasts, 2018–2025," April 2018, https://www .grandviewresearch.com/industry-analysis/us-tobacco-market.

還不到 4%：Charlotte A. Schoenborn and Renee M. Gindi, "Electronic Cigarette Use Among Adults: United States, 2014," National Center for Health Statistics Data Brief, no. 217 (October 2015), https:// www.cdc.gov/nchs/products/databriefs/db217.htm.

「便利商店就算……」: In Re: Juul Labs Inc., pp. 151–55.

「他們信誓旦旦……」: Kirkham, "Juul Disregarded Early Evidence."

p.176

「他們向……表示」: Kirkham, "Juul Disregarded Early Evidence."

p.177

菲利普莫里斯美國公司：Matthew Bultman, "Philip Morris Settles Marlboro E-cig Trade Dress Suit," Law360, November 13, 2015.

p.178

「那年秋天，福斯汽車……」: "Learn About Volkswagen Violations," Volkswagen Violations, United States Environmental Protection Agency (website), https://www.epa.gov/vw/learn-about-volkswagen-violations.

p.181

Pax Labs 沒了執行長 : In Re: Juul Labs Inc., p. 16.

p.182

「幾年來……」: In Re: Juul Labs Inc., p. 130.

p.183

美國電子菸產業：U.S. Department of Health and Human Services, *E-cigarette Use Among Youth and Young Adults.*

p.184

「甚至……更好」: In Re: Juul Labs Inc., pp. 151–55.

「內部文件」: In Re: Juul Labs Inc., pp. 35–36.

Chapter 8 點火

p.187

2016 年中：Pax Labs, "Pax Labs Hires CEO Tyler Goldman to Handle Rapid Growth," news release, August 22, 2016, https://www.prnewswire .com/news-releases/pax-labs-hires-ceo-tyler-goldman-to-handle-rapid-growth-300316084.html.

2016 年初：Robert K. Jackler, Cindy Chau, Brook D. Getachew et al., Stanford Research Into the Impact of Tobacco Advertising, "Juul Advertising Over Its First Three Years on the Market," January 31, 2019, http://tobacco.stanford.edu/tobacco_main/publications/JUUL_Market.ing_Stanford.pdf.

「我們收到一些……」: Jamie Ducharme, "How Juul Hooked Kids and Ignited a Public Health Crisis," Time, September 19, https://time.com/5680988 /juul-vaping-health-crisis/ 2019.

「CDC……公布……」: "E-cigarette Ads Reach Nearly 7 in 10 Middle and High-School Students," news release, U.S. Centers for Disease Control and Prevention, January 5, 2016, https://www.cdc.gov/media/releases/2016/p0105 -e-cigarettes.html.

p.188

大約同一時間：California Department of Public Health, "Protecting the Youth of California from E-cigarettes" (pdf), January 2016, http://www.safekidscalifornia.org/wp-content/uploads/2015/03/Protecting-Youth-from-E-Cigarettes-slideshow-2-10-16.pdf.

2016 年 3 月：In Re: Juul Labs Inc., p. 126.

p.189

「孩子可以趁著……」: Tracie White, "Stealth Vaping Fad Hidden from Parents, Teachers," *Scope* (published by Stanford Medicine), September 19, 2018, https://scopeblog.stanford.edu/2018/09/19/stealth-vaping-fad-hidden -from-parents-teachers/.

「……juul 的新生」: Meghan (@MeghanEdgerton), "Freshmen that juul as they are leaving school," tweet on Twitter, March 31, 2016, https:// twitter.com/MeghanEdgerton/

status/715649723353280513.

「(搖頭)……」: Mookie (@dudeguy420), "Smh when the juul pod runs out @ school," tweet on Twitter, May 16, 2016, https://twitter.com /dudeguy420/status/732296299697971200.

「還有人在……」: Jacob Staudenmaier (@upsettrout), "Movie idea dos: Title—El Bano, Spanish language horror film about the underground juul clubs that control most of the school bathrooms," tweet on Twitter, May 19, 2016, https://twitter.com/upsettrout/status/733190735407677440.

紐約市青少年：Lauren Levy, "New York Teens Created the Biggest Vape Trend (and Now They're Over It)," The Cut, April 18, 2018, https://www.thecut.com/2018/04/new-york-teens-explain-how-they-created-vape-trend-juul.html.

p.190

「董事會選了……」: Pax Labs, "Pax Labs Hires CEO Tyler Goldman."

「他拿到……」: Tyler Goldman, LinkedIn profile, https://www.linkedin .com/in/tylergoldman/.

「FDA 公布了……」: "Deeming Tobacco Products to Be Subject to the Federal Food, Drug, and Cosmetic Act, as Amended by the Family Smoking Prevention and Tobacco Control Act; Restrictions on the Sale and Distribution of Tobacco Products and Required Warning Statements for Tobacco Products," final rule by the U.S. Food and Drug Administration, *Federal Register* 81, no. 90 (May 10, 2016), https://www.federalregister.gov/documents/2016/05/10/2016-10685/deeming-tobacco-products-to-be-subject-to-the-federal-food-drug-and-cosmetic-act-as-amended-by-the.

「這項條例正式……」: "FDA Takes Significant Steps to Protect Americans from Dangers of Tobacco Through Regulation," news release, U.S. Food and Drug Administration, May 5, 2016, https://www.fda.gov/news-events/press-announcements/fda-takes-significant-steps-protect-americans-dangers-tobacco-through-new-regulation.

p.191

「如果已經……廠商……」: Manufacturers of products: "Premarket Tobacco Product Applications," U.S. Food and Drug Administration (website), https://www.fda.gov/tobacco-products/market-and-distribute-tobacco-product/premarket -tobacco-product-applications.

p.193

「全面……加味香菸」: "Family Smoking Prevention and Tobacco Control Act—An Overview," U.S. Food and Drug Administration, https://www .fda.gov/tobacco-products/rules-regulations-and-guidance/family -smoking-prevention-and-tobacco-control-act-overview.

一份大型研究：Matthew E. Rossheim et al., "Cigarette Use Before and After the 2009 Flavored Cigarette Ban," *Journal of Adolescent Health* 67, no. 3 (September 2020): 432–37, https://doi.org/10.1016/j.jadohealth.2020.06.022.

條例草案：Baumgaertner, "The FDA Tried to Ban Flavors Years Before the Vaping Outbreak."

p.194

2015 年底：Baumgaertner, "The FDA Tried to Ban Flavors Years Before the Vaping Outbreak."

2016 年 5 月：Natalie Hemmerich, Elizabeth Klein, and Micah Berman, "Evidentiary Support in Public Comments to the FDA's Center for Tobacco Products," *Journal of Health Politics, Policy and Law* 42, no. 4 (August 2017): 645–66, https://doi.org/10.1215/03616878-3856121.

有售 Juul 的店家：Pax Labs, "Pax Labs Hires CEO Tyler Goldman."

p.198

「Pax……賣出 220 萬支」: "Sales of JUUL E-cigarettes Skyrocket, Posing Dan.ger to Youth," news release, U.S. Centers for Disease Control and Preven.tion, October 2, 2018 https://www.cdc.gov/media/releases/2018/p1002 -e-Cigarettes-sales-danger-youth.html.

「2017 年……等品牌……」: In the Matter of Certain Electronic Nicotine Delivery Systems and Components Thereof, verified complaint, investigation no. 337-TA-1139, United States International Trade Commission, Washing.ton, DC, submitted October 3, 2018, p. 12.

「一堆……」: "A Beginners [sic] Guide to EonSmoke, JUUL Compatible Pods," I Love ECigs (website), May 29, 2019, https://www.iloveecigs.com/blog/en/a-beginners-guide-to-eonsmoke-juul-compatible-pods/.

「並不是……製造……」: "Protecting Youth from Illegal, Unregulated, and Harmful Counterfeit and Infringing Products," news release, Juul Labs, February 1, 2019, https://www.juullabs.com/juul-action-plan-update-protecting-youth-from-illegal-unregulated-and-harmful-counterfeit -and-infringing-products/.

到 2017 年為止："Tobacco Brand Preferences," Smoking & Tobacco Use, U.S. Centers for Disease Control and Prevention, https://www.cdc.gov/tobacco/data_statistics/fact_sheets/tobacco_industry/brand_preference/index.htm.

奧馳亞的淨利：Altria Group, *Altria Group Inc. 2017 Annual Report*, March 1, 2018.

p.199

瘦長白色的外型："Mark Ten XL Review: Mark Ten XL Cartridges and Amp," *Electric Tobacconist*, January 28, 2018, https://www .electrictobacconist.com/blog/2018/01/mark-10-xl-a-complete-guide-to-their-e-cigarette-flavors/.

「也被評為……」: "Mark Ten E-cig Review—An Easy Vaping."

奧馳亞高層：Letter from Altria CEO Howard A. Willard III to Senators Richard J. Durbin, Patty Murray, Richard Blumenthal et al., October 14, 2019, https://www.altriacom/-mediaProject/Altria/Altria/about-altria/federal-regulation-of-tobacco/regulatory-filings/documents /Altria-Response-to-October-1-2019-Senate-Letter.pdf.

整個 2015 和 2016 年：Huang et al., "Vaping versus JUULing," pp. 146–51.

p.200

「雖然……所研發」: In the Matter of Altria Group, Inc. and Juul Labs, Inc., Before the Federal Trade Commission Office of Administrative Law Judges, docket no. 9393, Answer and Defenses of Defendant Altria Group, received July 27, 2020.

奧馳亞高層：Letter from Altria CEO Howard A. Willard III to Senators Richard J. Durbin, Patty Murray, Richard Blumenthal et al., October 14, 2019.

亞當和詹姆斯：Ducharme, "How Juul Hooked Kids."

p.201

奧馳亞的死對頭：Jennifer Maloney and Dana Mattioli, "Why Marlboro Maker Bet on Juul, the Vaping Upstart Aiming to Kill Cig.arettes," *Wall Street Journal*, March 23, 2019, https://www.wsj.com/articles/why-marlboro-maker-bet-on-juul-the-vaping-upstart-aiming-to-kill-cigarettes-11553313678.

大菸商：In Re: Juul Labs Inc., p. 37.

Chapter 9 分家

p.203

全國青少年菸草調查：Teresa Wang et al., "Tobacco Product Use Among Middle and High School Students—United States, 2011–2017," *Morbidity and Mortality Weekly Report* 67, no. 22 (June 2018): 629–33, https://www.cdc.gov/mmwr/volumes/67/wr/mm6722a3.htm?s_cid=mm6722a3_w. 112 era of 2015: U.S. Department of Health and Human Services, "Trump Administration Combating Epidemic."

2017 年 5 月：Maggie Lager, "Interview with a 15 Year Old Juul Addict," *Knight Life*, May 17, 2017, https://knightlifenews.com/15231/feature /interview-with-a-15-year-old-juul-addict/.

p.204

全美調查數據顯示：U.S. Department of Health and Human Services, *E-cigarette Use Among Youth and Young Adults*.

2014 年到 2017 年：Satomi Odani, Brian S. Armour, and Israel T. Agaku, "Racial/Ethnic Disparities in Tobacco Product Use Among Middle and High School Students—United States, 2014–2017," *Morbidity and Mor.tality Weekly Report* 67, no. 34 (August 2018): 952–57, https://www.cdc .gov/mmwr/volumes/67/wr/mm6734a3.htm?s_cid=mm6734a3_w.

p.205

「入手⋯⋯的孩子」: Levy, "New York Teens Created the Biggest Vape Trend."

「青少年開始⋯⋯」: Jia Tolentino, "The Promise of Vaping and the Rise of Juul," *New Yorker*, May 14, 2018, https://www.newyorker.com/magazine/2018/05/14/the-promise-of-vaping-and-the-rise-of-juul.

2017 年 5 月：Allie Conti, "This 21-Year-Old Is Making Thousands a Month Vaping on YouTube," Vice, February 5, 2018, https://www.vice .com/en/article/8xvjmk/this-21-year-old-is-making-thousands-a-month-vaping-on-youtube.

p.206

「唐尼抽菸在⋯⋯的同時」: Ainsley Harris, "How Juul, Founded on a Life-Saving Mission, Became the Most Embattled Startup of 2018," *Fast Company*, November 19, 2018, https://www.fastcompany.com/90262821/how-juul-founded-on-a-life-saving-mission-became-the-most -embattled-startup-of-2018.

「包括如何……」：In Re: Juul Labs Inc.

還有就是 Reddit 論壇：Yongcheng Zhan et al., "Underage JUUL Use Pat.terns: Content Analysis of Reddit Messages," *Journal of Medical Internet Research* 21, no. 9 (September 2019), https://www.jmir.org/2019/9/e13038/.

最好的方法：Zhan et al., "Underage JUUL Use Patterns."

有個例子是：People of the State of California v. Juul Labs Inc. and Pax Labs Inc., p. 50.

p.207

「青少年吸 Juul……話題」：People of the State of California v. Juul Labs Inc. and Pax Labs Inc., p. 40.

p.208

「我看到孩子們……」："Local Doctor Warns Parents of Dangers of Juul E-cigarettes," *Boston 25 News*, July 3, 2017, https://www.boston25news .com/news/local-doctor-warns-parents-of-dangers-of-juul-e-cigarettes /548847718/.

Pax 3：Pax Labs, "PAX Introduces New Finishes, Colors and Prices for Iconic Vaporizer," news release, September 19, 2017, https://www .prnewswire.com/news-releases/pax-introduces-new-finishes-colors-and-prices-for-iconic-vaporizer-300522217.html.

Pax Era：Melia Robinson, "The 'Apple of Vaping' Made an E-cigarette for Marijuana. Here's What It's Like," Business Insider, October 13, 2016, https://www.businessinsider.com/pax-era-vape-pen-review-2016-10.

p.209

留下來的人當中：Melia Russell, "Marijuana Startup Spun Out of Juul Reaches New Highs," *San Francisco Chronicle*, February 24, 2019, https:// www.sfchronicle.com/business/article/Marijuana-startup-spun-out-of-Juul-reaches-new-13638567.php.

p.210

史考特・高里布醫師："Scott Gottlieb, M.D., Commissioner of Food and Drugs," biography, U.S. Food and Drug Administration, February 21, 2020, https://www.fda.gov/about-fda/fda-leadership-1907-today/scott-gottlieb.

「但他也在……」：Jamie Ducharme, "'It Tortures Me That I'm Not There Help.ing': Former FDA Commissioner Scott Gottlieb on the Fight Against COVID-19," Time, April 9, 2020, https://time.com/5818226/scott-gottlieb -coronavirus-proposals/.

「對……見解」："Gottlieb Sees 'Watershed Opportunity' to Shape Future of FDA's Regulatory Process," Healio, November 16, 2017, https:// www.healio.com/news/hematology-oncology/20171116/gottlieb-sees-watershed-opportunity-to-shape-future-of-fdas-regulatory-process.

「雖然他在醫療……」："Murray Questions President Trump's Nominee to Lead FDA About Potential Conflicts of Interest, Commitment to Pro.viding Independent Leadership," news release, U.S. Senate Committee on Health, Education, Labor and Pensions, April 5, 2017, https://www .help.senate.gov/ranking/newsroom/press/murray-questions-president-trumps-nominee-to-lead-fda-about-potential-conflicts-of-interest-commitment-to-providing-independent-leadership-.

「參議院……通過他的任命」: Senate Confirmation of U.S. Food and Drug Commissioner Scott Gottlieb, 115th Cong. (2017), https://www.congress .gov/nomination/115th-congress/118.

反電子菸陣營：“FDA Nominee Scott Gottlieb Should Recuse Himself from All Decisions Involving E-cigarettes Given His Financial Interests in a Vape Shop Company,” news release, April 5, 2017, Campaign for Tobacco-Free Kids, https://www.tobaccofreekids.org/press-releases/2017_04_05_fda.

p.211

「高里布並沒有做到」: Jim McDonald, “Will Vaping Ties Hang Up FDA Nominee Gottlieb?” Vaping 360, April 26, 2017, https://vaping360.com /vape-news/47503/scott-gottlieb-fda/.

「他提出……」: “FDA’s Comprehensive Plan for Tobacco and Nicotine Regulation,” U.S. Food and Drug Administration, https://www.fda.gov/tobacco-products/ctp-newsroom/fdas-comprehensive-plan-tobacco-and-nicotine-regulation.

p.212

2017 年 8 月：Scott Gottlieb and Mitchell Zeller, “A Nicotine-Focused Framework for Public Health,” *New England Journal of Medicine* 377 (September 2017): 1111–14, https://www.nejm.org/doi/full/10.1056 /NEJMp1707409.

p.214

「……幫助不大」: Sara Kalkhoran and Stanton Glantz, “E-cigarettes and Smoking Cessation in Real-World and Clinical Settings: A Systematic Review and Meta-analysis,” *Lancet Respiratory Medicine 4*, no. 2 (Febru.ary 2016): 116–28, https://doi.org/10.1016/S2213-2600(15)00521-4.

令人憂心的副作用：Nardos Temesgen et al., “A Cross Sectional Study Reveals an Association Between Electronic Cigarette Use and Myo.cardial Infarction,” poster presented at George Washington University Research Days, Washington, DC, 2017, https://hsrc.himmelfarb.gwu .edu/gw_research_days/2017/SMHS/85/.

「一般認為……」: “Formaldehyde,” What Causes Cancer?, Cancer A–Z, American Cancer Society, https://www.cancer.org/cancer/cancer -causes/formaldehyde.html.

加熱後：Skylar Klager et al., “Flavoring Chemicals and Alde.hydes in E-cigarette Emissions,” *Environmental Science & Technology* 51, no. 18 (August 2017): 10806–13, https://doi.org/10.1021/acs.est.7b02205.

p.215

銷售成長之快：U.S. Centers for Disease Control and Prevention, “Sales of JUUL E-cigarettes Skyrocket.”

「他們甚至會……」: Melia Robinson, “How a Startup Behind the ‘iPhone of Vaporizers’ Reinvented the E-cigarette and Generated $224 Million in Sales in a Year,” Business Insider, November 21, 2017, https://www .businessinsider.com/juul-e-cigarette-one-million-units-sold-2017-11.

「如果我們……不夠賣」: Angelica LaVito, “JUUL E-cigs’ Growth in Popularity Strains Supply Chain,” CNBC, October 30, 2017, https://www.cnbc.com/2017/10/30/juuls-popularity-exposes-the-challenges-of-making-a-mass -market-e-cig.html.

「吸 Juul」: The Most": Beth Teitell, "'Juuling': The Most Widespread Phe.nomenon You've Never Heard Of," *Boston Globe*, November 16, 2017, https://www.bostonglobe.com/metro/2017/11/15/where-teenagers-are-high-school-bathrooms-vaping/IJ6xYWWlOTKqsUGTTlw4UO/story.html.

青少年擁抱 Juul：Angus Chen, "Teenagers Embrace JUUL, Saying It's Discreet Enough to Vape in Class," Your Health, NPR, December 4, 2017, https://www.npr.org/sections/health-shots/2017/12/04/568273801/teenagers-embrace-juul-saying-its-discreet-enough-to-vape-in -class.

「……流行吸 Juul」: Josh Hafner, "Juuling Is Popular with Teens, but Doctor Sees 'a Good Chance' That It Leads to Smoking," *USA Today*, October 31, 2017, https://www.usatoday.com/story/money/nation-now/2017/10/31/juul-e-cigs-controversial-vaping-device-popular-school -campuses/818325001/.

2017 年 10 月：Shari Logan and Carl Campanile, "Schumer Pushes for Regulations on E-cigs as More Kids Vape," *New York Post*, October 15, 2017, https://nypost.com/2017/10/15/schumer-pushes-for-regulations-on -e-cigs-as-more-kids-vape/.

p.216

「現在……才能購買……」: Jordan Crook, "The FDA Is Cracking Down on Juul E-cig Sales to Minors," Tech Crunch, April 25, 2018, https://techcrunch .com/2018/04/25/the-fda-is-cracking-down-on-juul-e-cig-sales-to-minors/.

p.217

2017 年 9 月：Center for Environmental Health v. Totally Wicked E-Liquid et al., First Amended Complaint for Injunctive Relief and Civil Penalties, case no. RG 15-794036, Superior Court for the State of Califor.nia County of Alameda, filed December 8, 2015.

「到……的時候」: Center for Environmental Health v. Totally Wicked E-Liquid et al. [proposed] Consent Judgment to Pax Labs, Inc., case no. RG 15.794036, Superior Court for the State California for the County of Alameda, filed September 6, 2017.

p.218

附加要求：Center for Environmental Health v. Totally Wicked E-Liquid et al. [proposed] Consent Judgment.

Lumanu 的代表：Email from Rachel Sebald to Christina Zayas, subject line: "Collaboration Opportunity with JUUL," sent October 26, 2017.

p.219

「Juul……置入性行銷」: "Establishment Inspection Report, JUUL Labs, Inc.," signed by U.S. Food and Drug Administration inspectors on November 16, 2018.

Juul 的網紅團隊：*Examining Juul's Role in the Youth Nicotine Epidemic: Part II*, Exhibits 1–30, p. 16.

p.220

「Juul 就不再提供……」: "Establishment Inspection Report, Juul Labs, Inc."

饒舌歌手兼女演員：*Examining Juul's Role in the Youth Nicotine Epidemic: Part II*, Exhibits 1–30, p. 42.

p.221

2017 年 11 月："Minutes of the Tobacco Education and Research Oversight Committee," Sacramento, CA, February 6, 2018.

「生涯將近……」: Kimberly S. Wetzel, "Superintendent Gains West County Support," East Bay Times, May 14, 2007, https://www.eastbaytimes .com/2007/05/14/superintendent-gains-west-county-support-2/.

「最近一份……」: Joyce Tsai, "Mixed Reaction to West Contra Costa School Superintendent's Announced Retirement," *Mercury News*, January 18, 2016, https://www.mercurynews.com/2016/01/18/mixed-reaction-to-west-contra-costa-school-superintendents-announced -retirement/.

2017 年底："Monitoring the Future 2017 Survey Results," National Institute on Drug Abuse, December 12, 2017, https://www.drugabuse.gov/drug-topics/trends-statistics/infographics/monitoring-future-2017-survey-results.

p.222

強烈抗議："New Survey Shows Youth Cigarette Smok.ing Continues to Fall, but Raises Fresh Concerns About E-cigarettes and Cigars," news release, Campaign for Tobacco-Free Kids, December 14, 2017, https://www.tobaccofreekids.org/press-releases/2017_12_14_monitoringthefuture.

Chapter 10 老大

p.224

銷售業績：Huang et al, "Vaping versus JUULing."

p.225

「仍然……時有所聞」: LaVito, "JUUL E-cigs' Growth in Popularity Strains Supply Chain."

「伯恩斯最近……」: "JUUL Labs, Inc., Appoints Kevin Burns, Previously President & Chief Operating Officer of Chobani, as Its Chief Executive Officer," news release, Juul Labs, Inc., December 11, 2017, https://www .prnewswire.com/news-releases/juul-labs-inc-appoints-kevin-burns-previously-president--chief-operating-officer-of-chobani-as-its-chief-executive-officer-300569620.html.

p.226

「同時也帶進……」: Lisa Baertlein and Ankush Sharma, "Yogurt Maker Chobani Says May Tap Turnaround Expert to Replace Founder as CEO," Reuters, January 6, 2015, https://www.reuters.com/article/us-hobani-ceo/yogurt-maker-chobani-says-may-tap-turnaround-expert-to-replace-founder-as -ceo-idUSKBN0KF1PO20150106.

「據說 Chobani 創辦人……」: Ryan Grim and Ben Walsh, "Private Equity Exec Brags About Sealing Chobani Deal at Easter Mass," *Huff-Post*, January 7, 2015, https://www.huffpost.com/entry/private-equity -chobani_n_6431786.

p.227

「……會賣出……」: U.S. Centers for Disease Control and Preven.tion, "Sales of JUUL E-cigarettes Skyrocket."

「Juul Labs 也正在……」: Ari Levy, "E-cigarette Maker Juul Is Raising $150 Mil.lion After Spinning Out of Vaping Company," CNBC, December 19, 2017, https://www.cnbc.com/2017/12/19/juul-labs-raising-150-million-in-debt-after-spinning-out-of-pax.html.

p.228

耳語不斷：Brian Sozzi, "A Chobani IPO Is Looming, and Here Is Why It Has to Happen," TheStreet, June 19, 2014, https://www .thestreet.com/video/a-chobani-ipo-is-looming-and-here-is-why-it-has-to-happen-12750748.

「我有很多……」: Ducharme, "How Juul Hooked Kids."

2017 年 12 月：“Tyler Goldman Out as JUUL Labs CEO; Kevin Burns Steps In," Tobacco Business, December 11, 2017, https://tobaccobusiness.com/tyler-goldman-juul-labs-ceo-kevin-burns-steps/2/.

p.230

「菸民絕大多數」: Hannah Ritchie and Max Roser, "Smoking," Our World in Data, revised November 2019, https://ourworldindata.org/smoking.

p.231

滲漏問題：Lauren Etter, "Juul Quietly Revamped Its E-cigarette, Risking the FDA's Rebuke," *Bloomberg Businessweek*, July 23, 2020, https://www.bloombergquint.com/businessweek/could-juul-face-penalty-after-modifying-vaping-product.

「Juul 接到的……」: "Establishment Inspection Report, Juul Labs, Inc."

p.232

《彭博新聞》報導：Etter, "Juul Quietly Revamped Its E-cigarette."

p.233

「總會有踩到狗屎的時候」: Ducharme, "How Juul Hooked Kids."

p.235

「據報它想……」: Maloney and Mattioli, "Why Marlboro Maker Bet on Juul."

「跑去向……收購」: In the Matter of Altria Group, Inc. and Juul Labs, Inc., Before the Federal Trade Commission Office of Administrative Law Judges, docket no. 9393, Answer and Defenses of Defendant Altria Group Inc., received July 27, 2020.

「這時市場上……」: In the Matter of Certain Electronic Nicotine Delivery Sys.tems and Components Thereof, p. 12.

「Juul……成長……高達……」: U.S. Center for Disease Control and Prevention, "JUUL E-cigarette Sales Skyrocket."

「原本成長平平的……」: Letter from Altria CEO Howard A. Willard III to Senators Richard J. Durbin et al.

p.**236**

「擴張的計畫……」: Robinson, "How a Startup Behind the 'iPhone of Vapor.izers' Reinvented the E-cigarette."

Chapter 11 教育

p.240

不尋常的提案：Memorandum of Agreement Between Tamalpais Union High School District and Juul Labs Inc., signed by Bruce Harter, January 29, 2018.

p.242

大約一個禮拜後：Bonnie Halpern-Felsher, "Comparison of JUUL Labs, Inc Prevention Curriculum with Stanford Tobacco Prevention Toolkit," Report presented to Congress on July 20, 2019.

更新作業：Halpern-Felsher, "Comparison of JUUL Labs, Inc Pre.vention Curriculum."

p.243

Juul 否認有這麼做：Halpern-Felsher, "Comparison of JUUL Labs, Inc Prevention Curriculum."

1998 年：Anne Landman, Pamela M. Ling, and Stanton A. Glantz, "Tobacco Industry Youth Smoking Prevention Programs: Protecting the Industry and Hurting Tobacco Control," *American Journal of Public Health* 92, no. 6 (June 2002): 917–30, https://doi.org/10.2105/AJPH.92.6.917.

特製的書封：Katherine Clegg Smith and Melanie Wakefield, "USA: The Name of Philip Morris to Sit on 28 Million School Desks," Tobacco Control 10, no. 6 (2001), http://dx.doi.org/10.1136/tc.10.1.6f.

p.244

「那些廣告造成⋯⋯」: The discovery that: Matthew C. Farrelly et al., "Getting to the Truth: Evaluating National Tobacco Countermarketing Campaigns," *American Journal of Public Health* 92, no. 6 (June 2002): 901–7, https://doi.org/10 .2105/AJPH.92.6.901.

「菲利普莫里斯⋯⋯取消⋯⋯」: "Philip Morris' Termination of Ineffective 'Anti-Smoking' Ads Is Positive Step, but Tobacco Companies Should Stop Opposing Prevention Programs That Work," news release, Campaign for Tobacco-Free Kids, September 17, 2002, https://www.tobaccofreekids.org /press-releases/id_0542.

p.246

「Juul 打算提供⋯⋯」: *Examining Juul's Role in the Youth Nicotine Epidemic: Part II,* Exhibits 1–30, pp. 54–58.

p.248

「同樣氣炸的⋯⋯」: *Examining Juul's Role in the Youth Nicotine Epi.demic: Part II* (testimony of Meredith Berkman, Parents Against Vaping E-cigarettes).

p.250

「剛跟⋯⋯談過」: *Examining Juul's Role in the Youth Nicotine Epidemic: Part II,* Exhibits 1–30, p. 70.

p.251

「Juul 提供⋯⋯」: *Examining Juul's Role in the Youth Nicotine Epidemic: Part II,* Exhibits 1–30, pp. 60–67.

這樣一筆錢：Olivia Zaleski, "E-cigarette Maker Juul Labs Is Raising $1.2 Billion," Bloomberg, June 29, 2018, https://www.bloomberg.com/news/articles/2018-06-29/e-cigarette-maker-juul-labs-is-raising-1-2-billion.

p.252

「沒多久……」: *Examining Juul's Role in the Youth Nicotine Epidemic: Part II*, Exhibits 1–30, pp. 101–2.

「他在 6 月……」: *Examining Juul's Role in the Youth Nicotine Epidemic: Part II,* Exhibits 1–30, pp. 79–85.

p.253

BuzzFeed 新聞：Stephanie M. Lee, "A Stanford Professor Says Juul Stole Her Anti-vaping PowerPoint Slides," BuzzFeed.News, Decem.ber 23, 2019, https://www.buzzfeednews.com/article/stephaniemlee /stanford-juul-vaping-curriculum.

「根據她……的評論」: Jessica Liu and Bonnie Halpern-Felsher, "The Juul Curriculum Is Not the Jewel of Tobacco Prevention Educa.tion," *Journal of Adolescent Health* 63, no. 5 (November 2018): 527–28, https://doi.org10.1016/j.jadohealth.2018.08.005.

p.254

已經有多個研究證明：Karma McKelvey and Bonnie Halpern-Felsher, "How and Why California Young Adults Are Using Different Brands of Pod-Type Electronic Cigarettes in 2019: Implications for Researchers and Regulators," *Journal of Adolescent Health* 67, no. 1 (July 2020): 46–52, https://doi.org/10.1016/j.jadohealth.2020.01.017.

「這家公司也……」: Angelica LaVito, "Leading E-cig Maker Juul to Sell Lower-Nicotine Pods as Scrutiny Ratchets Higher," CNBC, July 12, 2018, https://www.cnbc.com/2018/07/11/juul-to-introduce-lower-nicotine-pods-for-some-of-its-flavors.html.

重新設計包裝："Labeling and Warning Statements for Tobacco Products," U.S. Food and Drug Administration, https://www.fda.gov/tobacco-products/products-guidance-regulations/labeling-and-warning-statements-tobacco-products.

最重要的是："Juul Labs Announces Comprehensive Strategy to Combat Underage Use," news release, April 25, 2018, Juul Labs Inc., https://www .juullabs.com/juul-strategy-to-combat-underage-use/.

p.255

1950 年代：Conal Walsh, "Big Tobacco's Last Battle," *Guardian*, September 25, 2004, https://www.theguardian.com/society/2004/sep/26 /smoking.publichealth.

Chapter 12 政治動物

p.258

「我 20 歲兒子……」: Email from Katherine Snedaker to Juul, subject line: "My son is addicted to Juul," sent May 3, 2018.

p.259

「律師寄來……」: Email from Mark Jones to Katherine Snedaker, subject line: "Re: My son is addicted to Juul," sent May 6, 2018.

p.260

「高里布現在看到的是……」: "Youth Tobacco Use Drops During 2011–2017," news release, U.S. Centers for Disease Control and Prevention, June 7, 2018, https://www.cdc.gov/media/releases/2018/p0607-youth-tobacco-use.html.

令人擔憂的新聞標題：Anna B. Ibarra, "The Juul's So Cool, Kids Smoke It in School," Kaiser Health News via *Washington Post*, March 26, 2018, https://www.washingtonpost.com/national/health-science/the-juuls-so-cool-kids-smoke-it-in-school/2018/03/26/32bb7d80-30d6-11e8-b6bd -0084a1666987_story.html.

「……掩蓋……的習慣」: "Why 'Juuling' Has Become a Nightmare for School Administrators," Kaiser Health News via NBC News, March 26, 2018, https://www.nbcnews.com/health/kids-health/why-juuling-has-become-nightmare-school-administrators-n860106.

p.261

「調查人員祕密潛入……」: "Statement from FDA Commissioner Scott Gottlieb, M.D., on New Enforcement Actions and a Youth Tobacco Prevention Plan to Stop Youth Use of, and Access to, JUUL and Other E-cigarettes," news release, U.S. Food and Drug Administration, April 23, 2018, https://www.fda.gov/news-events/press-announcements/statement-fda-commissioner-scott-gottlieb-md-new-enforcement -actions-and-youth-tobacco-prevention.

高里布的菸草產品中心：Letter from Matthew R. Holman, U.S. Food and Drug Administration Center for Tobacco Products, to Ziad Rouag, Juul Labs, dated April 24, 2018, https://www.fda.gov/media/112339/download.

p.262

一群民主黨參議員：Juul CEO Kevin Burns's letter to Senators Richard J. Durbin, Sherrod Brown, Richard Blumenthal et al., dated April 27, 2018.

「貴公司的產品……」: "Durbin & Senators Press JUUL Labs, Inc. for Answers on Marketing Addictive Vaping Products to Teens, Urge FDA to Take Swift Action," news release, Office of Senator Dick Durbin, April 18, 2018, https://www.durbin.senate.gov/newsroom/press-releases/durbin-and-senators-press-juul-labs-inc-for-answers-on-marketing-addictive-e-cigarette-vaping-product-to-teens-urge-fda-to-take-swift-action-.

p.263

「才剛對……提起告訴」: Nitasha Tiku, "Users Sue Juul for Addicting Them to Nicotine," Wired, July 23, 2018, https://www.wired.com/story/users-sue -juul-for-addicting-them-to-nicotine/.

遊說的花費有 160 萬美元："Client Profile: Juul Labs," Influence & Lobbying, OpenSecrets.org, https://www.opensecrets.org/federal -lobbying/clients/summary?cycle=2018&id =D000070920.

特維．特洛伊："Biography," Tevi Troy (website), https://www.tevitroy.org/about/.

吉姆．艾斯吉爾：Jim Esquea, LinkedIn profile, https://www.linkedin.com /in/jim-esquea/.

p.264

「菸草長期以來……」: Lan Liang, Frank J. Chaloupka, and Kathryn Ierulli, "Measuring the Impact of Tobacco on State Economies," Mono.graph 17, p. 176, https://cancercontrol.cancer.gov/brp/tcrb/monographs /17/m17_6.pdf.

CTFK："Client Profile: Campaign for Tobacco-Free Kids," Influence & Lobbying, OpenSecrets.org, https://www.opensecrets .org/federal-lobbying/clients/summary?cycle =2018&id=D000048229.

美國肺臟協會："Client Profile: American Lung Assn," Influ.ence & Lobbying, last accessed December 31, 2020, https://www.opensecrets .org/federal-lobbying/clients/summary?cycle=2018&id=D000046976.

美國癌症學會："Client Profile: American Cancer Society," Lobbying & Influence, OpenSecrets.org, last accessed December 31, 2020, https://www.opensecrets.org/federal-lobbying/clients/summary ?cycle=2018&id=D000031468.

p.265

麻州尼德姆：Jonathan P. Winickoff, Mark Gottlieb, and Michelle M. Mello, "Tobacco 21—An Idea Whose Time Has Come," *New England Journal of Medicine* 370 (2014): 295–97, https://www.nejm.org /doi/full/10.1056/NEJMp1314626.

包括加州：Xueying Zhang et al., "Evaluation of California's 'Tobacco 21' Law," *Tobacco Control* 27, no. 6 (2018): 656–62, https:// tobaccocontrol.bmj.com/content/27/6/656.

p.269

「米勒找來幾位……」: "JUUL Advisory Group organizational meeting summary," Office of Iowa Attorney General Tom Miller, June 26, 2018.

「還……找了幾個人」: "JUUL Advisory Group organizational meeting summary."

紐約大學的大衛・艾布朗斯：Professor David Abrams email to Lisa Wit-tmus, Iowa Attorney General's Office, subject line: "Fwd: Webinar Confirmation—FDA's New Tobacco Flavors Initiative—November 30," sent December 2, 2018.

p.270

芒果菸彈：Letter from Willard to Durbin et al.

建議 Juul："Recommendations for JUUL and Other E-cigarette Companies to Reduce Youth Vaping," report of advisory group led by Tom Miller.

p.271

諮詢小組建議："Recommendations for JUUL and Other E-cigarette Companies to Reduce Youth Vaping."

「Juul……付錢請外面……」: In Re: Juul Labs Inc., p. 60.

p.272

2018 年的日子繼續：Matthew Perrone and Richard Lardner, "As Teen Vap.ing Surged, Juul Labs Invited Former Massachusetts Attorney General Martha Coakley to Join Ranks, Lobby State Officials," Associated Press via MassLive, https://www.masslive.com/news/2020/03/as-teen-vaping-surged-juul-labs-invited-former-massachusetts-attorney-general-martha-coakley-to-join-ranks-lobby-state-officials.html.

有些檢察長：Perrone and Lardner, "As Teen Vaping Surged."

p.273

2018 年 5 月：Etter, "Juul Quietly Revamped Its E-cigarette."

Chapter 13 成長陣痛

p.276

「繼……資金湧入後」: Jennifer Maloney, "Juul Raises $650 Million in Funding That Values E-cig Startup at $15 Billion," *Wall Street Journal*, July 10, 2018, https://www.wsj.com/articles/juul-raises-650-million-in-funding-that-values-e-cig-startup-at-15-billion-1531260832.

p.277

「廣泛報導，Juul Labs 已經……」: Angelica LaVito, "Popular E-cigarette Juul's Sales Have Surged Almost 800 Percent over the Past Year," CNBC, July 2, 2018, https://www.cnbc.com/2018/07/02/juul-e-cigarette-sales-have -surged-over-the-past-year.html.

「……幾乎都是 Juul 拿走」: In the Matter of Certain Electronic Nicotine Delivery Systems and Components Thereof, p. 6.

2018 年 6 月：Pamela Kaufman, "Is JUUL Hype Overblown?," Morgan Stanley Research Report, June 26, 2018.

p.278

「這時 Juul Labs 進駐……」: "Form D—Notice of Exempt Offerings of Securities."

70 號碼頭："Historic Pier 70," Orton Development, Inc. (website), http://www.ortondevelopment.com/project/pier-70/.

p.279

霓虹燈牌子：Angelica LaVito, "Juul Co-founder Defends E-cigarette Start-Up in Congressional Hearing over Its Alleged Role in Teen Vaping 'Epidemic,'" CNBC, July 25, 2019, https://www.cnbc.com/2019/07/25/juul-hearing-scrutinizes-start-ups-role-teen-vaping-epidemic.html.

第一個跨國辦事處：Erin Brodwin, "A $15 billion E-cig Startup That's Taking over the US Is Moving into London," Business Insider, July 16, 2018, https://www.businessinsider.com/juul-e-cig-vape-startup-growing-london-international-2018-7.

英格蘭公共衛生署：McNeill et al., "E-cigarettes: An Evidence Update."

p.280

「儘管如此，Juul 還是……推出……」: Angelica LaVito, "Juul E-cigarette Expands to England and Scotland, Eyes Asia," CNBC, July 16, 2018, https://www.cnbc.com/2018/07/16/juul-e-cigarette-expands-to-england -scotland-eyes-asia.html.

「如果要進一步拓展……」: LaVito, "Juul E-cigarette Expands to England and Scotland."

p.281

「公司高管想出……」: Sheila Kaplan, "Juul's New Product: Less Nicotine, More Intense Vapor," *New York Times*, November 27, 2018, https://www.nytimes.com/2018/11/27/health/juul-ecigarettes-nicotine .html.

p.284

下一代 Juul：Jane Stevenson, "Privacy Expert Wary over New JUUL 'Connected' Vape," *Toronto Sun*, August 5, 2019, https://torontosun.com/news/local-news/privacy-expert-wary-over-new-juul-connected-vape.

「如果消費者⋯⋯」: Sarah Perez, "Juul Says It Will Use Technology to Help You Quit E-cigarettes, Too," TechCrunch, September 5, 2018, https://techcrunch.com/2018/09/05/juul-says-it-will-use-technology-to-help-you-quit-e-cigarettes-too/.

p.285

這家公司的網站："Get Started," Juul Labs (website), https://www .juul.com/learn/getstarted.

p.287

「Juul 員工⋯⋯」: The People of the State of California v. Juul Labs, Inc. et al., pp. 62.

7 月 31 日：Email from Professor Robert Jackler to Juul Youth Preven.tion Director Julie Henderson, sent July 31, 2018.

p.288

2018 年稍早：The People of the State of California v. Juul Labs, Inc. et al., pp. 55–56.

p.289

甘迺迪的說法意味著：The People of the State of California v. Juul Labs, Inc. et al., pp. 55–56.

「不過⋯⋯麥特・大衛⋯⋯」: The People of the State of California v. Juul Labs, Inc. et al., p. 62.

p.290

「⋯⋯有大約一半⋯⋯」: Annice E. Kim, Robert Chew, and Michael Wenger, "Esti. mated Ages of JUUL Twitter Followers," *JAMA Pediatrics* 173, no. 7 (May 2019): 690–92, https://jamanetwork.com/journals/jamapediatrics /fullarticle/2733855.

在 Instagram 上：Robert K. Jackler, "Stanford Research into the Impact of Tobacco Advertising: The JUUL Phenomenon" (PowerPoint presentation). 165 One popular YouTube: Nate420, "Juul Challenge," video, YouTube, April 22, 2018, https://www.youtube.com/watch?v=gnM8hqW_2oo&t=3s.

p.293

醫生在抽駱駝香菸："More Doctors Smoke Camels," Doctors Smok.ing, Cigarette Advertising Themes, Stanford Research into the Impact of Tobacco Advertising (website), http://tobacco.stanford.edu/tobacco_main/images.php?token2=fm_st001.php&token1=fm_img0002 .php&theme_file=fm_mt001.php&theme_name=Doctors%20Smoking&subtheme_name=More%20Doctors%20Smoke%20Camels.

「你⋯⋯真是聰明！」: "You're So Smart," Targeting Women, Cigarette Advertising Themes, Stanford Research into the Impact of Tobacco Advertising (website), http://tobacco.stanford.edu/tobacco_main/images .php?token2=fm_st027.php&token1=fm_img0619.php&theme_file=fm_mt012.php&theme_name=Targeting%20Women&subtheme_name=You%27re%20So%20Smart.

販售性感："Objectifying Women," Targeting Women, Cigarette Advertising Themes, Stanford Research into the Impact of Tobacco Advertising (website), http://tobacco.stanford.edu/tobacco_main/images .php?token2=fm_st031.php&token1=fm_img0739.php&theme_file=fm_mt012.php&theme_name=Targeting%20Women&subtheme_name=Objectifying%20Women.

「新鮮」: "Freshness," Fresh, Pure Natural, Cigarette Advertising Themes, Stanford Research into the Impact of Tobacco Advertising (website), last accessed December 31, 2020, http://tobacco.stanford.edu/tobacco_main/images.php?token2=fm_st119.php&token1=fm_img3503.php&theme_file=fm_mt010.php&theme_name=Fresh,%20Pure,%20Natural%20&%20Toasted&subtheme_name=Freshness.

「純粹」: "Pure & Clean," Fresh, Pure, Natural, Cigarette Advertising Themes, Stanford Research into the Impact of Tobacco Advertising (website), http://tobacco.stanford.edu/tobacco_main/images.php?token2=fm_st122.php&token1=fm_img3572.php&theme_file=fm_mt010 .php&theme_name=Fresh,%20Pure,%20Natural%20&%20Toasted&subtheme_name=Pure%20&%20Clean.

「使人放鬆」: "Calms Your Nerves," Psychological Exploits, Cigarette Advertising Themes, Stanford Research into the Impact of Tobacco Advertising (website), http://tobacco.stanford.edu/tobacco_main/images.php?token2=fm_st126.php&token1=fm_img3628.php&theme_file=fm_mt011.php&theme_name=Psychological%20Exploits&subtheme_name=Calms%20your%20Nerves.

青春洋溢的啦啦隊："School Days," Targeting Teens, Cigarette Advertising Themes, Stanford Research into the Impact of Tobacco Advertising (website), http://tobacco.stanford.edu/tobacco_main/images .php?token2=fm_st132.php&token1=fm_img384.php&theme_file=fm_mt015.php&theme_name=Targeting%20Teens&subtheme_name=School%20Days.

青少年的叛逆："Be the Rebel," Targeting Teens, Cigarette Advertis.ing Themes, Stanford Research into the Impact of Tobacco Advertising (website), last accessed December 31, 2020, http://tobacco.stanford .edu/tobacco_main/images.php?token2=fm_st348.php&token1=fm_img17124.php&theme_file=fm_mt015.php&theme_name=Targeting%20Teens&subtheme_name=Be%20a%20Rebel.

「傑克勒……聽到……」: Jackler et al., "Juul Advertising."

Chapter 14 疫情

p.298

9 月 24 日："Establishment Inspection Report, JUUL Labs, Inc."

p.301

「只是就那麼剛好，漏了……」: Etter, "Juul Quietly Revamped Its E-cigarette."

「感謝這家公司」: "Establishment Inspection Report, JUUL Labs, Inc."

p.302

「《彭博新聞》在 2020 年……」: Etter, "Juul Quietly Revamped Its E-cigarette."

「從……開始」: "2018 NYTS Data: A Startling Rise in Youth E-cigarette Use," U.S. Food and Drug Administration, May 4, 2020, https://www.fda .gov/tobacco-products/youth-and-tobacco/2018-nyts-data-startling-rise-youth-e-cigarette-use.

那份調查顯示："Results from 2018 National Youth Tobacco Survey Show Dramatic Increase in E-cigarette Use Among Youth over Past Year," news release, U.S. Food and Drug Administration, November 15, 2018, https://www.fda.gov/news-events/press-announcements/results-2018-national-youth-tobacco-survey-show-dramatic-increase-e-cigarette-use -among-youth-over.

p.303

費城有一所學校："School District Bans Flash Drives over Confu.sion with E-cigarette Brand," Fox 29 Philadelphia, February 23, 2018, https://www.fox29.com/news/school-district-bans-flash-drives-over-confusion-with-e-cigarette-brand.

發表談話："Statement from FDA Commissioner Scott Gottlieb, M.D., on New Steps to Address Epidemic of Youth E-cigarette Use," news release, U.S. Food and Drug Administration, September 11, 2018, https://www.fda.gov/news-events/press-announcements/statement-fda-commissioner-scott-gottlieb-md-new-steps-address-epidemic-youth -e-cigarette-use.

p.305

過了幾週："Statement from FDA Commissioner Scott Gottlieb, M.D., on Meetings with Industry Related to the Agency's Ongoing Policy Commitment to Firmly Address Rising Rates in Youth E-cigarette Use," news release, U.S. Food and Drug Administration, October 31, 2018, https://web.archive.org/web/20190415150831/https://www.fda.gov/NewsEvents/Newsroom/PressAnnouncements/ucm624657.htm.

p.306

「詹姆斯．蒙西斯後來說」: *Examining Juul's Role in the Youth Nicotine Epidemic: Part II* (testimony of James Monsees), p. 9.

Juul 的政治部門：Lorraine Woellert and Sarah Owermohle, "Juul Tries to Make Friends in Washington as Regulators Circle," Politico, December 8, 2018, https://www.politico.com/story/2018/12/08/juul -lobbying-washington-1052219. "Issues Lobbied by JUUL Labs, 2018," in Client Profile: Juul Labs, Influence & Lobbying.

p.307

「交易眼看就快敲定」: Maloney and Mattioli, "Why Marlboro Maker Bet on Juul."

「雖然我們不認為……」: Letter from Altria CEO Howard A. Willard III to FDA Commissioner Scott Gottlieb, dated October 25, 2018.

p.308

「……仍然是很龐大的……」: "Back to School Statistics," Fast Facts, National Center for Education Statistics (website), https://nces.ed.gov/fastfacts/display.asp ?id=372.

p.310

2018 年底：Donna M. Vallone et al., "Prevalence and Correlates of JUUL Use Among a National Sample of Youth and Young Adults," *Tobacco Control* 28, no. 6 (2019): 603-609, http://dx.doi.org/10.1136 /tobaccocontrol-2018-054693.

真相倡議："Behind the Explosive Growth of Juul," Truth Initiative report, December 2018, https://truthinitiative.org/sites/default/files/media/files/2019/03/Behind-the-explosive-growth-of-JUUL.pdf.

相比之下："United States 2017 Results," High School YRBS, U.S. Centers for Disease Control and Prevention (website), https://nccd.cdc .gov/Youthonline/App/Results.aspx?TT=A&OUT=0&SID=HS&QID=QQ&LID=XX&YID=2017&LID2=&YID2=&COL=S&ROW1=N&ROW2=N&HT=QQ&LCT=LL&FS=S1&FR=R1&FG=G1&FA=A1&FI=I1&FP=P1&FSL=S1&FRL=R1&FGL=G1&FAL=A1&FIL=I1&FPL=P1&PV=&TST=False&C1=&C2=&QP=G&DP=1&VA=CI&CS =Y&SYID=&EYID=&SC=DEFAULT&SO=ASC.

菸草調查：Allison M. Glasser et al., "Youth Vaping and Tobacco Use in Context in the United States: Results from the 2018 National Youth Tobacco Survey," *Nicotine & Tobacco Research* 23, no. 14 (January 2020), https://doi.org/10.1093/ntr/ntaa010.

p.311

「我們也必須關閉……」: "Results from 2018 National Youth Tobacco Survey Shows Dramatic Increase in E-cigarette Use among Youth over Past Year," news release, U.S. Food and Drug Administration, November 15, 2018, https://www.fda.gov/news-events/press-announcements/results-2018-national-youth-tobacco-survey-show-dramatic-increase-e-cigarette-use -among-youth-over.

p.312

「高里布甚至……」: U.S. FDA, "Statement from FDA Commissioner Scott Gottlieb."

青少年吸電子菸：Jamie Ducharme, "Are E-cigarettes Safe? Here's What the Science Says," Time, November 2, 2018, https://time.com/5442252/are -e-cigarettes-safe/.

「奧馳亞還答應……」: Letter from Altria CEO Howard A. Willard III to Senator Richard J. Durbin et al.

p.313

11 月 28 日：Dana Mattioli and Jennifer Maloney, "Altria in Talks to Take Significant Minority Stake in Juul Labs," *Wall Street Journal*, November 28, 2018, https://www.wsj.com/articles/altria-in-talks-to-take-significant-minority-stake-in-juul-labs-sources-1543438776?mod=hp _lead_pos3.

Juul 總部立刻炸鍋：Dan Primack, "Exclusive: Juul Employees Upset over Possible Altria Deal," Axios, November 30, 2018, https://www.axios.com/juul-employee-resistance-altria-marlboro-cigarette-11981f0e-0038-44d1-a487-7b5c1b6d6321.html.

p.314

「我們一直致力於……」: Angelica LaVito, "Altria Shutters Its E-cigarette Brands as It Eyes Juul, Awaits Iqos Decision," CNBC, December 7, 2018, https://www.cnbc.com/2018/12/07/altria-closes-e-cigarette-brands-as-it-eyes-juul-awaits-iqos-decision.html.

p.315

根據雙方協議：Letter from Altria CEO Howard A. Willard III to Senator Richard J. Durbin et al.

Chapter 15 發大財

p.321

20 億美元：Angelica LaVito and David Faber, "Juul Employees Get a Special $2 Billion Bonus from Tobacco Giant Altria—to Be Split Among Its 1,500 Employees," CNBC, December 20, 2018, https://www .cnbc.com/2018/12/20/juul-to-pay-2-billion-dividend-to-its-employees-after-altria-deal.html.

「據說……每人拿到……」: LaVito and Faber, "Juul Employees Get a Special $2 Billion Bonus."

躋身 10 億富豪："#1941 James Monsees," Billionaires 2019, Forbes.com, https://www.forbes.com/profile/james-monsees/?sh =44e0ef20526b; and "#1941 Adam

Bowen," Billionaires 2019, Forbes .com, https://www.forbes.com/profile/adam-bowen/?sh=4d51b9363dd2.

p.322

「……之類的大股東」: Theodore Schleifer, "In an Extraordinary Move, Juul Is Trying to Make Peace with Its Investors and Employees by Paying Them More Than $4 Billion," Vox Recode via Tech News Tube, December 20, 2018, https://technewstube.com/recode/1063389/in-an-extraordinary-move-juul-is-trying-to-make-peace-with-its-investors-and-employees-by-paying-th/.

p.323

「#Juul：社交媒體如何……」: Michael Nedelman, Roni Selig, and Arman Azad, "#Juul: How Social Media Hyped Nicotine for a New Generation," CNN Health, December 19, 2018, https://www.cnn.com/2018/12/17/health/juul -social-media-influencers/index.html.

p.324

「就在……那天」: "New Research Continues to Provide Data Regarding the Impact Juul Products Have on Smokers Trying to Switch from Combus.tible Cigarettes," news release, Juul Labs Inc., December 20, 2018, https://www.juullabs.com/new-research-continues-to-provide-data-regarding-the-impact-juul-products-have-on-smokers-trying-to-switch-from -combustible-cigarettes/.

「不管 Juul 再怎麼……」: "Altria-Juul Deal Is Alarming Development for Pub.lic Health and Shows Need for Strong FDA Regulation," news release, Campaign for Tobacco-Free Kids, December 20, 2018, https://www .tobaccofreekids.org/press-releases/2018_12_20_altria_juul.

p.325

「伯恩斯……承認」: "JUUL Labs Issues Statement About Altria Minority Investment and Service Agreements," news release, December 20, 2018, Juul Labs Inc., https://www.prnewswire.com/news-releases/juul-labs-issues-statement-about-altria-minority-investment-and-service -agreements-300769518.html.

「接受……採訪時」: Sheila Kaplan, "F.D.A. Accuses Juul and Altria of Back.ing Off Plan to Stop Youth Vaping," *New York Times*, January 4, 2019, https://www.nytimes.com/2019/01/04/health/fda-juul-altria-youth -vaping.html.

p.326

「Juul 高管會定期……」: Email from Joanna Engelke, chief quality and regulatory officer at Juul Labs, to Lauren Roth, associate commis.sioner for policy at the U.S. Food and Drug Administration, subject line: "Follow-up to JUUL November 13, 2018 Youth Action Plan: Restricted

Distribution System Criteria," sent December 21, 2018.

「最會得罪人的人」: Lauren Hirsch (@LaurenSHirsch), ".@ScottGot.tliebMD says that Altria and Juul were the 'worst offenders' of going around FDA...," tweet on August 15, 2019, https://twitter.com/Lauren.SHirsch/status/1162107553280606209.

「我從來沒看過……」: Lachlan Markay and Sam Stein, "Juul Spins Vaping as 'Criminal Justice' Issue for Black Lawmakers," *Daily Beast*, June 10, 2019, https://www.thedailybeast.com/juuls-latest-play-to-survive-washington-dc-win-over-blacklawmakers.

p.328

8 萬 7000 美元：“Sen. Richard Burr—North Carolina,” Congress, OpenSecrets.org, https://www.opensecrets.org/members-of-congress/richard-burr/contributors?cid=N00002221&cycle=2018&type=C.

p.329

「如果你覺得……」: Steven T. Dennis, “GOP Senator Lights Up Trump’s FDA Chief on Menthol Cigarette Ban,” Bloomberg, January 31, 2019, https://www.bloomberg.com/news/articles/2019-01-31/gop-senator-lights-up-trump-s-fda-chief-on-menthol-cigarette-ban?sref =Qe05mWTE.

p.330

「……最棒的工作」: Angelica LaVito, “Outgoing FDA Chief Scott Gottlieb Gets Personal About Leaving ‘the Best Job’ He’s Ever Had,” CNBC, March 31, 2019, https://www.cnbc.com/2019/03/31/outgoing-fda-chief-gottlieb-gets-personal-about-leaving-the-best-job.html.

「愈來愈……」: Ducharme, “‘It Tortures Me That I’m Not There Helping.’”

3 月 13 日：Calendar invitation from Ann Simoneau, director of the Office of Compliance and Enforcement at the U.S. Food and Drug Administration’s Center for Tobacco Products, subject line: “Commis.sioner Meeting with Altria and JUUL Labs.”

p.331

白橡木園區：U.S. Food and Drug Administration, “Welcome to FDA’s White Oak Campus,” video, YouTube, April 19, 2017, https://www .youtube.com/watch?v=DqimZYtaqHw.

「在一份媒體聲明說」: “Statement from FDA Commissioner Scott Gottlieb, M.D., on Advancing New Policies Aimed at Preventing Youth Access to, and Appeal of, Flavored Tobacco Products, Including E-cigarettes and Cigars,” news release, U.S. Food and Drug Administra.tion, March 13, 2019.

Chapter 16 道歉運動

p.334

「晨間諮詢公司……調查」: Yusra Murad, “Juul Takes a Hit After a Long Year,” Morning Consult, September 16, 2019, https://morningconsult.com/2019/09/16/juul-takes-a-hit-after-a-long-year/.

p.335

舊金山居民：Rebekah Moan, “Dogpatch and Potrero Hill Residents Unhappy About JUUL’s Presence at Pier 70,” *Potrero View*, January 2019, https://www.potreroview.net/dogpatch-and-potrero-hill-residents-unhappy-about-juuls-presence-at-pier-70/.

「我們要求……」: Moan, “Dogpatch and Potrero Hill Residents Unhappy.”

p.336

「當時……」: Andrew Sheeler, “Vaping Could Be Snuffed Out in Cali.fornia if These Bills Become Law in 2019,” *Sacramento Bee*, December 20, 2018, https://www.sacbee.com/news/politics-government/capitol-alert /article222819750.html.

p.337

「舊金山向來……」: "Herrera, Walton Introduce Package of Legislation to Protect Youth from E-cigarettes," news release, Office of the City Attorney of San Francisco, March 19, 2019, https://www.sfcityattorney .org/2019/03/19/herrera-walton-introduce-package-of-legislation-to-protect-youth-from-e-cigarettes/.

2019 年 3 月：Office of the City Attorney of San Francisco, "Herrera, Walton Introduce Package of Legislation."

心臟病："E-cigarettes Linked to Heart Attacks, Coronary Artery Disease and Depression: Data Reveal Toll of Vaping; Researchers Say Switching to E-cigarettes Doesn't Eliminate Health Risks," news release, American College of Cardiology, March 7, 2019, www.sciencedaily.com/releases/2019/03/190307103111.htm.

呼吸道問題：M. F. Perez et al., "E-cigarette Use Is Associated with Emphysema, Chronic Bronchitis and COPD," presentation at American Thoracic Society International Conference 2018, San Diego, CA, May 23, 2018, https://www.abstractsonline.com/pp8/#!/4499/presentation/19432).

DNA 損傷："E-cigarettes Can Damage DNA," news release, American Chemical Society, August 20, 2018, https://www.acs.org/content/acs/en/pressroom/newsreleases/2018/august/e-cigarettes-can-damage-dna.html.

p.338

「……完全沒有道理」: Ducharme, "How Juul Hooked Kids."

p.341

Juul 版本的政策："An Act to Prevent Youth Use of Vapor Products," initiative measure to be submitted directly to the voter, filed in San Francisco, CA, on May 14, 2019, https://sfelections.sfgov.org/sites/default/files/Documents/candidates/Nov2019_YouthVaporUse_LegalText.pdf.

禁令拍板定案：Laura Klivans, "San Francisco Bans Sales of E-cigarettes," Public Health, NPR, June 25, 2019, https://www.npr.org/sections/health-shots/2019/06/25/735714009/san-francisco-poised-to-ban-sales-of-e-cigarettes.

2019 年 5 月：American Academy of Pediatrics v. Food and Drug Administration, case no. PWG-18-883, Memorandum Opinion and Order, filed July 12, 2019.

p.342

同樣在 5 月："Attorney General Josh Stein Takes E-cigarette Maker JUUL to Court," news release, Office of Attorney General Josh Stein, May 15, 2019, https://ncdoj.gov/attorney-general-josh-stein-takes -e-cigarette-make/.

28 層樓：Catherine Ho, "Fast-Growing Juul Buys San Francisco Office Tower," *San Francisco Chronicle*, June 19, 2019, https://www .sfchronicle.com/business/article/Fast-growing-Juul-buys-San-Francisco-office-tower-14015422.php.

行銷打掉重練：Erik Oster, "Juul Halts Most U.S. Advertising After Spending $104 Million in First Half of 2019," *AdWeek*, September 25, 2019, https://www.adweek.com/brand-marketing/juul-halts-mosts-u-s-advertising-after-spending-104-million-in-first-half-of-2019/.

p.343

「我是……」: E. J. Schultz, "Omnicom Cuts Ties with Embattled E-cigarette Maker Juul," *AdAge*, September 27, 2019, https://adage.com/article/cmo-strategy/omnicom-cuts-ties-embattled-e-cigarette-maker-juul/2202471.

「存在危機」: Ducharme, "How Juul Hooked Kids."

「我們非常樂意……」: Jamie Ducharme, "Pulling Flavored E-cigs Hurt Sales in a 'Very Meaningful Way,' Juul Founders Say," *Time*, April 24, 2019, https://time.com/5574084/juul-adam-bowen-james-monsees-time-100-gala/.

價值數百萬美元的機器："Altria Group," Organizations, Influence & Lobbying, OpenSecrets.org, https://www.opensecrets.org/orgs/summary ?id=D000000067.

「Juul……花了 430 萬美元」: "Juul Labs," Organizations, Influence & Lobbying, OpenSecrets.org, https://www.opensecrets.org/orgs/summary ?lobcycle=2018&topnumcycle=2020&toprecipcycle=2020&contribcycle =2020&outspendcycle=2020&id=D000070920.

超過 1040 萬："Client Profile: Altria Group," Clients, Lobbying, OpenSecrets.org, last accessed January 1, 2021, https://www.opensecrets .org/federal-lobbying/clients/summary?cycle=2019&id=d000000067.

p.344

加倍支持力道：Angelica LaVito, "Campaign to Raise Minimum Smoking Age to 21 Finds Unlikely Supporter: Big Tobacco," CNBC, May 12, 2019, https://www.cnbc.com/2019/05/11/juul-altria-british-american-tobacco-push-t21-laws-amid-teen-vaping-epidemic.html.

刑事問題：Markay and Stein, "Juul Spins Vaping."

1950 年代：Phillip S. Gardiner, "The African Americanization of Men.thol Cigarette Use in the United States," *Nicotine & Tobacco Research* 6, no. 1 (February 2004): 55-65, http://www.acbhcs.org /wp-content/uploads/2017/11/African_Americanization.pdf.

p.345

七成："African Americans and Tobacco Use," Tobacco-Related Disparities, U.S. Centers for Disease Control and Prevention (website), https://www.cdc.gov/tobacco/disparities/african-americans/index.htm.

「……發表的聲明」: Markay and Stein, "Juul Spins Vaping."

「Juul 心裡想的並不是……」: Sheila Kaplan, "Black Leaders Denounce Juul's $7.5 Million Gift to Medical School," *New York Times*, June 19, 2019, https://www.nytimes.com/2019/06/19/science/juul-meharry-grant-vaping.html.

p.346

公衛團體開始……：Liz Essley Whyte and Dianna N..ez, "Big Tobac.co's Surprising New Campaign to Raise the Smoking Age," Center for Public Integrity, May 23, 2019, https://publicintegrity.org/state-politics/copy-paste-legislate/big-tobaccos-surprising-new-campaign-to-raise -the-smoking-age/.

「有的漏洞……獲得豁免」: Whyte and N..ez, "Big Tobacco's Surprising New Campaign."

p.347

「菸商……」: Whyte and N..ez, "Big Tobacco's Surprising New Campaign."

2018 那年：Stephanie M. Lee, "Juul Employees Say 'Morale Is at an All-Time Low' After Its Worst Year Ever," BuzzFeed.News, February 5, 2020, https://www.buzzfeednews.com/article/stephaniemlee/juul-low-morale.

Chapter 17 受審

p.352

「拉加・克里許納摩堤從來沒想過……」: Jamie Ducharme, "The D.C. Lawmaker Going Toe to Toe with Big Vape Never Planned to Be in This Fight," Time, December 10, 2019, https://time.com/5731818/raja-krishnamoorthi -juul/.

p.353

2019 年 6 月："Chairman Krishnamoorthi of the Subcommittee on Eco.nomic and Consumer Policy Opens Investigation into JUUL's Role in the Youth E-cigarette Epidemic," news release, Office of United States Con.gressman Raja Krishnamoorthi, June 10, 2019, https://krishnamoorthi .house.gov/media/press-releases/chairman-krishnamoorthi-subcommittee-economic-and-consumer-policy-opens.

p.354

「……早期做的很多事……」: Ducharme, "The D.C. Lawmaker." 206

p.355

「……機會之一」: "one of the": Ducharme, "Pulling Flavored E-cigs."

p.356

強納森・威尼可夫博士：*Examining Juul's Role in the Youth Nicotine Epidemic*: *Part I*, Hearings Before the Subcommittee on Economic and Consumer Policy, 116th Cong. (2019) [hereafter *Examining Juul's Role in the Youth Nicotine Epidemic: Part I*] (testimony of Dr. Jonathan Winick-off), pp. 8–9.

羅伯特・傑克勒：*Examining Juul's Role in the Youth Nicotine Epidemic: Part I* (testimony of Dr. Robert Jackler), pp. 9–11.

梅芮迪斯・柏克曼：*Examining Juul's Role in the Youth Nicotine Epidemic: Part I* (testimony of Meredith Berkman), pp. 4–6.

p.357

「美國印地安原住民抽菸……」: "American Indians/Alaska Natives and Tobacco Use," Tobacco-Related Disparities, U.S. Centers for Disease Control and Prevention (website), https://www.cdc.gov/tobacco/disparities/american -indians/index.htm.

屬於主權國家："Tribal Commercial Tobacco Control," Public Health Law Center (website), https://publichealthlawcenter.org/topics /commercial-tobacco-control/tribal-commercial-tobacco-control.

「來到眾議會作證……」: *Examining Juul's Role in the Youth Nicotine Epidemic: Part I* (testimony of Rae O'Leary), pp. 6–8.

p.358

「他們正在推銷……」: Video taken by Rae O'Leary, January 2019.

「Juul 後來……說……」: Memorandum from Staff of the Subcommittee on Economic and Consumer Policy to Democratic Members of the Sub.committee, "Update on the Subcommittee's E-cigarette Investigation," dated February 5, 2020.

「CRST 可能……」: *Examining Juul's Role in the Youth Nicotine Epidemic: Part I* (testimony of Rae O'Leary), pp. 6–8.

p.359

「……有太多菸草大廠的影子」: Lauren K. Lempert and Stanton A. Glantz, "Tobacco Industry Promotional Strategies Targeting American Indians/ Alaska Natives and Exploiting Tribal Sovereignty," *Nicotine & Tobacco Research* 21, no. 7 (July 2019): 940–48, https://doi.org/10.1093/ntr/nty048.

「菸商用盡一切方法想讓……」: Lempert and Glantz, "Tobacco Industry Pro.motional Strategies Targeting American Indians/Alaska Natives."

「那有點像……」: Jamie Ducharme, "'It's Insidious': How Juul Pitched E-cigs to Native American Tribes," Time, February 6, 2020, https://time.com /5778534/juul-native-american-tribes/.

幾個月後：Memorandum from Staff of the Subcommittee on Eco-nomic and Consumer Policy to Democratic Members of the Subcom.mittee, "Update on the Subcommittee's E-cigarette Investigation," dated February 5, 2020.

「毫無疑問……」: *Examining Juul's Role in the Youth Nicotine Epidemic: Part I* (testimony of Richard Durbin), p.32.

p.360

詹姆斯先登場：*Examining Juul's Role in the Youth Nicotine Epidemic: Part II* (testimony and questioning of James Monsees).

p.365

「輪到艾希莉・古爾德……」: *Examining Juul's Role in the Youth Nicotine Epidemic: Part II* (testimony and questioning of Ashley Gould).

Chapter 18 瘟疫與恐慌

p.366

丹尼爾・艾門特：Jamie Ducharme, "The Teenager Who Needed a Double Lung Transplant Because He Vaped Has Something to Say," *Time*, Janu.ary 31, 2020, https://time.com/5771181/double-lung-transplant-vaping/.

p.372

「……出現許多……」: "CDC, States Investigating Severe Pulmonary Disease Among People Who Use E-cigarettes," news release, U.S. Centers for Disease Control and Prevention, August 17, 2019, https://www.cdc.gov /media/releases/2019/s0817-pulmonary-disease-ecigarettes.html.

p.373

錢斯・阿米拉塔：Chance Ammirata (@Chanceammirata), "PLEASE RETWEET THIS IS EFFECTING THE WORLD AND WE ARE THE ONES WHO CAN EFFECT CHANGE. DO NOT STOP SHARING TO SAVE LIVES. I WILL BE THE EXAMPLE IF IT MEANS NO ONE ELSE NEEDS TO BE!," tweet on Twitter, August 4, 2019, https://twitter.com/Chanceammirata/status/1158204231989571590.

希瑪・赫爾曼：Simah Herman (@simahherman), private Instagram post, August 2019.

8 月 23 日：U.S. Centers for Disease Control and Prevention, "Tran.script of August 23, 2019, Telebriefing on Severe Pulmonary Disease Associated with Use of E-cigarettes," transcript, August 23, 2019, https://www.cdc.gov/media/releases/2019/t0823-telebriefing-severe-pulmonary-disease-e-cigarettes.html.

p.374

「這起不幸死亡……」: "This tragic death": "CDC Director's Statement on the First Death Related to the Outbreak of Severe Lung Disease in People Who Use E-cigarette or 'Vaping' Devices," news release, U.S. Centers for Disease Control and Prevention, August 23, 2019, https://www.cdc.gov/media/releases/2019/s0823-vaping-related-death.html.

p.376

「CDC 在……時」: U.S. Centers for Disease Control and Prevention, "Tran.script of August 23, 2019 Telebriefing."

p.377

「……在谷歌搜尋……」: Sara Kalkhoran, Yuchiao Chang, and Nancy Rigotti, "Online Searches for Quitting Vaping During the 2019 Outbreak of E-cigarette or Vaping Product Use-Associated Lung Injury," *Journal of Internal Medicine 36* (February 2020): 559–60, https://doi.org/10.1007/s11606-020-05686-5.

「面對鏡頭……專訪」: Tony Dokoupil, "Juul CEO: Breathing Illness Cases Are 'Worrisome,'" *CBS This Morning*, August 28, 2019, https://www.cbsnews.com/news/juul-ceo-kevin-burns-breathing-illness-cases -are-worrisome/.

Chapter 19 違禁品

p.380

「……一篇文章讚揚……」: Melinda Tichelaar, "Who Wants to Be a Millionaire? Busy Westosha Student Already on His Way," *Kenosha News*, April 26, 2018, https://www.kenoshanews.com/news/local/who-wants-to-be-a-millionaire-busy-westosha-student-already-on-his-way/article_90eaa3ef-30af-5b0d -8c9b-91b97e598c20.html.

p.381

「據說她用……」: Stephen S. Hall, "Who Thought Sucking on a Battery Was a Good Idea?," *New York* (Intelligencer), February 4, 2020, https://nymag.com/intelligencer/2020/02/vaping-health-crisis.html.

p.383

「Juul 就被捲進……」: Sheila Kaplan and Matt Richtel, "The Mysterious Vap.ing Illness that's 'Becoming an Epidemic,'" *New York Times*, August 31, 2019, https://www.nytimes.com/2019/08/31/health/vaping-marijuana -ecigarettes-sickness.html.

p.384

維生素 E 醋酸酯："New York State Department of Health Announces Update on Investigation into Vaping-Associated Pulmonary Illnesses," news release, New York State Department of Health, September 5, 2019, https://www.health.ny.gov/press/

releases/2019/2019-09-05_vaping.htm.

p.385

姐妹品牌 Pax：“PAX Statement on Product Safety,” news release, Pax Labs Inc., September 11, 2019, https://www.pax.com/blogs /press/pax-statement-on-product-safety.

「……能以……售出」: Marissa Wenzke and David Downs, “From ‘Veron.ica Mars’ to Toxic Vapes: The Rise and Fall of Honey Cut,” *Leafly*, November 8, 2019, https://www.leafly.com/news/health/toxic-vaping-vapi-evali-lung-injury-rise-and-fall-of-vitamin-e-oil-honey-cut.

「有些維生素 E 醋酸酯溶液……」: Wenzke and Downs, “From ‘Veronica Mars’ to Toxic Vapes.”

「……通常無害」: “Outbreak of Lung Injury Associated with the Use of E-Cigarette, or Vaping, Products,” Electronic Cigarettes, Basic Informa.tion, U.S. Centers for Disease Control and Prevention (website), https://www .cdc.gov/tobacco/basic_information/e-cigarettes/severe-lung-disease.html.

p.386

9 月 5 日：New York State Department of Health, “New York State Department of Health Announces Update.” 227 the CDC specifically: “Initial State Findings Point to Clinical Similarities in Illnesses Among People Who Use E-cigarettes or ‘Vape,’” news release, U.S. Centers for Disease Control and Prevention, September 6, 2019, https://www.cdc.gov/media/releases/2019/p0906-vaping-related-illness.html.

p.387

9 月中旬：“Sheriff’s Office Busts Illegal THC Vape Cartridge Operation in North Phoenix,” azfamily.com, September 18, 2019, https://www.azfamily.com/news/sheriff-s-office-busts-illegal-thc-vape-cartridge-operation-in-north-phoenix/article_16d9501a-da44-11e9-bcad -472669780f57.html.

隔週：Estefan Saucedo and Jennifer Austin, “Nearly 77,000 Illegal THC Vaping Cartridges Seized in Record Drug Bust,” Kare 11, September 24, 2019, https://www.kare11.com/article/news/crime/75000-thc-vaping-cartridges-seized-in-record-drug-bust/89-88b92c27-cd4e -4fca-91c5-ad44dd49d2ff.

幾天後：Brad Zinn, “1,000 THC Vaping Cartridges Seized in Waynesboro Drug Bust,” *News Leader*, September 25, 2019, https://www.newsleader.com/story/news/local/2019/09/25/1-000-thc-vaping-cartridges-seized-waynesboro-drug-bust/2442664001/.

夏天的時候：Michael Maciag, “State Marijuana Laws in 2019 Map,” Governing, June 25, 2019, https://www.governing.com/gov-data/safety-justice/state-marijuana-laws-map-medical-recreational.html.

p.388

「FDA 不管……」: Sharon Lindan Mayl and Douglas C. Throckmorton, “FDA Role in Regulation of Cannabis Products,” PowerPoint presenta.tion delivered at the National Institute on Drug Abuse, Bethesda, MD, February 2019, https://www.fda.gov/media/128156/download.

「有些州確實有……」: Jamie Ducharme, “Is Vaping Marijuana Safe? Deaths and Lung

Disease Linked to E-cigs Call That into Question," *Time*, September 6, 2019, https://time.com/5670147/vaping-marijuana-lung-disease/.

「……印有 Dank Vapes 的盒子……」: Emma Betuel, "Dank Vapes Is the 'Biggest Con.spiracy' in Pot That Can Put You in a Coma," Inverse, August 19, 2019, https://www.inverse.com/mind-body/58581-dank-vapes.

p.390

「FDA……已經開始……」: Kelly Young, "FDA Cautions People to Avoid Vaping Products with THC Oil, Vitamin E Acetate," *NEJM Journal Watch*, September 10, 2019, https://www.jwatch.org/fw115806/2019/09/10/fda-cautions-people-avoid-vaping-products-with-thc-oil.

p.391

2019 年 9 月中旬：Chris Kahn, "More Americans Say Vaping Is as Dangerous as Smoking Cigarette: Reuters Poll," Reuters, September 24, 2019, https://www.reuters.com/article/us-health-vaping-poll/more-americans-say-vaping-is-as-dangerous-as-smoking-cigarettes-reuters -poll-idUSKBN1W9136.

Chapter 20 9 月結束再叫醒我

p.392

電子菸產品銷售：Fatma Romeh M. Ali et al., "E-cigarette Unit Sales, by Product and Flavor Type—United States, 2014–2020," *Morbid.ity and Mortality Weekly Report* 69, no. 37 (September 2020): 1313–18, https://www.cdc.gov/mmwr/volumes/69/wr/mm6937e2.htm.

「有八成的……」: Jim McDonald, "Vape Shops Blame Sales Decline More on 'EVALI' than COVID-19," Vaping360, November 30, 2020, https://vaping360.com/vape-news/107279/vape-shops-blame-sales-decline-more-on-evali-than-covid-19/.

「雖然 Juul 產品並沒有……」: Jasmine Wu, "E-cigarette Sales Slowing, Led by JUUL, Amid Negative Headlines," CNBC, October 1, 2019, https://www.cnbc.com/2019/10/01/e-cigarette-sales-slowing-led-by-juul-amid-negative-headlines.html.

p.393

密西根州長："Governor Whitmer Takes Bold Action to Protect Michigan Kids from Harmful Effects of Vaping," news release, Office of Governor Gretchen Whitmer, September 4, 2019, https://www.michigan .gov/whitmer/0,9309,7-387-90499_90640-506450--,00.html.

p.394

9 月 9 日：Warning letter from Ann Simoneau, director of the office of compliance and enforcement at the U.S. Food and Drug Administration's Center for Tobacco Products, to Juul CEO Kevin Burns, dated September 9, 2019, https://www.fda.gov/inspections-compliance-enforcement-and-criminal-investigations/warning-letters/juul-labs-inc-590950-09092019.

「Juul 有可能面臨……」: Warning letter from Ann Simoneau.

9 月 11 日：The White House, "Remarks by President Trump in Meeting on E-cigarettes," transcript, September 11, 2019, https://www.whitehouse.gov/briefings-

statements/remarks-president-trump-meeting-e-cigarettes/.

p.395

芒果和薄荷：Letter from Altria CEO Howard A. Willard III to Senators Richard J. Durbin et al.

「……品牌，像是 Vuse……」: Angelica LaVito, "Juul's Momentum Slips as NJOY Woos Customers with Dollar E-Cigarettes," CNBC, August 20, 2019, https://www.cnbc.com/2019/08/20/juuls-momentum-slips-as-njoy-woos-customers-with-dollar-e-cigarettes.html.

9 月 15 日：Jesse McKinley and Christina Goldbaum, "New York Moves to Ban Flavored E-cigarettes by Emergency Order," *New York Times*, September 15, 2019, https://www.nytimes.com/2019/09/15/nyregion/vaping -ban-ny.html.

p.396

9 月 19 日："Suozzi Introduces Bipartisan Legislation to Address the Vaping and Smoking Epidemic," news release, Office of U.S. Congressman Thomas Suozzi, September 19, 2019, https://suozzi .house.gov/media/press-releases/suozzi-introduces-bipartisan-legislation-address-vaping-and-smoking-epidemic.

接著是麻州：Office of the Governor of the Commonwealth of Massachusetts, "Governor's Declaration of Emergency," declaration, September 24, 2019, https://www.mass.gov/files/documents/2019/09/24 /Governors-Declaration-of-Emergency.pdf.

羅德島、蒙大拿、華盛頓：Jamie Ducharme, "As the Number of Vaping-Related Deaths Climbs, These States Have Implemented E-cigarette Bans," *Time*, September 25, 2019, https://time.com/5685936 /state-vaping-bans/.

「……這個仰賴……」: Ali et al., "E-cigarette Unit Sales, by Product and Fla.vor Type."

從蒙大拿州：Renata Birkenbuel, "'We Vape, We Vote': Missoula Vape Shop Owners Sound Off on Trump, FDA," *Missoula Current,* September 13, 2019, https://missoulacurrent.com/business/2019/09/missoula-vape -shops/.

到羅德島州：Kevin G. Andrade, "Store Owners, Employees Rally in Support of Vaping Products," *Providence Journal*, September 25, 2019, https://www.providencejournal.com/news/20190925/store-owners-employees-rally-in-support-of-vaping-products--poll.

p.398

「……有將近三分之一……」: "Tobacco in China," Tobacco, Health Topics, the World Health Organization (website), last accessed January 2, 2021, https:// www.who.int/china/health-topics/tobacco.

p.399

中國菸草：Tom Hancock, "China Tobacco Looks to Take on Global Cigarette Makers," *Financial Times*, April 3, 2019, https://www.ft.com/content/6c820eb0-51fc-11e9-b401-8d9ef1626294.

p.400

「連有些醫院……」: Palko Karasz, "Two U.K. Hospitals Allow Vape Shops in Bid to Promote Smoking Ban," *New York Times*, July 10, 2019, https://www .nytimes.com/2019/07/10/world/europe/uk-hospitals-vaping-shops.html.

p.402

我一直不停地工作："Juul Labs Names New Leadership, Outlines Changes to Policy and Marketing Efforts," news release, Juul Labs Inc., Septem.ber 25, 2019, https://www.juullabs.com/juul-labs-names-new-leadership-outlines-changes-to-policy-and-marketing-efforts/.

p.404

「……也有幫助」: Catherine Ho, "Juul New CEO Is from Big Tobacco. That May Help It Survive," *San Francisco Chronicle*, September 25, 2019, https://www.sfchronicle.com/business/article/Juul-s-new-CEO-is-from-Big-Tobacco-That-may-14468383.php.

喬・穆瑞洛：Jennifer Maloney, "Juul Hires Another Top Altria Execu.tive," *Wall Street Journal*, October 1, 2019, https://www.wsj.com/articles/juul-hires-another-top-altria-executive-11569971306.

Chapter 21 接管

p.406

「首先，他……喊停……」: Juul Labs, "Juul Labs Names New Leadership."

「接著，他撤銷……」: Catherine Ho, "Juul Ends Support for Prop. C, SF Mea.sure to Overturn E-cigarette Sales Ban," *San Francisco Chronicle*, Sep.tember 30, 2019, https://www.sfchronicle.com/business/article/Juul-to-end-support-for-Prop-C-SF-measure-to-14481579.php.

p.407

10 月中旬：Angelica LaVito, "E-cigarette Giant Juul Suspends Sales of All Fruity Flavors Ahead of Looming US Ban," CNBC, Octo.ber 17, 2019, https://www.cnbc.com/2019/10/17/e-cigarette-giant-juul-suspends-sales-of-fruity-flavors-ahead-of-looming-ban.html.

「光是芒果……」: Letter from Altria CEO Howard A. Willard III to Senator Richard J. Durbin et al.

p.407

「塵埃並沒有……落定」: Anonymous, "Company's Long Term Outlook Is Still Strong. Good Margins, Strong Brand Recognition Among Smokers, Clear Market Need for It, etc. . . . ," post on Blind [Anoymous Profes.sional Network], October 18, 2019.

p.409

2019 年 10 月：Angelica LaVito, "Juul Names New CFO Amid Man.agement Shake-Up, Several Top Executives Are Out," CNBC, October 29, 2019, https://www.cnbc.com/2019/10/29/juul-ousts-executives-names-new-cfo-amid-shakeup-at-the-embattled-e-cigarette-company.html.

p.410

其他高管：LaVito, "Juul Names New CFO Amid Manage.ment Shake-Up."

裁掉 500 人：Jennifer Maloney, "Juul to Cut About 500 Jobs," Wall Street Journal, October 29, 2019, https://www.wsj.com/articles/juul -to-cut-about-500-

jobs-11572301778.

p.411

提起告訴：Siddharth Breja v. Juul Labs, Inc., Case no. 3:19-CV.7148, Complaint for Damages and Injunctive Relief, filed October 29, 2019.

p.412

2019 年 12 月：Siddharth Breja v. Juul Labs, Inc., Case no. 3:19-CV-7148-WHO, Declaration of Harmeet K. Dhillon in Support of Dhillon Law Group Inc.'s *Ex Parte* Motion to Withdraw as Coun.sel of Record for Plaintiff and for an Extension of the Hearing and Briefing Deadlines on Defendant Juul Labs, Inc.'s Motion to Compel Arbitration, filed December 10, 2019, https://www.documentcloud.org/documents/6585599-Declaration-in-Support-of-Dhillon-Law-Group-s -Ex.html.

p.413

BuzzFeed.News 新聞網站：Stephanie M. Lee, "Leaked Juul Documents Cast Doubt on a Former Executive's Claim of 1 Million 'Contam.inated' Pods," BuzzFeed.News, December 18, 2019, https://www .buzzfeednews.com/article/stephaniemlee/juul-report-contamination -lawsuit.

只有 143 件：Juul Labs, Fielded Product Assessment Form, report number RPT-01333 Rev B, August 2019, https://www.documentcloud .org/documents/6580991-Juul-Report-BuzzFeed-News.html.

p.414

「……公布於……」: Benjamin C. Blount et al., "Evaluation of Bronchoal.veolar Lavage Fluid from Patients in an Outbreak of E-cigarette, or Vaping, Product Use-Associated Lung Injury—10 States, August– October 2019," *Morbidity and Mortality Weekly Report* 68, no. 45 (November 2019): 1040–41, https://www.cdc.gov/mmwr/volumes/68 /wr/mm6845e2.htm.

p.415

印度：Lauren Frayer, "India Banned E-cigarettes—but Beedis and Chewing Tobacco Remain Widespread," NPR, October 9, 2019, https://www.npr.org/sections/goatsandsoda/2019/10/09/768397209/india-banned-e-cigarettes-but-beedis-and-chewing-tobacco-remain -widespread.

和中國：Elsie Chen and Alexandra Stevenson, "China Effectively Bans Online Sales of E-cigarettes," *New York Times*, November 1, 2019, https://www.nytimes.com/2019/11/01/business/china-vaping-electronic -cigarettes.html.

p.416

「克羅思韋特就決定……」: "Juul Pulls Its Mint-Flavored Pods from the Market," *Convenience Store News*, November 8, 2019, https://csnews.com /juul-pulls-its-mint-flavored-pods-market.

「……這時已經……」: Angelica LaVito, "Juul Halts Sales of Its Popular Mint Fla.vor," CNBC, November 7, 2019, https://www.cnbc.com/2019/11/07/juul-halts-sales-of-its-popular-mint-flavor.html.

p.418

加州："Attorney General Becerra and Los Angeles Leaders Announce Lawsuit

Against JUUL for Deceptive Marketing Practices Targeting Underage Californians and Endangering Users of Its Vaping Products," news release, Office of Attorney General Xavier Becerra, November 18, 2019, https://oag.ca.gov/news/press-releases/attorney-general-becerra-and-los-angeles-leaders-announce-lawsuit-against-juul.

和紐約州："Attorney General James Sues JUUL Labs," news release, Office of New York Attorney General Letitia James, November 19, 2019, https://ag.ny.gov/press-release/attorney-general-james-sues -juul-labs.

有好幾個學區：Alexa Lardieri, "Three School Districts Sue Juul Labs over E-cigarette Use," *U.S. News & World Report*, October 8, 2019, https://www.usnews.com/news/education-news/articles/2019-10-08/three-school-districts-sue-juul-labs-over-e-cigarette-use-in-schools.

「那年秋天，奧馳亞……」: Angelica LaVito, "Altria Writes Down Investment in Troubled E-cigarette Maker Juul by $4.5 Billion," CNBC, October 31, 2019, https://www.cnbc.com/2019/10/31/altria-writes-down-juul -investment-by-4point5-billion.html.

這個損失可不小：Taylor Nicole Rogers, "Juul Is Cutting 500 Jobs by the End of the Year, and Its Cofounders Have Both Lost Their Bil.lionaire Status After Less Than 10 Months in the 3-Comma Club," Business Insider, October 29, 2019, https://www.businessinsider.com/juul-cofounders-adam-bowen-james-monsees-no-longer-billionaires -2019-10.

p.420

再辦一場聽證會：*The Federal Response to the Epidemic of E-cigarette Use, Especially Among Children, and the Food and Drug Adminis.tration's Compliance Policy, Hearings Before the Subcommittee on Economic and Consumer Policy*, 116th Cong. (testimony of Mitch Zeller, director of the U.S. Food and Drug Administration's Center for Tobacco Products).

p.421

「……把菸草合法購買年齡提高到……」: "Newly Signed Legislation Raises Federal Minimum Age of Sale of Tobacco Products to 21," CTP Newsroom, Tobacco Products, U.S. Food and Drug Administration (website), January 15, 2020, https://www.fda.gov/tobacco-products/ctp-newsroom/newly-signed-legislation-raises-federal-minimum-age-sale-tobacco-products-21.

「至少滿足了……」: Jamie Ducharme, "The Federal Legal Age to Buy Tobacco Products Has Been Raised to 21: Here's What That Could Do to the Vaping Industry," *Time*, December 20, 2019, https://time.com/5753106/tobacco-21 -vaping-industry/.

p.422

新年過後沒多久："FDA Finalizes Enforcement Policy on Unauthorized Flavored Cartridge-Based E-cigarettes That Appeal to Children, Including Fruit and Mint," news release, U.S. Food and Drug Administration, Jan.uary 2, 2020, https://www.fda.gov/news-events/press-announcements/fda-finalizes-enforcement-policy-unauthorized-flavored-cartridge-based-e -cigarettes-appeal-children.

「奧馳亞再減記……」: Jennifer Maloney and Dave Michaels, "SEC Investi.gates Altria's Investment in Juul," *Wall Street Journal*, February 21, 2020, https://www.wsj.com/articles/sec-investigates-altrias-investment-in-juul-11582317475?mod=hp_lead_ pos3.

「我……非常失望」：Jennifer Maloney, “Altria Takes $4.1 Bil.lion Charge on Juul Investment,” *Wall Street Journal*, January 30, 2020, https://www.wsj.com/articles/altria-takes-4-1-billion-writedown-on-juul-investment-11580386578.

p.423

緊急煞車：Jennifer Maloney, “Juul Scales Back Overseas Expansion,” *Wall Street Journal*, January 15, 2020, https://www.wsj.com/articles/juul-scales-back-overseas-expansion-11579143865.

某個星期四：Stephanie M. Lee, “Juul Cofounder James Monsees Is Stepping Down,” BuzzFeed.News, March 12, 2020, https://www .buzzfeednews.com/article/stephaniemlee/juul-james-monsees-resigns.

後記

p.427

Juul 資助的研究：Juul Labs, “New Research Continues to Provide Data.”

p.428

「考科藍……做了分析」：A Cochrane analysis: Jamie Hartmann-Boyce et al., “Electronic Cig.arettes for Smoking Cessation,” Cochrane Database of Systematic Reviews 10 (October 2020), https://doi.org/10.1002/14651858.CD010216 .pub4.

3400 萬成人：“Smoking Cessation: A Report of the Surgeon General—Smoking Cessation by the Numbers,” Tobacco, Reports & Publications, Surgeon General Home, U.S. Department of Health and Human Services (website), https://www.hhs.gov/surgeongeneral/reports-and-publications/tobacco/2020-cessation-sgr-infographic-by-the-numbers/index.html.

最近 CDC 的數據：Maria A. Villarroel, Amy E. Cha, and Anjel Vahra.tian, “Electronic Cigarette Use Among U.S. Adults, 2018,” National Center for Health Statistics Data Brief, no. 365 (April 2020), https://www .cdc.gov/nchs/products/databriefs/db365.htm.

DNA 病變：Andrew W. Caliri et al., “Hypomethylation of LINE-1 Repeat Elements and Global Loss of DNA Hydroxymethylation in Vapers and Smokers,” *Epigenetics* 15, no. 8 (February 2020): 816–29, https://doi.org/10.1080/15592294.2020.1724401.

p.429

最著名的論文：“Retraction to: Electronic Cigarette Use and Myocardial Infarction Among Adults in the US Population Assessment of Tobacco and Health,” *Journal of the American Heart Association* 9, no. 4 (February 2020), https://www.ahajournals.org/doi/10.1161/JAHA.119.014519.

2019 年有另外一份研究：Dharma N. Bhatta and Stanton A. Glantz, “Asso.ciation of E-cigarette Use with Respiratory Disease Among Adults: A Longitudinal Analysis,” *American Journal of Preventive Medicine* 58, no. 2 (February 2020): 182–90, https://doi.org/10.1016/j.amepre.2019 .07.028.

退休：Email from Professor Pamela Ling to mailing list of Profes.sor Stanton Glantz, subject line: “Stan Glantz has retired from UCSF,” sent September 9, 2020.

p.431

39 個州的檢察長：Chris Kirkham, "Juul Under Scru.tiny by 39 State Attorneys General," Reuters, February 25, 2020, https://www.reuters.com/article/us-juul-ecigarettes-investigation/juul-under-scrutiny-by-39-state-attorneys-general-idUSKBN20J2JL.

100 個學區：Stephen Sawchuk and Denisa R. Superville, "School Districts Are Suing JUUL over Youth Vaping: Do They Stand a Chance?" *Education Week*, February 27, 2020 https://www.edweek.org/policy-politics/school-districts-are-suing-juul-over-youth-vaping-do-they-stand-a-chance/2020/02.

「有幾百件……訴訟……」: "Juul MDL Complaints Consolidate National E-cigarette Cases," Law360, March 11, 2020, https://www.law360.com/articles/1251860/juul-mdl-complaints-consolidate-national-e-cigarette-cases.

聯邦貿易委員會：In the Matter of Altria Group, Inc. and Juul Labs, Inc., United States of America Before the Federal Trade Com.mission, docket no. 9393 public version, signed April 1, 2020.

證券交易委員會：Maloney and Michaels, "SEC Investigates Altria's Investment in Juul."

「奧馳亞一再……」: Renata Geraldo, "Altria Cuts Juul Valuation to Below $5 Billion," *Wall Street Journal*, October 30, 2020, https://www.wsj .com/articles/altria-cuts-juul-valuation-to-below-5-billion-11604067336.

「如果再繼續減少……」: Letter from Altria CEO Howard A. Willard III to Sena.tor Richard J. Durbin et al.

p.433

「FDA 已經收到……」: "Tobacco Product Marketing Orders," U.S. Food and Drug Administration.

「遞交等待多時的……」: "Juul Labs Submits Premarket Tobacco Product Application to the U.S. Food and Drug Administration for the Juul System," news release, Juul Labs Inc., July 30, 2020, https://www.juullabs .com/juul-labs-submits-premarket-tobacco-product-application/.

p.435

「有跡象顯示……」: Teresa W. Wang et al., "E-cigarette Use Among Middle and High School Students—United States, 2020," *Morbidity and Mortal.ity Weekly Report* 69, no. 37 (September 2020): 1310–12, https://www.cdc .gov/mmwr/volumes/69/wr/mm6937e1.htm.

拋棄式蒸發器：Allison Aubrey, "Parents: Teens Are Still Vaping, Despite Flavor Ban. Here's What They're Using," NPR, February 17, 2020. https://www.npr.org/sections/health-shots/2020/02/17/805972087/teens-are-still-vaping-flavors-thanks-to-new-disposable-vape-pens.

p.436

「Juul 差不多已經……」: Aubrey, "Parents: Teens Are Still Vaping."

p.437

理查・孟比：Richard Mumby (rpmumby), LinkedIn profile, https://www.linkedin.

com/in/rpmumby/.

凱文・伯恩斯：Dan Primack, "Scoop: Ex-Juul CEO Has a New Job," Axios, June 10, 2020, https://www.axios.com/juul-ceo-alto-7a816391-2b83-4a80 -8325-02a277b8c349.html.

艾希莉・古爾德：Ashley Gould, LinkedIn profile.

郝爾德・威拉德："Recovering from COVID-19, Altria CEO Howard Willard Retires," Associated Press, April 17, 2020, https://apnews.com /article/5b8c868a15afcaa05e7bbd708b0182fb.

「就連 Juul 本身……」: Jennifer Maloney, "E-cigarette Maker Juul Is Moving Base from San Francisco to Washington, D.C.," *Wall Street Journal*, May 5, 2020, https://www.wsj.com/articles/e-cigarette-maker-juul-is-leaving-san-francisco-for-washington-d-c-11588640401.

p.438

撤出國際市場：Stephanie M. Lee, "Juul Will Stop Selling in Five Euro.pean Countries, Including France and Spain," BuzzFeed.News, May 1, 2020, https://www.buzzfeednews.com/article/stephaniemlee/juul-europe -leaving-france-spain.

「預計還會退出……」: Jennifer Maloney, "Juul to Cut More Than Half of Its Work. force," *Wall Street Journal*, September 3, 2020. https://www.wsj.com/articles/juul-to-cut-more-jobs-explore-exiting-europe-and-asia-11599091500.

「吞抗焦慮藥丸……」: Anonymous, "Popping Anxiety Pills Like Tic Tacs," post on Blind [Anonymous Professional Network], September 2, 2020.

「但是至少亞當……」: Ducharme, "How Juul Hooked Kids."

視野 91

電子菸揭祕

矽谷新創 Juul 的戒菸神話與成癮威脅

原文書名 ： Big Vape: The Incendiary Rise of Juul
作 者 ： 潔米．杜夏米 Jamie Ducharme
譯 者 ： 林錦慧
責任編輯 ： 林佳慧
封面設計 ： 許晉維
美術設計 ： 廖健豪
行銷顧問 ： 劉邦寧

發行人 ： 洪祺祥
副總經理 ： 洪偉傑
副總編輯 ： 林佳慧
法律顧問 ： 建大法律事務所
財務顧問 ： 高威會計師事務所
出 版 ： 日月文化出版股份有限公司
製 作 ： 寶鼎出版
地 址 ： 台北市信義路三段 151 號 8 樓
電 話 ： （02）2708-5509 傳真 ：（02）2708-6157
客服信箱 ： service@heliopolis.com.tw
網 址 ： www.heliopolis.com.tw
郵撥帳號 ： 19716071 日月文化出版股份有限公司

總經銷 ： 聯合發行股份有限公司
電 話 ： （02）2917-8022 傳真 ：（02）2915-7212
印 刷 ： 中原造像股份有限公司
初 版 ： 2022 年 10 月
定 價 ： 500 元
ISBN ： 978-626-7164-39-6

國家圖書館出版品預行編目資料

電子菸揭祕：矽谷新創 Juul 的戒菸神話與成癮威脅／
潔米．杜夏米（Jamie Ducharme）著；林錦慧譯．
-- 初版．-- 臺北市：日月文化出版股份有限公司，2022.10
496 面；14.7×21 公分．--（視野；91）
譯自：Big Vape：The Incendiary Rise of Juul
ISBN 978-626-7164-39-6（平裝）

1.CST: 企業經營 2.CST: 企業社會學 3.CST: 吸菸

494 111011857

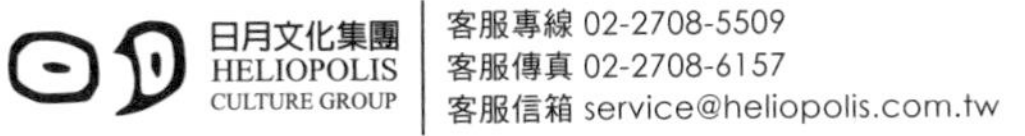

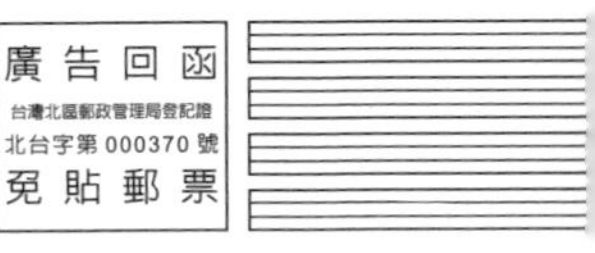

日月文化集團 讀者服務部 收

10658 台北市信義路三段151號8樓

對折黏貼後，即可直接郵寄

日 月 文 化 網 www.heliopolis.com.tw

最新消息、活動，請參考 FB 粉絲團

大量訂購，另有折扣優惠，請洽客服中心（詳見本頁上方所示連絡方式）。

大好書屋

寶鼎出版

山岳文化

EZ TALK

EZ Japan

EZ Korea

大好書屋・寶鼎出版・山岳文化・洪圖出版 EZ叢書館 EZKorea EZTALK EZJapan

感謝您購買 **電子菸揭祕**
矽谷新創 Juul 的戒菸神話與成癮威脅

為提供完整服務與快速資訊，請詳細填寫以下資料，傳真至02-2708-6157或免貼郵票寄回，我們將不定期提供您最新資訊及最新優惠。

1. 姓名：＿＿＿＿＿＿　　性別：□男　□女
2. 生日：＿＿年＿＿月＿＿日　　職業：
3. 電話：（請務必填寫一種聯絡方式）
   （日）＿＿＿＿（夜）＿＿＿＿（手機）＿＿＿＿
4. 地址：□□□＿＿＿＿＿＿
5. 電子信箱：＿＿＿＿＿＿
6. 您從何處購買此書？□＿＿＿＿縣/市＿＿＿＿書店/量販超商
   □＿＿＿＿網路書店　□書展　□郵購　□其他
7. 您何時購買此書？　年　月　日
8. 您購買此書的原因：（可複選）
   □對書的主題有興趣　□作者　□出版社　□工作所需　□生活所需
   □資訊豐富　□價格合理（若不合理，您覺得合理價格應為＿＿＿＿）
   □封面/版面編排　□其他＿＿＿＿
9. 您從何處得知這本書的消息：　□書店　□網路／電子報　□量販超商　□報紙
   □雜誌　□廣播　□電視　□他人推薦　□其他
10. 您對本書的評價：（1.非常滿意 2.滿意 3.普通 4.不滿意 5.非常不滿意）
    書名＿＿　內容＿＿　封面設計＿＿　版面編排＿＿　文/譯筆＿＿
11. 您通常以何種方式購書？□書店　□網路　□傳真訂購　□郵政劃撥　□其他
12. 您最喜歡在何處買書？
    □＿＿＿＿縣/市＿＿＿＿書店/量販超商　□網路書店
13. 您希望我們未來出版何種主題的書？＿＿＿＿
14. 您認為本書還須改進的地方？提供我們的建議？

＿＿＿＿＿＿＿＿＿＿＿＿＿＿＿＿

視野 起於前瞻，成於繼往知來

Find directions with a broader VIEW

寶鼎出版